Professional Engineer Library

構造力学

PEL 編集委員会　[監修]

岩坪　要　[編著]

実教出版

はじめに

　「Professional Engineer Library（PEL）：自ら学び自ら考え自ら高めるシリーズ」は，高等専門学校（高専）・大学・大学院の学生が主体的に学ぶことによって，卒業・修了後も修得した能力・スキル等を公衆の健康・環境・安全への考慮，持続的成長と豊かな社会の実現などの場面で，総合的に活用できるエンジニアとなることを目的に刊行しました。ABET，JABEE，IEA の GA（Graduate Attributes）などの対応を含め，国際通用性を担保した"エンジニア"育成のため，統一した思想*のもとに編集するものです。

▶本シリーズの特徴は，以下のとおりです。

❶……学習者（以下，学生と表記）が主体となり，能動的に学べるような，学習支援の工夫があります。学生が，必ず授業前に自学自習できる「予習」を設け，1 つの章は，「導入 ⇒ 予習 ⇒ 授業 ⇒ 振り返り」というサイクルで構成しています。

❷……自ら課題を発見し解決できる"技術者"育成を想定し，各章で，学生の知的欲求をくすぐる，実社会と工学（科学）を結び付ける分野横断の問いを用意しています。

❸……シリーズを通じて内容の重複を避け，効率的に編集しています。発展的な内容や最新のトピックスなどは，Webと連携することで，柔軟に対応しています。

❹……能力別の領域や到達レベルを網羅した分野別の学習到達目標に対応しています。これにより，国際通用性を担保し，学生および教員がラーニングアウトカム（学習成果）を評価できるしくみになっています。

❺……社会で活躍できる人材育成の観点から，教育界（高専，大学など）と産業界（企業など）の第一線で活躍している方に執筆をお願いしています。

　本シリーズは，高度化・複雑化する科学・技術分野で，課題を発見し解決できる人材および国際的に先導できる人材の養成に応えるものと確信しております。幅広い教養教育と高度の専門教育の結合に活用していただければ幸いです。

　最後に執筆を快く引き受けていただきました執筆者各位と企画・編集に献身的なお世話をいただいた実教出版株式会社に衷心より御礼申し上げます。

2015 年 3 月
PEL 編集委員会一同

＊文部科学省平成 22，23 年度先導的大学改革推進委託事業「技術者教育に関する分野別の到達目標の設定に関する調査研究報告書」準拠，国立高等専門学校機構「モデルコアカリキュラム（試案）」準拠

本シリーズの使い方

　高専や大学，大学院では，単に知識をつけ，よい点数や単位を取ればよいというものではなく，複雑で多様な地球規模の問題を認識してその課題を発見し解決できる，知識・理解を基礎に応用や分析，創造できる能力・スキルといった，幅広い教養と高度な専門力の結合が問われます。その力を身につけるためには，学習者が能動的に学ぶことが大切です。主体的に学ぶことにより，複雑で多様な問題を解決できるようになります。

　本シリーズは，学生が主体となって学ぶために，次のように活用していただければより効果的です。

❶……学生は，必ず授業前に各章の到達目標（学ぶ内容・レベル）を確認してください。その際，学ぶ内容の"社会とのつながり"をイメージしてください。また，関連科目や前章までに学んだ知識量・理解度を確認してください。⇒ **授業の前にやっておこう!!**

❷……学習するとき，ページ横のスペース・欄に注目し活用してください。執筆者からの大切なメッセージが記載してあります。⇒ **WebにLink，プラスアルファ，Don't Forget!!，工学ナビ，ヒント**

　また，空いたスペースには，学習のさい気づいたことなどを積極的に書き込みましょう。

❸……例題，演習問題に主体的，積極的に取り組んでください。本シリーズのねらいは，将来技術者として知識・理解を応用・分析，創造できるようになることにあります。⇒ **例題・演習を制覇!!**

❹……章の終わりの「あなたがここで学んだこと」で，必ず"振り返り"学習成果を確認しましょう。
　　⇒ **この章であなたが到達したレベルは？**

❺……わからないところ，よくできなかったところは，早めに解決・到達しましょう。⇒ **仲間などわかっている人，先生に Help**（※わかっている人は他者に教えることで，より効果的な学習となります。教える人，教えられる人，ともにメリットに！）

❻……現状に満足せず，さらなる高みにいくために，さらに問題に挑戦しよう。⇒ **Let's TRY!!**

　以上のことを意識して学習していただけると，執筆者の熱い思いが伝わると思います。

WebにLink	**+α プラスアルファ**	**Let's TRY!!**
本書に書ききれなかった解説や解釈（写真や動画），問題などをWebに記載。	本文のちょっとした用語解説や補足・注意など。「WebにLink」にするほどの文字量ではないもの。	おもに発展的な問題など。
Don't Forget!!	**工学ナビ**	**ヒント**
忘れてはいけない知識・理解（この関係はよく使うのでおぼえておこう！）。	関連する工学関連の知識などを記載。	文字通り，問題のヒント，学習のヒントなど。

まえがき

　このたび「Professional Engineer Library：PEL」シリーズとして，「PEL　構造力学」を編集しました。本書の構造力学は，建設分野では基礎科目として重要な位置づけをなしている科目です。本書を手にしている読者の中には，建設系の学科に所属している高専や大学の学生諸君，もしくは既に技術者として活躍されている方の学び直しとして手にされている方がいらっしゃるかもしれません。構造力学の学習で最も大事なのは，何度も問題に繰り返しチャレンジして，その過程の中で計算方法や力学的な観点を養っていくことです。

　構造物の設計は，自然の猛威や積載される荷重などを的確にモデル化した中で，様々な力学の知識を盛り込んで合理的に安全な設計をすることと言えます。つまり，構造力学のみならず，その種類によってコンクリートや鋼材などの材料力学，土の土質力学，水の流れなどの水理学などの知見が盛り込まれています。それらの中でも構造力学は構造物の骨となるものですから，とても重要な科目であることが分かります。日本には昔から大工という素晴らしい技術を持った職業があります。彼らは構造物の骨組みを木材で建設してきていますが，その材料の性質を熟知しており，その特性を上手に活かして橋梁や家屋，神社やお寺，大規模な構造物としてお城や五重塔などを建設してきており，中には歴史的建造物として現存している構造物も少なくありません。まさに現在の構造設計のアプローチに通じるものがあります。いかに素晴らしいデザインをもった構造物でも，使用している材料の特性を活かしつつ，正しい骨組みを組まなければ安全で長く使用出来るような構造物は出来ないのです。日本の建設技術者は，昔からの知恵を継承しつつ，あらゆる専門知識を駆使して世界に誇れるほどの建設技術を築きあげてきたのです。その中でも構造力学は重要な科目の一つであるという意識を持って頂きたいと思います。

　複雑な構造物が建設することが出来るようになった背景として，IT技術の進歩もあります。CAE (Computer Aided Engineering)と呼ばれる設計から解析までを一つのシステムで行うことで，瞬く間に計算結果が出力される時代になってきており，一昔前の構造設計業務とは異なってきています。言い方を変えると，誰でも構造計算出来てしまう時代になってきているのです。しかし，ここで是非とも頭に入れて頂きたい事項として，既存の技術の応用力・発想力を駆使して新しい価値観を見いだし，新技術を開発して社会に貢献することがこれからの技術者の役割であり，そのツールも充実してきていますが，大事なのは専門の基礎・基本であることです。開発の過程の中でも専門とする分野の基礎・基本が備わっていなければ，結論までにはたどり着けず新技術は生まれません。まさに構造物を支えている基礎のように，専門知識の基礎固め

を忘れないで貰いたいと思います。基礎がしっかりしていることで，より充実した専門技術の学習が出来るはずです。

　本書の執筆者の紹介ですが，本書は各章を分担して執筆して頂いたのは，現在高専・大学の最前線で学生達に構造力学を教えて頂いている先生方です。つまり，教えている先生方の熱い思いが詰まっている教科書となっています。本書を用いた授業を行うことで，より分かりやすく，そして先生方独自のアレンジが効いた授業が展開されると思います。また内容は「最低限これだけは修得して貰いたい」というレベルになっており，これから専門技術の修得を目指す学生諸君にとって目標を設定しやすい内容になっています。予習・授業・復習をしっかりして一つ一つ丁寧に学習を進めて頂きたいと思います。また，本書は建設系の専門科目である構造力学の教科書として位置づけています。ここでの建設系とは，土木工学，建築学を指しており，これらの専攻に所属している学生が使用できる教科書を目標に編集されています。これまでの構造力学の教科書としては「土木の構造力学」「建築の構造力学」のように，同じ構造力学でも専攻毎に分けられていた傾向があったようです。しかし，本書ではこの区分を無くして土木系学科，建築系学科の何れでも学習できるように工夫しています。当然ながら，編集の中で悩む部分もありましたが，なるべくその違いが分かるように編集しているつもりです。教員の指示に従って頂きたいと思います。

　最後にこの場を借りて，大変忙しい業務の傍ら，各章を執筆して頂いた高専・大学の先生方に最大限の感謝を申し上げます。また，実教出版の平沢健氏，行本公平氏には編集作業の過程で多大な助言と指導をして頂きました。ここに記して謝意を表します。本書に関わった執筆者・編集者全員の願いは，本書で学習した学生諸君の今後の活躍です。将来有望な学生諸君が本書の学習を経て社会に羽ばたき，そして最前線の現場で社会に貢献できる技術者になり，これからの日本の建設技術を支えて貰える人材に成長して頂けることを願ってやみません。今後の皆様の活躍に期待しています。

著者を代表して
熊本高等専門学校　岩坪　要

目次

1章 構造力学ガイダンス

- 1節 はじめに ― 12
  1. 構造の力学
  2. イメージする力
  3. 関係する科目
- 2節 構造物 ― 13
  1. 建設分野のものづくり
  2. 構造物
- 3節 構造力学を学ぶ前に ― 15
  1. 単位のルール
  2. 有効数字
  3. 記号のルール
  4. ギリシャ文字
  5. 本書の構成

2章 力のつり合い

- 1節 力 ― 20
- 2節 力の分解と合成 ― 22
- 3節 力のモーメント，偶力のモーメント ― 22
- 4節 力のつり合い ― 25
- ◆演習問題 ― 25

3章 構造物のモデル化

- 1節 構造物の支点 ― 30
- 2節 荷重の種類 ― 31
- 3節 構造物の安定・不安定 ― 32
- 4節 構造物（はり）の静定・不静定 ― 32
- ◆演習問題 ― 33

4章 静定ばり

- 1節 はりの支点反力 ― 36
  1. 単純ばりの支点反力
  2. 片持ばりの支点反力
  3. 張出しばりの支点反力
  4. ゲルバーばりの支点反力
- 2節 はりの断面力 ― 44
  1. 断面力の求め方
  2. 断面力図のかき方
- ◆演習問題 ― 50

5章 トラス

- 1節 トラス構造 ― 52
- 2節 トラスの種類 ― 53
- 3節 トラス部材 ― 55
- 4節 静定・不静定・不安定 ― 55
  1. トラスの静定・不静定

　　　　2. 不安定構造
　　　　3. 不静定次数
　　5節　節点法による部材力の計算 ──── 59
　　6節　断面法による部材力の計算 ──── 62
　　◻演習問題 ──── 66

6章 ラーメン

1節　ラーメンとは ──── 70
2節　静定ラーメンの断面力算定法 ──── 71
3節　静定ラーメンの断面力図のかき方 ──── 71
◻演習問題 ──── 80

7章 断面の性質

1節　断面の諸量 ──── 84
　1. 断面諸量の定義
　2. 断面一次モーメントと図心
　3. 断面二次モーメント
　4. 断面係数
　5. 断面相乗モーメント
　6. 断面極二次モーメント
　7. 断面二次半径
　8. 代表的な断面の断面諸量
2節　座標変換と断面の諸量 ──── 93
　1. 座標軸の平行移動
　2. 座標軸の回転
◻演習問題 ──── 95

8章 応力とひずみ

1節　応力とひずみ ──── 98
　1. 応力とは
　2. 軸応力，軸ひずみとフックの法則
　3. 平均せん断応力とせん断ひずみ
　4. 曲げ応力と曲げひずみ
　5. 曲げにともなう水平せん断応力
2節　組み合わせ応力とモールの応力円 ──── 111
　1. 一軸応力状態における任意断面上の応力
　2. 平面応力状態における任意断面上の応力
　3. モールの応力円による図解法
◻演習問題 ──── 120

9章 はりのたわみ

1節　たわみの微分方程式 ──── 126
2節　2階の微分方程式による解法 ──── 128
　1. 片持ばり
　2. 単純ばり
3節　4階の微分方程式による解法 ──── 132

1. 4階の微分方程式
　　2. 片持ばり
　　3. 単純ばり
　4節　弾性荷重法による解法 ──── 134
　　1. 弾性荷重法
　　2. 片持ばり
　　3. 単純ばり
　◆演習問題 ──── 137

10章 柱

1節　圧縮部材と座屈 ──── 142
2節　中心軸圧縮部材の座屈 ──── 143
　1. 座屈の基礎式と座屈荷重
　2. 有効座屈長
　3. 偏心載荷の場合
3節　初期不整と局部座屈 ──── 148
◆演習問題 ──── 149

11章 影響線

1節　影響線とは ──── 152
2節　さまざまな影響線 ──── 153
　1. 影響線の種類
　2. 支点反力の影響線
　3. せん断力の影響線
　4. 曲げモーメントの影響線
　5. 便利な影響線
3節　トラスの影響線 ──── 156
　1. トラスの考え方
　2. 支点反力の影響線
　3. 部材力の影響線
◆演習問題 ──── 160

12章 仕事とエネルギー法

1節　ひずみエネルギー ──── 164
　1. 外力仕事
　2. 内力仕事
　3. 外力仕事と内力仕事の関係
2節　仮想仕事の原理 ──── 170
　1. 剛体における仮想仕事
　2. 弾性体における仮想仕事
　3. 単位荷重法
3節　カスティリアノの定理 ──── 176
4節　最小仕事の原理 ──── 178
◆演習問題 ──── 183

13章 不静定構造

- 1節　不静定次数 ─── 188
  1. 不静定次数
  2. 不静定構造の解法
- ◻演習問題 ─── 192
- 2節　余力法 ─── 194
  1. 余力と静定基本系
  2. 余力法とは
  3. 余力法のまとめ
- ◻演習問題 ─── 209
- 3節　三連モーメント法 ─── 211
  1. 三連モーメント法とは
  2. 三連モーメント法の考え方
  3. たわみ角の求め方
  4. 三連モーメント法の誘導と荷重項
- ◻演習問題 ─── 218
- 4節　たわみ角法 ─── 219
  1. たわみ角の基本式
  2. 一般化されたたわみ角の基本式
  3. 接点方程式と層方程式
  4. たわみ角法による解法
- ◻演習問題 ─── 233

問題解答 ─── 235
参考文献 ─── 253
索引 ─── 254

※本書の各問題の「解答例」は，下記URLよりダウンロードすることができます。キーワード検索で「PEL構造力学」を検索してください。　http://www.jikkyo.co.jp/download/

1章 構造力学ガイダンス

東京スカイツリー

明石海峡大橋

構造物にはさまざまな種類がある。明石海峡大橋は世界一の径間長を誇り，東京スカイツリーは世界一のタワーである。ここまで巨大な構造物を建設できる日本の技術は世界一である。それは，背景にあるのが構造力学に基づいた緻密な構造設計の結果であるといえる。また，2011年（平成23年）の東北地方太平洋沖地震や1995年（平成7年）の兵庫県南部地震のような大きな地震が発生したように，日本は世界でも有数の地震国でもあるため，地震を想定する耐震設計も重要であり，ここでも構造力学に基づいた検討がなされている。構造物は，このように構造物自身を支え，自動車や鉄道，あるいは地震や台風などに耐えられるように設計されている。

● この章で学ぶことの概要

本章では，構造力学の学習に関するガイダンスを示している。構造力学は構造設計を行ううえで必須とされる分野であり，数学や物理（とくに力学）の知識をベースとしながら，学習を進めていかなければならない。また，構造物の種類や構造設計の概略なども知っておくと学習するうえでイメージがしやすい。ここでは，今後の構造力学の学習のときに必要となる基礎事項について解説している。

> **予習** 授業の前にやっておこう!!

1. 身近にある土木や建築の構造物を探してみよう。

2. いま使っているような「いす」を作る（設計する）ときに，どのように脚の大きさや長さを決めなければいけないか，グループで考えてみよう。

WebにLink
予習の解答

1　1　はじめに

1-1-1　構造の力学

構造力学（Structural Mechanics）とは「構造物の力学」である。さまざまな構造物が外から何らかの「**力**（force）」（**外力**（external force））を受けたときに，それをしっかりと受け止め，そして構造物自身も耐えるように設計しなければならない。そのときに構造物の力学，すなわち構造力学の計算が求められることになる。この構造力学は土木分野でも建築分野でも共通の重要な必須の学問である。次節で示すように構造物にはさまざまな種類があり，それぞれある決まりごとに従って計算をすることで，構造物を構成する要素（部材と呼ぶ）がどのような状態にあるのかを調べることができ，その結果，安全な構造物を設計することができる。

1-1-2　イメージする力

たとえば定規のような細長い棒の両端を支えて中央部分を手で押すと曲がる。また，いろいろな物を収納する棚（ラック）があるが，規定以上の荷物を載せると棚板が曲がってしまう。構造力学の計算を駆使することで，「どれぐらいの力をかけると何mm曲がる」，「棚板に載せられる荷物の重量は何kgまで」を計算して示すことができる。棚や定規をビルや橋などの構造物，押している手や荷物を人や車と考えるとどうだろうか？　当然のことながら，過大に曲がってはいけないし，壊れてもいけないはずなので，そうならないように柱などの材料や部材を決定しなければならない。このように，「力を受けている構造物がどのように変形し，どのように支えられているのか」を常にイメージしながら学ぶことで理解を深めることができる。これから学習が進んでいくなかで，複雑な構造形式でも「こんな変形をするんじゃないか」と直感的に気づくことになるはずである。

1-1-3 関係する科目

構造力学の学習に最も関係している科目は，数学と物理である。物理の学習のなかでは「力学」の分野があったことを思い出してほしい。運動や静止，エネルギーなどの項目のなかで，力の向きや運動する方向など「ベクトル」を使って勉強してきた。構造力学が「構造物の力学」だからまったく別の話ではなく物理に関係していることは予想できると思う。さらに数学に関しては，最初は単純な四則演算，三角関数からであるが，いずれは微分・積分，本書の範囲外ではあるが行列などのテクニックや公式も使う場面が出てくる。構造力学の学習は物理や数学と密接に関係していることを忘れないでほしい。

1-2 構造物

1-2-1 建設分野のものづくり

建設分野の仕事もいわゆる「ものづくり」をしている工学分野であり，具体的には「もの」とは構造物である。機械分野の自動車なども構造物ではあるが，建設分野の構造物との代表的な違いを記すと次のようなことに気がつく。

① 建設分野の構造物は大きく，高さが高いものが多く，重量も大きい。
② 建設分野の構造物は強風や雪，地震など自然の力に耐えている。
③ 建設分野の構造物は長期間使用されなければならない。

地球上に作られた最も大きな人工物が建設分野の構造物である，といっても過言ではない。大きな構造物になると，地球のまわりを回っている人工衛星が撮影した写真にも写る構造物もある。では，どのような構造物があるのか，あらためて「見渡して」もらいたい。つまり，まわりを見渡すとさまざまな構造物があることに気づくだろう。我々の生活は構造物なしでは考えられない環境にあるため，それだけ建設分野は人の生活に密着している仕事だと理解できる。だからこそ，構造力学の技術が建設技術者には必須であり，みなさんはぜひとも「構造力学マイスター」をめざして頑張ってもらいたいのである。

1-2-2 構造物

ここで，代表的な構造物を紹介しておこう。

① 橋梁（図1-1）

川や海，道路の上にかかっている構造物が橋で，車や人が渡る道路橋，人だけが渡る歩道橋，鉄道のための

図1-1 橋梁

鉄道橋などの種類があり，形式もさまざまである。

② ダム（図1-2）

河川の上流に作られる構造物で，おもに発電，治水，利水などの目的で作られている。ダムの背後にはダム湖ができるため，大きな水圧を常に受けることになる。

図1-2　ダム

③ ビル，マンション（図1-3）

東京など都会では多く目にする高層ビルや，大規模な集合住宅としてのマンション。高層化することで，強風や地震にどう耐えるかの検討が重要になる。

④ タワー，鉄塔

地面から直立しているタワーは，東京スカイツリーや東京タワーのような電波塔や，よく目にする鉄塔など，通信・電気などのインフラを支える構造物である。最近では風車をもつ風力発電の施設なども多く建設されている。

図1-3　ビル

⑤ 住宅（図1-4）

普通の住宅も重要な構造物の1つである。特徴としては，材料として木材が使われていることが多く，木材の特徴を活かした構造設計が必要となる。

図1-4　住宅

このほかにもさまざまな構造物があり[*1]，それぞれの目的や役割などの機能，そしてどのような力を受けているのかは千差万別である。設計する技術者は，それぞれの構造物が使っている間にどのような力を受け続けるのかを定めて構造計算をし，さまざまな設計を進めることになる。

さて，このような構造物を設計するときにまず考えることとして「どんな形式にしようか？」ということになる。ここで，この構造力学で学ぶ構造形式を紹介しておく。詳しくはそれぞれの章で解説する。

*1 ＋αプラスアルファ
日本の代表的な歴史的建造物に城がある。

熊本城（熊本地震の前に撮影）

① はり構造（第4章）

図1-5に示すように，横倒しにした1本の棒を数か所（三角形のところ）で支えているような形式

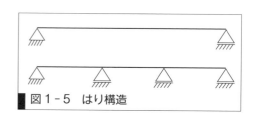
図1-5　はり構造

となる。最もシンプルな構造形式である。構造力学は，この構造形式から学習を進めていくことにする。

② トラス構造（第5章）*2

図1-6に示すような構造で，三角形が集まっているような形が特徴である。トラス構造は1つ1つの部材を細いまま使うことが多い。この形式を拡大していくと，体育館やスタジアムの屋根を支える構造や，鉄塔やタワー，橋梁にも使われている。

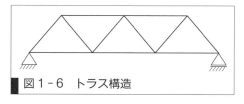

図1-6　トラス構造

*2 ＋αプラスアルファ
タワーもトラス構造が採用されている。

通信会社の電波塔

③ ラーメン構造（第6章）*3

図1-7に示すような形式である。建築物の1本のはりを2本の柱で支えているという形になる。建築物の構造は一般的にこのラーメン構造で構造計算を行うことが多い。

④ その他

その他，アーチ構造や，吊り構造と呼ばれるケーブルを使った構造形式などがある。たとえば，図1-8はアーチ構造を用いた橋であり，図1-9は吊り構造を用いた橋である。

図1-7　ラーメン構造

*3 ＋αプラスアルファ
建築現場ではラーメン構造が確認できる。

建築構造物の骨組

図1-8　アーチ構造

図1-9　吊り構造

1-3 構造力学を学ぶ前に

1-3-1 単位のルール

物理や構造力学では単位に注意しなければならない。昔は重さなどを表す単位としてkgf（キログラムエフ）やtonf（トンエフ）などの工学単位系が使われていたが，現在は国際標準であるSI単位系が用いられている。次の表に代表的な単位を示している*4。工学単位系からSI単位

*4 Don't Forget!!
単位は確実に覚えること！

1-3　構造力学を学ぶ前に　15

系に，あるいはその逆の変換をした場合，小数点以下に膨大な数字が計算されることがあるが，実際の計算では実用上問題のない範囲で有効桁数を決めて表現することになる。また，単位には接頭語を付記することが多く，自然と使っていたmm（ミリメートル）も実は接頭語m（ミリ）がm（メートル）についていることになる。さらに，構造設計を行ううえでは材料の性質（材料定数）も知っておかねばならない。これらの材料定数を用いることで重量の計算などもできるようになる[*5]。以上のことをまとめた表を記すので，参考にしてほしい（表1-1，表1-2）。

[*5]
WebにLink
代表的な材料定数の表

表1-1 単位

量	単位（読み方）	工学単位	工学単位系との換算
力	N（ニュートン）	kgf	1 kgf = 9.8 N = 9.8 kg·m/s^2
長さ	m（メートル）	m	
質量	kg（キログラム）	kgf·s^2/m	1 kgf·s^2/m = 9.8 kg
応力	Pa（パスカル）	kgf/m^2	1 kgf/m^2 = 9.8 Pa = 9.8 N/m^2
時間	s（秒）	s	
仕事	J（ジュール）	kgf·m	1 kgf·m = 9.8 J = 9.8 N·m

表1-2 接頭語

大きさ	記号	読み	大きさ	記号	読み
10^{12}	T	テラ	10^{-1}	d	デシ
10^9	G	ギガ	10^{-2}	c	センチ
10^6	M	メガ	10^{-3}	m	ミリ
10^3	k	キロ	10^{-6}	μ	マイクロ
10^2	h	ヘクト	10^{-9}	n	ナノ
10	da	デカ	10^{-12}	p	ピコ

1-3-2 有効数字

工学の計算のなかで，計算した数字として，3.2864…のように，小数点以下が無限に表示されることがある。そこで一般的な取り扱いとして，有効数字[*6]という考え方を用いて，表現をすることになる。

[*6]
工学ナビ
有効数字の考え方について調べてみよう。

本書では，計算結果の有効数字として3けたを原則とする。つまり，有効な数字を3つにするため，「3.29」となる。ここで注意すべき点は，3.29という表記のしかたで，別の表記だと，「0.329 × 10」のようになる。また，計算途中では1つ下の位まで用いなければならない。

ただし，実際の設計計算の中では，「安全側に考えて」四捨五入ではなく小数点以下を切り上げ，または切り捨てを採用することがあるため注意が必要である。

1-3-3 記号のルール

本書では寸法や荷重などをさまざまな記号で一般化して説明している。本書では図 1-10 の記号の示し方をルールとしている。本によっては，記号の扱いが異なる場合がある。そのため，安易に記号の意味を考えずに式を覚えると混乱することがあるので，しっかりと理屈を理解してもらいたい。記号の意味は各章で説明する*7。

> ○大文字：点(点 A，点 B，原点 O 点)，支間長 l，集中荷重 P，
> 　　　　　断面力(軸力 N，曲げモーメント M，せん断力 Q)，
> 　　　　　材料定数(ヤング係数 E，せん断弾性係数 G)，
> 　　　　　断面諸量(断面二次モーメント I，断面係数 Z) など
> ○小文字：分布荷重 q，座標軸(x 軸，y 軸) など
>
> ■ 図 1-10　本書での記号の表記ルールの原則

*7 +α プラスアルファ
ノートに手がきでかける記号であるが，ワープロでは区別がつきにくい記号もあるので，気をつけるとよい。
例：L →大文字のエル
　　l →小文字のエル
　　1 →数字のいち
　　O →大文字のオー
　　o →小文字のオー

1-3-4 ギリシャ文字

本書では構造力学を初めて学ぶ学生を対象としているが，専門書によっては，ギリシャ文字が多く使われることもある。ギリシャ文字にも大文字，小文字があるが，それぞれの読み方を表 1-3 に整理している。参考にしてほしい*8。

表 1-3　ギリシャ文字

大文字	小文字	読み	大文字	小文字	読み
A	α	アルファ	N	ν	ニュー
B	β	ベータ	Ξ	ξ	クシー, グザイ
Γ	γ	ガンマ	O	o	オミクロン
Δ	δ	デルタ	Π	π	パイ
E	ε	イプシロン	P	ρ	ロー
Z	ζ	ゼータ	Σ	σ	シグマ
H	η	イータ	T	τ	タウ
Θ	θ	シータ	Υ	υ	ユプシロン
I	ι	イオタ	Φ	ϕ, φ	ファイ
K	κ	カッパ	X	χ	キー, カイ
Λ	λ	ラムダ	Ψ	ψ	プシー, プサイ
M	μ	ミュー	Ω	ω	オメガ

*8 +α プラスアルファ
ギリシャ文字は，専門工学や数学・物理などで数多く使われる。読み方，かき方を一度練習しておくとよい。

1-3-5 本書の構成

本書は図 1-11 に示すように構成されている。まず，物理の力学の復習も兼ねて，構造力学で最も大事な「力」について学習し，次に構造計算をするために構造物を単純化するルールについて学習する。ここまでは，構造力学の基礎部分に当たるので，必ず理解しておくことが必要である。第 4 章以降が具体的な構造計算の学習となる。第 7 章から第 10 章までは，構造物に用いている構造部材に注目した学習をする。こ

の部分は材料工学に関係するテキストが詳しく解説しているので，構造力学の学習後，そちらで知識を広げてもらいたい。第11章以降では，さらに複雑な構造形式の構造計算について学習することになる。ただし，たとえば第11章は土木分野では設計で必要となる計算方法であるが，建築分野ではあまり使わないという内容でもある。したがって，第11章以降は，それぞれの専門性に応じた学習を進めていただいて結構である。

第1章 構造力学ガイダンス	・構造力学の基礎
第2章 力のつり合い	・物理（力学）
第3章 構造物のモデル化	
第4章 静定ばり	・つり合い式
第5章 トラス	・反力の計算
第6章 ラーメン	・断面力の計算／・断面力の図
第7章 断面の性質	・構造物の変形
第8章 応力とひずみ	・建設材料
第9章 はりのたわみ	
第10章 柱	・長柱の座屈／・鋼構造や鉄骨構造
第11章 影響線	・土木の構造設計
第12章 仕事とエネルギー法	・高度な構造力学
第13章 不静定構造	・複雑な構造物

※＿は関連する専門分野を示す

図1-11 本書の構成と関連分野

また，本書は構造力学のすべてを網羅しているわけではない。したがって，不足している内容なども多くあるかもしれないが，構造力学に関する専門書は多数存在するので，そちらでの補完学習をおすすめする。

あなたがここで学んだこと

この章であなたが到達したのは
□構造力学を学習する意味が説明できる
□構造物の種類が説明できる
□本書での単位などのルールが説明できる

本章では構造力学を本書で学習していく前準備を説明した。現象は動いたり曲がったり目に見える形で確認できるが，そのような現象になるにはさまざまな理論や法則に基づいたものであり，我々はそれらを駆使しながら柔軟で強靭で巨大な構造物を建設していくことになる。構造物に関心をもちながら学習を進めていくと理解度も深まると思われる。

2章 力のつり合い

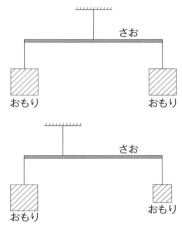

地球上の物体　　　　　さおを使ったつり合いの実験

地球上における物体(構造物)は常に重力を受けている。物体をある基盤上に静止しておくには，物体に働く重力による物体の重量と同じ大きさで，逆向きの力で基盤から押し上げなければならない。上の写真のように，構造物が自立するには，地盤が十分に支えていなければならない。ところで，この構造物の部材に注目してみると，1つ1つの部材がその上にある部材の重量を支えていることになる。このように安全な構造物を設計するには，構造物全体，あるいは構造物内部の力の働きに注意しなければならない。本章では，この「力」について学習する。

● **この章で学ぶことの概要**

構造力学では，物理で学んだ力学を基本として，さまざまな場合の物体に働く力のつり合いを考え，そこから物体に作用する力，物体内部に作用する力などを求める能力を養う。このように，物体に働く力を把握することにより，構造物の設計や構造安全性の照査が行える。まず2-1節では力について説明する。次に2-2節では，力の分解と複数の力が作用する物体についての力の合成について説明する。そして2-3節では，力により発生する力のモーメントについて説明する。最後に2-4節で力のつり合いに関連して，2-2節で説明した内容を応用して求める方法を解説する。

> **予習　授業の前にやっておこう!!**
>
> 1. 地球上にある物体には，どちらの方向にどのような力が作用するか。
> 2. ある物体に作用している力の状態を図示し，力，物体の質量，加速度の関係式を調べよ。
>
> WebにLink
> 予習の解答

2　1　力

力（force）は，ある物体に作用することで，物体の運動状態や物体の形状を変化させる要因となるものである。力は，大きさ，作用する向きまたは方向（作用線）および作用点により表される（図 2−1）。これらは，力の 3 要素と呼ばれる。

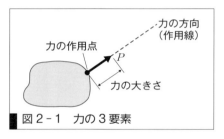

図 2−1　力の 3 要素

また，力の作用により生じる物体の一般的な運動は，ニュートンの運動の法則[*1]により説明できる。まず，運動の第 1 法則とは，慣性の法則とも呼ばれ，静止している物体または一様な直線運動をしている物体に，その運動状態を変化させる力が作用しないかぎり，もとの運動状態を保持するという法則である。2 つ目の運動の第 2 法則とは，運動の法則とも呼ばれ，ある質点をもつ物体に力が作用するとき，物体のもつ運動量の時間的な変化が力の作用方向に，力の大きさに比例して生じるという法則である。この関係は

$$F = ma \qquad 2-1$$

で表される。ここに，F は力，m は**質量**（mass），a は**加速度**（acceleration）である。3 つ目の運動の第 3 法則は，作用反作用の法則とも呼ばれ，ある 2 つの物体がたがいに接しながら力をおよぼし合っているとき，一方の力を作用，もう一方の力を反作用という。この作用と反作用は，同一直線上にあり，力の方向がたがいに逆向きで大きさが等しいという法則である。

図 2−2 は，ある均質な物体にさまざまな力が作用している状況を表している。構造力学では，図中の 1 点のみに 1 つの矢印でかかれている力 P_1, P_2 および P_3，物体のある領域に分布して作用している力 q_1 お

[*1] **Don't Forget!!**
ニュートンの運動の法則は大事な法則。覚えておこう！

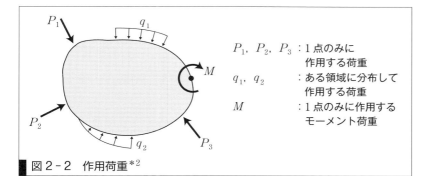

図2-2 作用荷重*2

P_1, P_2, P_3：1点のみに作用する荷重
q_1, q_2：ある領域に分布して作用する荷重
M：1点のみに作用するモーメント荷重

*2
構造力学では，構造的に作用する力を荷重と呼ぶ。荷重の詳細は3-2節で説明する。

および q_2 や2-3節で述べるモーメント荷重 M*3 について，次節以降の力学の知識を用いて，構造物の力学的性質を調べる。以上の構造物に作用する荷重は，第3章で詳しく説明する。

力の単位は，国際単位系(SI)*4 の組立単位で表記される。式2-1で示したように，力は質量と重力加速度をかけ合わせて求められることを，すでに物理で学んでいる。すなわち

$$\text{質量 [kg]} \times \text{重力加速度 [m/s}^2\text{]} = \text{力 [kg·m/s}^2\text{]} = \text{力 [N]}$$

2-2

である。この力の単位は，ニュートン[N]で表される。すなわち，地球上の重力は，重力加速度が約 $9.8\,\text{m/s}^2$ であるので，$9.8\,\text{N}$ は，質量 $1\,\text{kg}$ の物体に作用する重力であることがわかる*5。

*3
工学ナビ
物理では「力のモーメント」として学ぶ。

*4
Let's TRY!!
7つの基本単位(国際単位)を調べてみよう。

*5
+α プラスアルファ
応力の表し方
単位面積当たりに作用する力を応力という。応力の単位は，$[\text{N/m}^2] = [\text{Pa}]$ で表す。

例題 2-1 図のように，ばね定数 k をもつばねを力 $F\,[\text{N}]$ で引っ張ると $u\,[\text{m}]$ 伸びた。このときのばね定数の単位を国際単位系の基本単位を組み合わせて表現せよ。

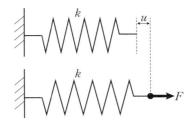

解答

$$F\,[\text{N}] = F\,[\text{kg·m/s}^2] = k \times u\,[\text{m}]$$

$$k = \frac{F\,[\text{kg·m/s}^2]}{u\,[\text{m}]} = Fu^{-1}\,[\text{kg/s}^2]$$

2.2 力の分解と合成

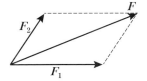

*6 工学ナビ
物理学ではベクトル表示で一般に $F = F_1 + F_2$

力の分解は，図2-3に示すように平行四辺形の法則[*6]を用いて考えると，力 P は直交座標系の水平方向の成分 P_x と鉛直方向の成分 P_y に**分解 (decomposition)** できる。図2-3より

$$P_x = P\cos\theta \qquad 2\text{-}3$$
$$P_y = P\sin\theta \qquad 2\text{-}4$$

として表すことができる。ここに θ は P と x 軸のなす角度である。

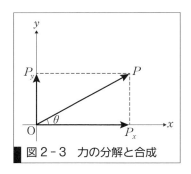

図2-3 力の分解と合成

また，ある物体に作用する複数の力は，図2-3の1つの力 P に**合成 (composition)** して考えることもできる。この合成された力 P を**合力 (resultant force)** と呼ぶ。図2-3の場合の合力 P は，次のようにして求めることができる。

$$P = \sqrt{P_x^2 + P_y^2} \qquad 2\text{-}5$$

任意の点に対する複数の力のモーメントの総和は，それらの力の合力による力のモーメントと等しくなるというバリニオンの定理を用いることで，合力を求めることができる。このバリニオンの定理の詳細については，次節で述べる。

2.3 力のモーメント，偶力のモーメント

図2-4は，物体の先端にて，その物体と垂直方向に力 P が作用している状況を表している。このとき，物体の先端から a 離れた点Oには，力 P による**力のモーメント (moment)** が発生する。この力 P による力のモーメントは，点Oのまわりに物体を回転させようとする能力を意味し，次の式で表される。

ある点に関する力のモーメント
　　＝力 P ×対象とする点までの力の向きと垂直方向の距離 a

$$\qquad 2\text{-}6$$

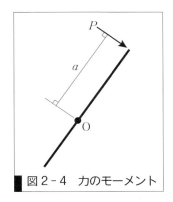

図2-4 力のモーメント

式2-6より，力のモーメントの単位は［N·m］のように，力とその距離をかける形で表されることがわかる[*7]。

偶力(couple)とは，たがいに平行な力の作用線を有し，力の向きが反対かつたがいの力の大きさが等しい場合の力をいう。物体に偶力が発生した場合には，物体が回転する[*8]。

例題 2-2 図に示す点Oに関する力のモーメントを求めよ。

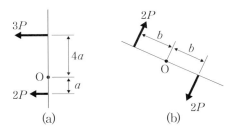

解答 (a) 力のモーメントは，右回り（時計回り）を正に考える。

$$-3P \times 4a + 2P \times a = -10Pa$$

(b) この場合，点Oに関して，作用する力は，たがいに平行な力の作用線を有し，力の向きが反対かつたがいの力の大きさが等しい場合となるため，偶力となる。この偶力によるモーメントは

$$2P \times 2b = 4Pb$$

となる（ただし，右回りを正とする）[*9]。

以上で説明した力のモーメントは，力と同様に，加減算ができる。ここで，バリニオンの定理について説明する。バリニオンの定理は，「ある1点に対する複数の力による力のモーメントの総和は，それらの力の合力によるその点に対する力のモーメント（合力の力のモーメント）に等しい」という定理であり，この定理を使うことで合力の作用点および作用方向を導く際に役立つ。

[*7] **Let's TRY!**
同一形状の2つのハンマーで，打撃部分がゴム製のものと金属製のものでは，力のモーメントがどのように変化するか考えてみよう。

[*8] **+α プラスアルファ**
剛体運動
力を加えても変形しない物体を剛体と呼ぶ。このような剛体が並進運動または回転運動する場合には，剛体運動という。

[*9] **Don't Forget!!**
偶力のモーメント
偶力のモーメントは力の大きさとその間の距離だけで決まることを覚えておこう。

例題 2-3 バリニオンの定理を用いて，図に示す3つの力の合力の作用点および作用方向を求めよ。

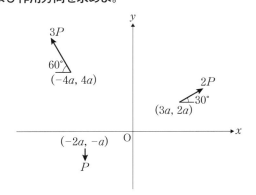

解答 合力の水平成分および鉛直成分の力を求める。

$$水平成分：\Sigma H = \left(\sqrt{3} - \frac{3}{2}\right)P$$

$$鉛直成分：\Sigma V = -\frac{3\sqrt{3}}{2}P \quad (ただし下向きを正とする)$$

各力の水平成分および鉛直成分の力のモーメントの総和は，次のようになる。

水平成分の力のモーメントの総和：$\Sigma(Hy) = (2\sqrt{3} - 6)Pa$

鉛直成分の力のモーメントの総和：$\Sigma(Vx) = (6\sqrt{3} - 5)Pa$

バリニオンの定理を用いて，合力の水平成分および鉛直成分について，点 O に関する力のモーメントを求める。ここで，x_0 および y_0 は合力の作用点を意味する。

$$(\Sigma H)y_0 = \Sigma(Hy)$$

$$y_0 = \frac{\Sigma(Hy)}{\Sigma H} = \frac{(2\sqrt{3} - 6)Pa}{\left(\sqrt{3} - \frac{3}{2}\right)P} = -4(\sqrt{3} + 1)a$$

$$(\Sigma V)x_0 = \Sigma(Vx)$$

$$x_0 = \frac{\Sigma(Vx)}{\Sigma V} = \frac{(6\sqrt{3} - 5)Pa}{-\frac{3\sqrt{3}}{2}P} = -\left(4 + \frac{10}{9}\sqrt{3}\right)a$$

また，合力の作用方向は，次のようになる。ここで，θ は，x 軸から左回りの角度を意味する。

$$\tan\theta = \frac{\Sigma V}{\Sigma H}$$

$$\theta = \tan^{-1}\frac{\Sigma V}{\Sigma H} = \tan^{-1}\frac{\frac{3\sqrt{3}}{2}P}{\left(\sqrt{3} - \frac{3}{2}\right)P} = \tan^{-1}6\left(1 + \frac{\sqrt{3}}{2}\right)$$

2　4　力のつり合い

ビルや橋のように静止している物体に作用している力の合力はゼロであり，この状態を力がつり合っているという。すなわち，静止している物体に力が作用した場合，引き続き物体を静止させるためには，作用する力の合力をゼロとすればよいことがわかる。

水平方向を x 軸，鉛直方向を y 軸とした場合，変形しない物体（剛体）に作用する力がつり合っている状態とは，その物体が x 軸および y 軸方向への並進移動と任意の点Oでの回転運動が発生しない状態である。図2-5のようにある物体に種々の力と力のモーメントが作用している場合，その物体がつり合い状態にある場合には，次式3つの**つり合い式**(equilibrium equation)が成り立つ[*10]。

$$\Sigma H = P_{1x} + P_{2x} + \cdots + P_{nx} = 0 \qquad 2-7$$

$$\Sigma V = P_{1y} + P_{2y} + \cdots + P_{ny} = 0 \qquad 2-8$$

$$\Sigma M_{(O)} = P_{1x}y_1 + P_{2x}y_2 + \cdots + P_{nx}y_n + P_{1y}x_1 + P_{2y}x_2 + \cdots + P_{ny}x_n$$
$$+ M_1 + M_2 + \cdots + M_n = 0 \qquad 2-9 \text{[*11]}$$

[*10] 式2-7から式2-9をまとめて，つり合い条件式という。

[*11] **Don't Forget!!**
つり合い式において，モーメント荷重の作用位置が無関係であることを覚えておこう。

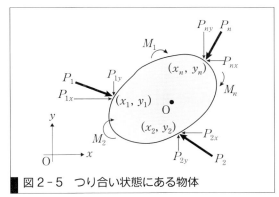

図2-5　つり合い状態にある物体

演習問題　A　基本の確認をしましょう

2-A1　毎時5 kft の速度，500 MPa の圧力を，それぞれ国際単位系の基本単位を組み合わせて表現せよ。（ただし，1 ft（フィート）= 0.305 m とする。）

2-A2　次の図に示す力 P を分解し，力 P_x および P_y の大きさを求めよ。

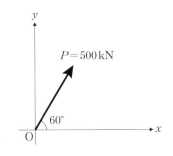

WebにLink
演習問題の解答

2-A3　次の図について，点 O に関する力のモーメント M_O を求めよ。ただし，モーメントは，右回りを正とする。

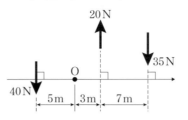

演習問題　B　もっと使えるようになりましょう

2-B1　次の図に示す3つの力の合力の大きさ R と作用方向 θ を求めよ。

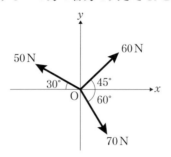

2-B2　次の図のように，2つの等しい変形しない棒 AB と BC を自由に回転できる状態として点 B でつなぎ，点 A でも棒 AB の回転を拘束しない方法で天井とつなぎ合わせた。このような状態で，点 C にて水平方向の力 P を作用させたときのつり合い位置での，棒 AB および BC の鉛直方向からの角度 α および β を求めよ。ただし，棒 AB と BC の質量は，ともに W とする。

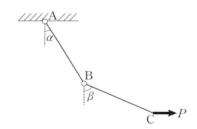

┌─ あなたがここで学んだこと ─────────────────────┐
この章であなたが到達したのは
　　□力の定義，要素について説明できる
　　□力の単位系について説明し，単位系の相互変換が計算できる
　　□力のモーメント，偶力のモーメントについて説明できる
　　□力の合成と分解について理解し，計算できる
　　□力のつり合いについて説明できる
　本章では，力について学んできた。力に関する内容を理解することは，構造力学の基礎である。構造物に作用する力は，対象とする構造のどの部分に，どの方向に，どれくらいの大きさの力が作用するかがわかるまたは想定することにより，構造物の安全性の判断や設計が可能となる。このような，ものづくりの観点から，力について意識しながら身近にある構造物を見てみると，構造力学への興味が深まると思われる。
└──────────────────────────────┘

3章 構造物のモデル化

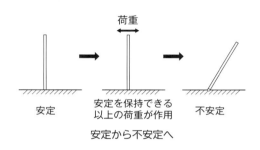

安定　　安定を保持できる　　不安定
　　　　以上の荷重が作用
　　　安定から不安定へ

構造物は常に安定した状態にあることが求められている。しかし、まれに発生する巨大地震のような大きな荷重が構造物に作用した場合、部分的な損傷や地盤の変状などにより、安定な状態から不安定な状態になることも考えられる。我が国は世界有数の地震大国であるため、地震に遭遇する機会は多い。このような構造物の安定・不安定がどのような状態であるかを説明でき、また構造物を安定させるためには、どのような条件が必要になるかを学んでいこう。

●この章で学ぶことの概要

　構造物の設計や安全の把握には、まず、第2章で学んだ構造物に作用する力をすべてかき出し、それによって力のつり合いを考える必要がある。これに加えて、構造物が安定しているかどうかを判断するためには、さまざまな条件を満たしているかを確認する必要がある。本章では、これらの内容について学習する。まず、3-1節では、構造力学で扱う支点について説明する。次に3-2節の構造力学で扱う荷重の種類について説明し、3-3節では構造物の安定・不安定について説明する。最後に3-4節では、構造物の静定・不静定について説明する。

予習 授業の前にやっておこう!!

WebにLink
予習の解答

1. つり合い条件式[*1]を用いて，次の図に示す物体に作用する力 V_A, V_B および H_A を求めよ．

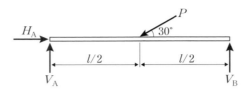

2. つり合い条件式[*1]を用いて，次の図に示す物体に作用する力 V, H および力のモーメント M を求めよ．

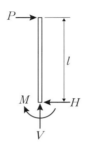

3 1 構造物の支点

[*1]
つり合い条件式は2章2-4節「力のつり合い」を参照すること．

[*2]
+α プラスアルファ
骨組構造物
骨組構造物とは，部材断面に比べて長手方向の長さが十分に大きいものをいう．

　構造物を安定に支持するためには，支持する構造物または地面を介するものが必要となる．このようなものを支点と呼ぶ．とくに，構造力学で扱う骨組構造物[*2]についてみると，その**支点 (support, shoe)** は，図3-1のように**ローラー支点**，**ヒンジ支点**および**固定端（固定支点）**の3つに大別できる．

　ローラー支点では，水平方向の移動と回転は拘束されておらず，鉛直方向の移動のみが拘束されているので，①鉛直反力のみが生じる．

　ヒンジ支点では，回転のみが拘束されておらず，鉛直方向と水平方向のそれぞれの移動が拘束されているので，①鉛直反力と②水平反力が生じる．

　固定端では，鉛直方向と水平方向のそれぞれの移動と回転のすべてが拘束されているので，①鉛直反力，②水平反力および③モーメント反力が生じる[*3]．

[*3]
Let's TRY!!
鉛筆の一端を手で固定し，他端に力を加えてみよう．鉛筆を固定している手の持ち方を変えると，固定している手に作用する力が変化することを確かめてみよう．

　図3-1の支点以外に，構造物中に回転が自由で移動を拘束するための結合点としてヒンジ（中間ヒンジ）を設ける構造形式もある．図3-2に示すような中間ヒンジは，回転が自由な形式であるため，この点におけるモーメントはゼロとなる．

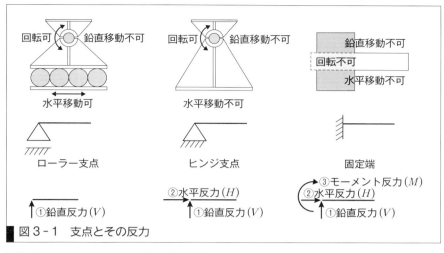

図3-1 支点とその反力

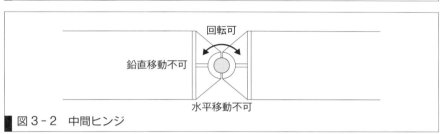

図3-2 中間ヒンジ

3 2 荷重の種類

　構造物に力（外力）が作用するとき，その力を**荷重**（load）という。図3-3に構造力学で扱う荷重を示す。1点に作用する荷重を**集中荷重**（**concentrated load**），ある1点を強制的に曲げようとする力のモーメントをモーメント荷重，および，ある領域に分布して作用する荷重を**分布荷重**（**distributed load**）と呼ぶ。分布荷重については，面積当たりの荷重または長さ当たりの荷重という表現になるため，単位は[N/m^2]または[N/m]のようになる。本書の学習のなかでは，物体を2次元の平面上で考えるため，分布荷重は単位長さ当たりの力の大きさ[N/m]を用いる[*4]。構造計算では，計算の簡便性から，分布荷重を等価な集中荷重に置き換える方法がとられる。この方法は，分布荷重の面積を等価な集中荷重の大きさとし，分布荷重の重心位置[*5]を等価な集中荷重の作用点とするものである[*6]。

[*4]
＋αプラスアルファ
応力の表し方
単位面積当たりに作用する力を応力という（第8章8-1節参照）。応力の単位は，[N/m^2]＝[Pa]で表す。

[*5]
重心位置（第7章7-1節参照）とは，一様な動場において，どのような形の剛体でも1点で支えることができる点である。

[*6]
Let's TRY!!
三角形や台形の重心位置を確かめておこう。

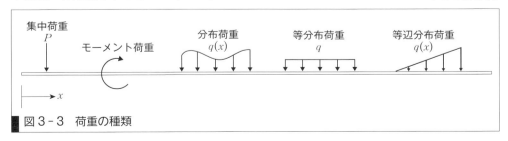

図3-3 荷重の種類

3・3 構造物の安定・不安定

構造物にさまざまな力が作用している場合，その構造物が**安定**(stable)*7するために満足しなければならない条件として，次の条件が満たされている必要がある。

① 水平方向に運動しない
② 鉛直方向に運動しない
③ 回転しない

この3つのうち，1つでも満たさない場合には**不安定**(unstable)となる。

また，安定な場合は**静定**(statically determinate)か**不静定**(statically indeterminate)のいずれかとなる。静定とは，先の3つの条件が構造物内にて，過不足ない力の数によってつり合っている状況をいう。一方，不静定とは，構造物内に先の3つの条件を満たす最低限の力より多くの力が存在している状況をいう。したがって，不静定は，構造物を過剰な力で安定させているといえる*8。

実際の構造物*9では，断面内部についても物理的にどのような力が発生しているかを調べることができる。したがって，内部の力についてもその状態が静定か不静定かを述べることができる。以上のことから，構造物全体として静定か不静定かをいう場合は外的静定または外的不静定，構造物内部をとらえた場合は内的静定または内的不静定という（第13章13-1節参照）。

以上の構造物（とくにはり）における安定・不安定および安定での静定・不静定について，次節で学習しよう。

*7 構造物の安定とは，さまざまな荷重が作用している状態の構造物において，その構造物が水平移動，鉛直移動または転倒しないことを意味する。

*8 Let's TRY!!
いすの脚の部分と床は，どのように接しているか確かめよう。いずれかの平面で考えた場合，静定・不静定どのようになるか考えてみよう。

*9 実際の構造物は，複数の部材から構成され，それらの部材は複雑な形状をしている。このような現実の事象を，構造部材あるいは構造物の本質を簡単にかつ具体的に表現することをモデル化という。

3・4 構造物（はり）の静定・不静定

はりとは，骨組構造物の1つであり，おもに曲げによって外力（荷重）に対して抵抗する構造をいう。したがって，2次元で扱うのであれば，はりの変形は，水平方向，鉛直方向および回転となる。はりについての解き方*10は，第4章で述べる。ここでは，はりとそれを支持する支点を組み合わせて，全体構造の安定・不安定および安定における静定・不静定について説明する。

*10 はりを解くとは，はりを支える支点反力とはりに生じる断面力を求めることを意味している。

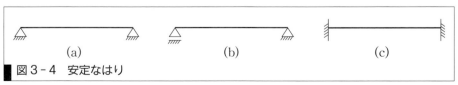

図3-4　安定なはり

3-3節で示した安定の条件を考えると，図3-4のような安定したはりが想像できる。このようなはりは，安定しているが，静定または不静

定のいずれかが判別できない。そこで，このような判別には，各支点における支点反力に着目した不静定次数である。不静定次数とは，安定となる必要最小限のつり合い条件の力の数よりも多い力の数である。したがって

$$\text{不静定次数} = \text{未知の力の数} - \text{つり合い条件の力の数} \quad 3-1$$

で求めることができる（第13章13-1節参照）。

例題 3-1 図3-4に示した3つのはりについて，不静定次数を求めよ。

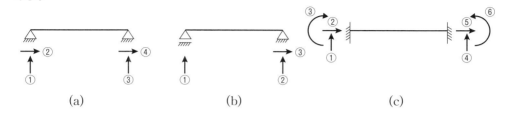

解答
(a)のはり 未知の力の数（支点反力の総数）= 4，つり合い条件の力の数 = 3より，不静定次数 = 1
(b)のはり 未知の力の数（支点反力の総数）= 3，つり合い条件の力の数 = 3より，不静定次数 = 0
(c)のはり 未知の力の数（支点反力の総数）= 6，つり合い条件の力の数 = 3より，不静定次数 = 3

図3-4(b)のはりは不静定次数が0となるので，静定となる。ほかの2つのはりは不静定となる。また(a)のはりの支点が両方ともローラー支点となった場合を考えてみる。すると

未知の力の数 = 2，つり合い条件の力の数 = 3より，不静定次数 = -1

となり，この場合は横方向に静止させる要素がないため，自由に横方向に動いてしまう。つまり不安定である。したがって，不静定次数が負となると不安定な状態を指すことになる。

演習問題 A 基本の確認をしましょう

演習問題の解答

3-A1 次の図に示すはりの点Aおよび点Bにおける支点反力を求めよ。

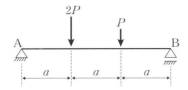

3-A2 図3-4で示した3つのはりの中間にローラー支点を1つ設けた場合，(a)，(b)，(c)の不静定次数を求めよ。

演習問題　B　もっと使えるようになりましょう

3-B1 次の図に示すはりについて，支点AおよびBの反力を求めよ。

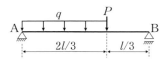

3-B2 次の図に示す骨組構造物について，不静定次数を求めよ。また，支点AおよびBの反力を求めよ。

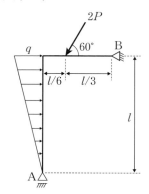

あなたがここで学んだこと

この章であなたが到達したのは
- □ 構造物の種類やその安定について説明できる
- □ 構造物に作用する荷重の種類について説明できる
- □ 静定構造物を支える支点や対応する反力を理解し，それらを力のつり合いより説明できる

　本章では，構造物の安定・不安定について，骨組構造物であるはりを例にしながら学んだ。構造物を安定に支持するためには，どのような支点をどの位置に設置するか，また，不安定な構造物は，どのような力を作用させることで安定となるかなど，力学的な観点から実際に応用することができる。したがって，構造物の設計には本章で学んだことが必要不可欠となる。日頃，何気なく見ている身近な構造物についても，この構造は，安定または不安定，安定の場合どの程度の不静定次数があるかなど，少し意識しながら見ていくと本章の理解が増し，構造力学への興味がさらにわいてくる。

4章 静定ばり

角島大橋　　　　　（山口県土木建築部道路建設課提供）

　山口県の角島大橋は，2000年（平成12年）11月3日に本州と離島である角島をつなぐ1780mの橋として開通した。エメラルドグリーンの海上にかかるその姿はとても美しい光景で，本州側の海士ヶ瀬公園が撮影スポットとなっている。この橋は景観だけでなく，海産物の流通や島民の緊急用道路として使用され，さらに道の駅や各種イベントのおかげで観光客が大幅に増加し，地方活性化に貢献している。この橋の構造上の特徴は，何よりもその長さであるが，その建設技術に圧倒される。このように，世界中にはさまざまな美しい橋がたくさんある。あなたはどんな技術者になりたいだろうか？

●この章で学ぶことの概要

　構造物を構成する「はり」は主要な構造部材であり，はりにかかる力を調べることは構造物を設計するうえで必須である。本章では力のつり合いで解くことができる静定ばりの反力，断面力を求める方法を解説する。はり要素を学ぶことは構造力学を学ぶうえで最も基礎部分である。本章で支点反力，断面力を求める方法をしっかり身につければ，力の流れを意識できるようになり，構造力学にかぎらず，他の力学を学ぶ際にも大いに役立つ。不静定ばりについては，本書の後半の章で学ぶことになるが，まずは本章をしっかりと理解してもらいたい。

予習 　授業の前にやっておこう!!

部材に作用する力に対する反力を力のつり合いから求められることを確かめよう。

WebにLink
予習の解答

1. 次の図中の V_A, V_B を力のつり合いより求めよ。ただし，はりの長さはすべて l である。

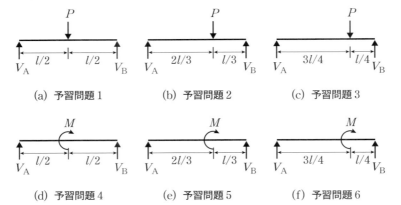

(a) 予習問題1　　(b) 予習問題2　　(c) 予習問題3

(d) 予習問題4　　(e) 予習問題5　　(f) 予習問題6

4　1　はりの支点反力

4-1-1 単純ばりの支点反力

単純ばり（simple beam, simply supported beam）とは，基本的なはり構造の1つであり，ヒンジ支点とローラー支点で支持されている[*1]。代表的なものは図4-1のようなけた橋である。

このようなけた橋を単純化すると，図4-2に示すような単純ばりの

*1
Let's TRY!!
なぜ，片方は横方向の移動を許すのか調べてみよう。
（ヒント）猛暑でのレールのゆがみ。

*2
工学ナビ
この橋は2011年（平成23年）に技術開発部門でPC技術協会賞となった。ポストテンション方式単純波形鋼板ウェブTけた橋である（株式会社ピーエス三菱提供）。

図4-1　けた橋（綾瀬川水戸橋）[*2]

36　4章　静定ばり

構造で表すことができる。この橋に人や車両[*3]が載る場合には，部材のある1点に作用が集中すると考える集中荷重に置き換えるのが一般的であり，自重（はり自身の重さ）は図4-3に示すようにはり全体に一様に分布して作用する分布荷重（等分布荷重）で表す。

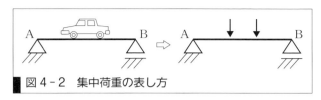

図4-2　集中荷重の表し方

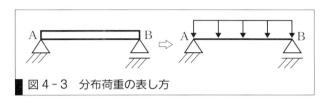

図4-3　分布荷重の表し方

[*3] **＋αプラスアルファ**
普通乗用車の車検証には車両重量＝前輪軸重＋後輪軸重が記載されている。それらはkgで表されているが，それらをNで表してみよう。

第3章3-1節の図3-1に示した通り，ローラー支点では鉛直反力，ヒンジ支点では水平反力と鉛直反力，固定端は水平反力，鉛直反力とモーメント反力がそれぞれ生じる。これらを**支点反力（support reaction, reaction force）**という。たとえば，図4-4に示すように，長さ l の単純ばりの中央に集中荷重 P が作用した場合を考える[*4]。

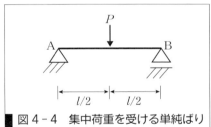

図4-4　集中荷重を受ける単純ばり

[*4] **Let's TRY!!**
はりに荷重が作用した際のはりのたわみ方を調べよう（はりのたわみの詳細は第9章参照）。支点の代わりに，平行に並べた2本の鉛筆の上に定規を置いて上から押し，どのようにたわむか確認しよう。

支点反力を求めるために，作用する力や力のモーメント，長さなどを取り出した図をかくと図4-5のようになり，これを**自由物体図（free body diagram）**と呼ぶ。

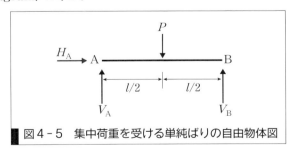

図4-5　集中荷重を受ける単純ばりの自由物体図

ここに，点Aはヒンジ支点のため，水平・鉛直方向の2力，点Bはローラー支点のため，鉛直方向の1力のみが発生する。じつは力の向きは，計算する人が仮定して設定してよいので矢印の向きはどちらでもよい。

*5 ➕α プラスアルファ
はりの長さ（支間（スパン））を表すアルファベットは l，支点反力において水平方向は H，鉛直方向は V で表すのが一般的である。いずれも英語の頭文字を使っている。自分で何の頭文字か調べてみよう。

*6 ヒント
未知数を先にかこう。また，添え字 A，B が出てくる場合は，A からかこう。

*7 ➕α プラスアルファ
モーメントのつり合いを点 B で考えた場合も計算してみよう。

*8 Don't Forget!!
答えが得られたら，連立方程式を満たすか検算をすること。また図に答えを記入し，感覚と合っているかどうか確かめよう。

しかし，重力による下向きの荷重，それを支える上向きの反力，と考えたほうが自然であるため，図に示すような方向を正とするほうが考えやすい。

水平方向のつり合い式を考える*5。

$$\Sigma H = 0 : H_A = 0 \qquad 4-1$$

次に，鉛直方向のつり合い式を考えると*6

$$\Sigma V = 0 : V_A + V_B - P = 0 \qquad 4-2$$

最後に，モーメントのつり合い式を点 A で考えると*7

$$\Sigma M_{(A)} = 0 : -V_B \cdot l + P \cdot \frac{l}{2} = 0 \qquad 4-3$$

式 4-1〜式 4-3 より，すべての支点反力を求めると

$$\begin{cases} H_A = 0 \\ V_A = \dfrac{P}{2} \\ V_B = \dfrac{P}{2} \end{cases} \qquad 4-4$$

となる*8。

例題 4-1 集中荷重が作用する単純ばりの支点反力を求めよ（$l=a+b$）。

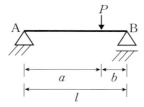

解答 求める支点反力は前述と同様に水平方向は右向き，鉛直方向は上向きを正とし，自由物体図は省略する。

さて，水平，鉛直，点 A でのモーメントのつり合い式はそれぞれ

$$\Sigma H = 0 : H_A = 0$$
$$\Sigma V = 0 : V_A + V_B - P = 0$$
$$\Sigma M_{(A)} = 0 : -V_B \cdot l + P \cdot a = 0$$

となるため，これを計算すると

$$\begin{cases} H_A = 0 \\ V_A = \dfrac{Pb}{l} \\ V_B = \dfrac{Pa}{l} \end{cases}$$

となる*9。

*9 Don't Forget!!
単純ばりの鉛直方向の支点反力は式のように，(荷重から反対側までの長さ)/(全体の長さ)×(荷重の大きさ)，で求められる。これを覚えれば，連立方程式を立てなくても，暗算で計算ができる。はりの長さ，荷重の作用位置を変えて，解いてみよう。

例題 4-2 等分布荷重が作用する単純ばりの支点反力を求めよ。

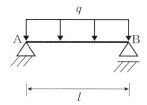

解答 分布荷重の場合，その合力と作用位置を求め[*10]，自由物体図を考える。

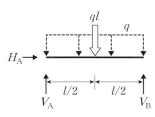

上の図は図4-4に示した集中荷重Pをqlと置き換えたのと同じで，結局，答えは

$$\begin{cases} H_A = 0 \\ V_A = \dfrac{ql}{2} \\ V_B = \dfrac{ql}{2} \end{cases}$$

となる。

4-1-2 片持ばりの支点反力

はりの一端を固定し，他端を自由（支持しない）としたはりを**片持ばり**（cantilever beam）という（図4-6）[*11, *12]。

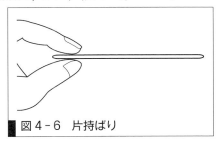

図4-6 片持ばり

さて，単純ばりと同様に，図4-7に示すはりの真ん中に集中荷重Pが作用した場合の支点反力を求める[*13]。

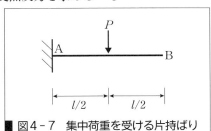

図4-7 集中荷重を受ける片持ばり

[*10]
Don't Forget!!
分布荷重を集中荷重として作用させる位置の決め方を復習しておこう。

[*11]
ヒント
プールの飛び込み板と同じ。

[*12]
工学ナビ
日本三大奇橋の1つとして猿橋がある。どんな形式なのか自分で調べてみよう。
残り2つの奇橋とはなんだろうか？ 調べてみよう。

猿橋（大月市観光協会提供）

[*13]
+αプラスアルファ
単純ばりと同様に片持ばりでもどのようにたわむか確認しよう。

4-1 はりの支点反力

自由物体図は図4-8のようになる。

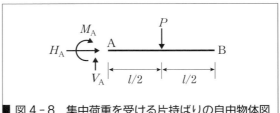

図4-8　集中荷重を受ける片持ばりの自由物体図

ここに，点Aは固定端のため，水平・鉛直そして点Aでたわみ角[*14]が発生しないように(はりが固定端に対し直角のまま)モーメント反力が発生する。

まず，水平方向のつり合い式を考える。
$$\Sigma H = 0 : H_A = 0 \qquad 4\text{-}5$$

次に，鉛直方向のつり合い式を考えると
$$\Sigma V = 0 : V_A - P = 0 \qquad 4\text{-}6$$

最後に，モーメントのつり合い式を点Aで考えると
$$\Sigma M_{(A)} = 0 : M_A + P \cdot \frac{l}{2} = 0 \qquad 4\text{-}7$$

式4-5～式4-7より，支点反力を求めると
$$\begin{cases} H_A = 0 \\ V_A = P \\ M_A = -\dfrac{Pl}{2} \end{cases} \qquad 4\text{-}8$$

となる。

分布荷重の場合は，単純ばりの場合と同様にその合力と作用位置を求め，支点反力を求めればよい。

4-1-3 張出しばりの支点反力

張出しばり(overhanging beam)は，単純ばりの支点から，さらにはりが伸びた構造である。張出しばりの支点反力は，これまでのはりと同様に水平，鉛直，モーメントのつり合い式を考えればよい。図4-9の例を考え自由物体図をかくと[*15]，図4-10のようになる。

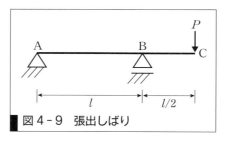

図4-9　張出しばり

[*14] たわみ角とは，はりがたわんだ(変形)際に発生するその角度である。つまり，はり上のある点がたわんだときのたわみ曲線の接線方向と水平方向のなす角を，たわみ角という。

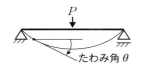

[*15] ＋α プラスアルファ
はりのたわみ方を考えてみよう。

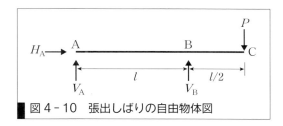

図4-10 張出しばりの自由物体図

この場合の水平方向のつり合い式は次のようになる．

$$\Sigma H = 0 : H_A = 0 \qquad 4-9$$

次に，鉛直方向のつり合いを考えると

$$\Sigma V = 0 : V_A + V_B - P = 0 \qquad 4-10$$

最後に，モーメントのつり合いを点Aで考えると

$$\Sigma M_{(A)} = 0 : -V_B \cdot l + P \cdot \frac{3}{2} l = 0 \qquad 4-11$$

となるので支点反力は

$$\begin{cases} H_A = 0 \\ V_A = -\dfrac{P}{2} \\ V_B = \dfrac{3}{2} P \end{cases} \qquad 4-12$$

となる．

さて，張出しばりの事例として次のようなことを経験した人もいると思う．図4-11のようなベンチでA君とB君が張り出している場所に座っているとする．

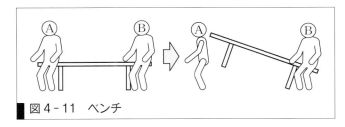

図4-11 ベンチ

いま，A君が急に立ち上がったとする．するとA君のすぐ横の柱は地面から上がり，B君は尻餅をつくような格好になってしまう．すなわち張り出している部分に力が作用すると，このはりが水平を維持するためには，遠いほうの柱に下側へ引っ張る力が必要となる．したがって，張出しばりにおいて支点から張り出した部分に荷重が作用する場合は，以下のように考えると理解しやすい[*16]．いま，図4-12(a)を(b)のシーソーのように考える．A-Bの長さはB-Cの間の2倍だから，浮き上がろうとする点Aを押さえるためには下向きに$P/2$が必要である．

[*16] **+αプラスアルファ**
張出しばりを考える際はシーソーを思い出そう．暗算でできるようになれば，これからの計算は大変楽になる．

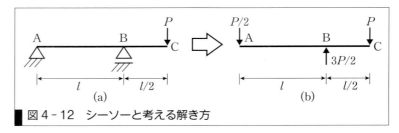

図4-12 シーソーと考える解き方

次に支点反力 V_B は図4-12(b)より $P/2$ と P の両方を支えているので、$V_B = 3P/2$ となることがわかる。

4-1-4 ゲルバーばりの支点反力

ゲルバーばり（Gelber beam）とは連続ばり[*17]の中間部がヒンジ[*18]で結合された静定ばりのことである[*19]。支点が沈下しても、はり内部に応力が発生しない特徴がある。そのため、地盤が不等沈下[*20]する場所で用いられる構造の1つである[*21]。

図4-13に示すゲルバーばりの支点反力を考える。

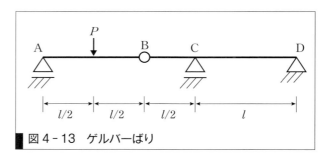

図4-13 ゲルバーばり

まず自由物体図を考える。点Bの中間ヒンジは鉛直・水平方向を拘束するため、中間ヒンジで分けて自由物体図をかくと、図4-14のように2つのはりに分けて表すことができる[*22]。

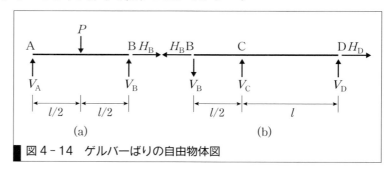

図4-14 ゲルバーばりの自由物体図

図4-14(a)のつり合いは

$$\begin{cases} \Sigma H = 0 : H_B = 0 \\ \Sigma V = 0 : V_A + V_B - P = 0 \\ \Sigma M_{(A)} = 0 : P \cdot \dfrac{l}{2} - V_B \cdot l = 0 \end{cases}$$

4-13

[*17] 連続ばりとは、1つのはりに支点が3つ以上あるものである。

[*18] 中間ヒンジ
はり中間部のヒンジを「中間ヒンジ」と呼ぶ。扉のちょうつがいをイメージすればよい。

[*19] **Don't Forget!!**
ゲルバーばりの特徴を覚えておこう。

[*20] **+α プラスアルファ**
地盤の不等沈下とは何か調べよう。

[*21] **+α プラスアルファ**
実際のゲルバー構造の橋はどんなところに設置されているのか調べてみよう。

[*22] **Don't Forget!!**
中間ヒンジは同じ大きさで逆向きの2力に置き換えられることを覚えよう。これらの力はじつは中間ヒンジの位置での断面力（軸力とせん断力）である（第4章4-2節参照）。

次に図4-14(b)のつり合いは

$$\begin{cases} \Sigma H = 0 : -H_B + H_D = 0 \\ \Sigma V = 0 : -V_B + V_C + V_D = 0 \\ \Sigma M_{(B)} = 0 : V_C \cdot \dfrac{l}{2} - V_D \cdot \dfrac{3}{2}l = 0 \end{cases} \qquad 4-14$$

となる。ゲルバーばりの支点反力を求めるためには，まず，鉛直方向の力のつり合い式を考える。式4-13において，鉛直方向の力はV_A，V_Bの2つに対し，それを解くための鉛直，モーメントの式は2つである。式4-14では鉛直方向の力はV_B，V_C，V_Dの3つに対し，鉛直，モーメントのつり合い式は2つである[*23]。すなわち，図4-14(a)のつり合い式4-13から支点反力V_A，V_Bを求めることはできるが，図4-14(b)のつり合い式4-14から支点反力V_B，V_C，V_Dは式の数より未知数が多いため，それだけでは求めることはできない。すなわち，これを解くためには，まずV_AとV_Bを求めてから，V_C，V_Dが求められる。結局，このゲルバーばりは図4-15，図4-16に示す単純ばりと張出しばりがヒンジで結合され，さらに，図4-15の単純ばりを図4-16の張出しばりが支えていると考えれば，図4-17のように簡単に考えることができる[*24]。

[*23] **Don't Forget!!**
図4-14(b)に荷重がないからといってすべての反力がゼロではない。常に式の数と未知数の数を考えよう。

[*24] **ヒント**
ここは，鉛直方向の力について先に解くことができるはりが上にあると考える。

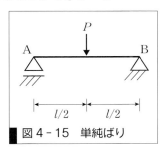
図4-15 単純ばり

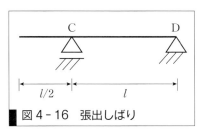
図4-16 張出しばり

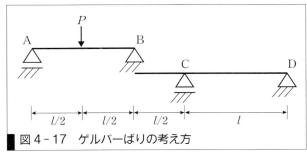
図4-17 ゲルバーばりの考え方

すなわち，支点反力は以下のようになる。

$$\begin{cases} V_A = \dfrac{P}{2} \\ V_C = \dfrac{3}{4}P \\ V_D = -\dfrac{1}{4}P \\ H_D = 0 \end{cases} \qquad 4-15$$

4 2 はりの断面力

4-2-1 断面力の求め方

はりに荷重が作用すると，はり内部ではそれに抵抗する**内力**（internal force）が発生する。その内力を**断面力**（sectional force）[*25]と呼び，この断面力から，はり断面の点における応力（第8章参照）が求められる。構造物の設計では荷重により発生する応力と材料強度を比較することによって，その安全性を検討する[*26]。そのため，断面力を求めることは構造物を設計するうえで非常に重要である。平面の問題[*27]ではこれらの断面力は，**軸力**（axial force）N，**せん断力**（shearing force）Q，**曲げモーメント**（bending force）Mであり，次のように断面力の符号を定義している（図4-18）[*28]。

軸力Nとは，はりの軸方向の力であり，せん断力Qとは，はりの軸線をはさみで切るような断面に平行な力，曲げモーメントとは，はりを曲げるような偶力のことである。

*25 工学ナビ
建築分野では，この断面力を「応力」と表記することがある。本書では，軸力，せん断力，曲げモーメントを総称して断面力とする。

*26 工学ナビ
薄い鋼板など座屈が発生する場合は除く。座屈とは部材に圧縮力を加えた際，限度を超えると急に横にはらみ出す現象である。

*27 プラスアルファ
本書では平面の問題のみを取り扱うが，実構造物は3次元問題なので，より複雑になる。

*28 Don't Forget!!
正負の定義は必ず覚えよう。間違えると設計施工で大変な支障が出る。

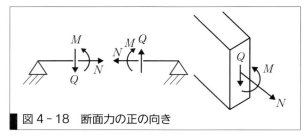

図4-18 断面力の正の向き

軸力N：部材を引っ張る方向を正
せん断力Q：部材を右回り（時計回り）に回す方向を正
曲げモーメントM：あらかじめ定めた側（多くは図の下側）が曲げ引張りとなる方向を正

また，断面の位置xにおける断面力（N_x, Q_x, M_x）の大きさを表した図を断面力図と呼び，軸力N_xの図を軸力図（N図），せん断力Q_xの図をせん断力図（Q図）そして曲げモーメントM_xの図を曲げモーメント図（M図）という。本書では，軸力・せん断力図では正の値は上側にかくが，曲げモーメント図の場合のみ正の値を下側にかく。

4-2-2 断面力図のかき方

次の図4-19において，集中荷重を受ける単純ばりを考える。

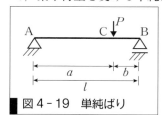

図4-19 単純ばり

まず，単純ばりの自由物体図をかき，支点反力を求めておき，次に荷重の左側（A-C間）の断面力を求めるため，A-C間の任意の断面（点Aからx離れた断面）で切断した自由物体図を考える。

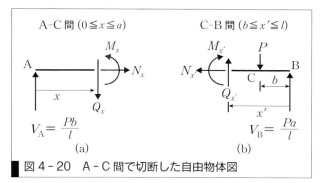

図4-20　A-C間で切断した自由物体図

図4-20(a)の自由物体図から，力のつり合い式を考えると

$$\begin{cases} \Sigma H = 0 : N_x = 0 \\ \Sigma V = 0 : V_A - Q_x = 0 \\ \Sigma M_{(x)} = 0 : V_A \cdot x - M_x = 0 \end{cases}^{*29}$$

となるためそれぞれの断面力を求めると

$$\begin{cases} N_x = 0 \\ Q_x = \dfrac{Pb}{l} \\ M_x = \dfrac{Pb}{l} x \end{cases} \quad 4-16$$

となる。同様に図4-20(b)の自由物体図でつり合い式を考えると

$$\begin{cases} \Sigma H = 0 : N_{x'} = 0 \\ \Sigma V = 0 : Q_{x'} - P - V_B = 0 \\ \Sigma M_{(x')} = 0 : M_{x'} + P(x' - b) - V_B \cdot x' = 0 \end{cases}^{*29}$$

$$\begin{cases} N_{x'} = 0 \\ Q_{x'} = P - \dfrac{Pa}{l} = \dfrac{Pb}{l} \\ M_{x'} = \dfrac{Pa}{l} x' - P(x' - b) = \dfrac{Pb}{l}(l - x') \end{cases} \quad 4-17$$

となる。式4-16と式4-17はともにA-C間の断面力を表しており[*30]，断面力図をかけば同じ図になる。したがって，断面力を求める場合には，通常，計算が簡単なほうを選ぶのが得策である。

同様にC-B間の断面力を考える場合は集中荷重より右側の自由体図を考えたほうが簡単になるので，図4-21より

$$\begin{cases} \Sigma H = 0 : -N_x = 0 \\ \Sigma V = 0 : Q_x + V_B = 0 \\ \Sigma M_{(x')} = 0 : M_x - V_B \cdot x' = 0 \end{cases}$$

より

[*29] 💡ヒント
モーメントのつり合いは，はりの切断した位置（xやx'）のまわりで考えると，計算が簡単になる。

[*30] 💡ヒント
N_xと$N_{x'}$，Q_xと$Q_{x'}$はどちらからxを取っても同じ答え。M_xと$M_{x'}$は異なった式となっているが，点Aを表す座標 $x = 0$, $x' = l$ で $M_x = M_{x'} = 0$。点Cを表す座標 $x = a$, $x' = b$ で $M_x = M_{x'} = Pab/l$ となり，はりの同じ場所の断面力は当然同じ値である。

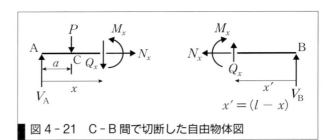

図4-21 C-B間で切断した自由物体図

$$\begin{cases} N_x = 0 \\ Q_x = -\dfrac{Pa}{l} \\ M_x = \dfrac{Pb}{l}x' \end{cases} \qquad 4\text{-}18$$

となる[*31]。これらの式より，図4-22のような断面力図が得られる。

*31
+α プラスアルファ
はりを任意の断面 x と断面 $x+dx$（dx は微小）で切断した自由物体のつり合いを考える。

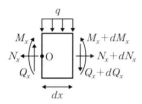

鉛直方向の力のつり合い
$-Q_x+(Q_x+dQ_x)+qdx=0$
これより，せん断力と分布荷重の関係は
$$\dfrac{dQ_x}{dx}=-q$$
モーメントのつり合い（点 x）
$M_x+qdx\times\dfrac{dx}{2}-(Q_x+dQ_x)dx$
$-(M_x+dM_x)=0$
これより，dx の2次項を無視すると
$$\dfrac{dM_x}{dx}=Q_x$$
したがって
$$\dfrac{d^2M_x}{dx^2}=-q$$

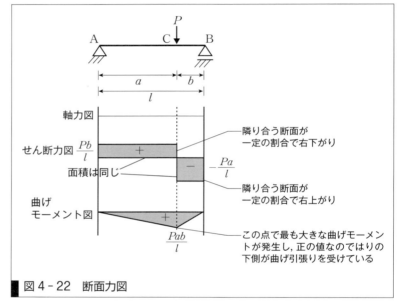

図4-22 断面力図

次に，単純ばりに等分布荷重 q が作用している場合を考える（図4-23）。まず，支点反力を求めておこう。

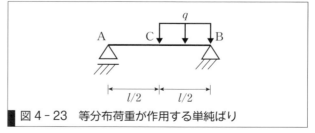

図4-23 等分布荷重が作用する単純ばり

A-C間は荷重がなく，C-B間には等分布荷重が作用しているため，それぞれ区間ごとに分けて断面力を求める必要がある。各区間の任意の断面における自由物体図をかくとそれぞれ次のようになる（図4-24）。

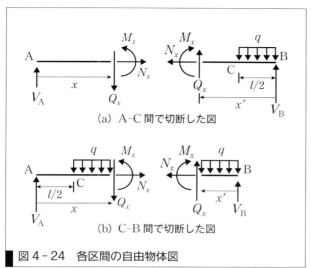
図 4-24 各区間の自由物体図

図 4-24 より,任意の断面における断面力は以下のようになる。

図 4-24(a) より A-C 間 ($0 \leq x \leq l/2$) で切断した場合は左側の自由物体図で考え,図 4-24(b) より C-B 間で切断した場合は右側の自由物体図でそれぞれ考える。

A-C 間で切断した場合 ($0 \leq x \leq l/2$) のつり合い式は

$$\begin{cases} \Sigma H = 0 : N_x = 0 \\ \Sigma V = 0 : V_A - Q_x = 0 \\ \Sigma M_{(x)} = 0 : V_A \cdot x - M_x = 0 \end{cases}$$

となるため,次の式がそれぞれ求まる。

$$\begin{cases} N_x = 0 \\ Q_x = V_A = \dfrac{1}{8} ql \\ M_x = V_A \cdot x = \dfrac{1}{8} qlx \end{cases} \qquad 4-19$$

C-B 間で切断した場合 ($0 \leq x' \leq l/2$) のつり合い式は

$$\begin{cases} \Sigma H = 0 : -N_x = 0 \\ \Sigma V = 0 : Q_x + V_B - qx' = 0 \\ \Sigma M_{(x')} = 0 : M_x + qx' \cdot \dfrac{x'}{2} - V_B \cdot x' = 0 \end{cases}$$

となるため,次の式が求まる。

$$\begin{cases} N_x = 0 \\ Q_x = qx' - V_B = qx' - \dfrac{3}{8} ql \\ M_x = V_B \cdot x' - \dfrac{q}{2} x'^2 = \dfrac{3}{8} qlx' - \dfrac{1}{2} qx'^2 \end{cases} \qquad 4-20$$

*32
Don't Forget!!
断面力図をかく際に，複数のチェック項目がある。
1. 曲げモーメントを微分するとせん断力になっているか（絶対値）。
$$Q_x = \frac{dM_x}{dx}$$
逆にある点の曲げモーメントの大きさは，端点（たとえば支点 A）からのせん断力図の面積に等しくなっているか。つまり，せん断力 Q_x を座標 x の方向に積分するとその累積が曲げモーメント M_x となる。したがって，図 4-25 の場合には，端点（支点 B）から左向きにせん断力をその 0 の点まで積分（つまり三角形の大きさ）すると曲げモーメント M_x は最大値となる。
2. 支点でのせん断力＝鉛直方向の支点反力（絶対値）になっているか。
3. せん断力が 0 の箇所で曲げモーメントが最大になっているかどうか $\left(Q_x = \dfrac{dM_x}{dx} = 0\right.$ だから $\left.\right)$。

*33
Don't Forget!!
中間ヒンジの取り扱いを忘れないように。

これらの体系から断面力図は図 4-25 のように求められる*32。

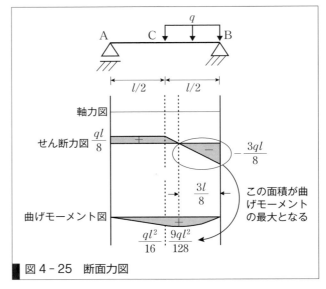

■ 図 4-25　断面力図

次に，ゲルバーばりに等分布荷重 q が作用している断面力図を考える（図 4-26）。

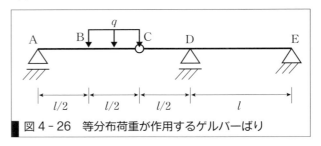

■ 図 4-26　等分布荷重が作用するゲルバーばり

まず支点反力を求める必要がある。ゲルバーばりは 4-1-4 項で記載のように，中間ヒンジは同じ大きさで逆向きの力をそれぞれのはりに作用するように分ける必要がある*33。A-C 間のはりの鉛直方向の反力は 2 つ，C-E 間の鉛直方向の反力は 3 つあるため，図 4-27 に示すように A-C のはりを C-E のはりが支えていると考えることができる。

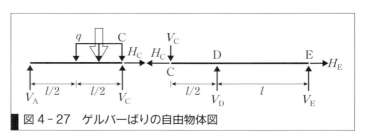

■ 図 4-27　ゲルバーばりの自由物体図

48　4章　静定ばり

図4-27の2つの自由物体図から，それぞれのつり合い式を求める。はりACの支点反力から求めると，次のようになる。

$$\begin{cases} V_A = \dfrac{1}{8}ql \\ V_C = \dfrac{3}{8}ql \\ H_C = 0 \end{cases} \qquad 4-21$$

次に，求めたV_Cの値を用いてはりCEのつり合い式から支点反力を求めると，次のようになる。V_Eは点Eが浮かないように下向きに反力が作用し，その大きさは点Dからの距離DEがCDの2倍のため，$V_E = -3ql/16$となり，点Dの支点反力V_DはV_CとV_Eを合計した$V_D = 9ql/16$となる[*34]。このはりの自由体図は図4-28のようになる。

*34
ヒント
張出しばりの解法を思い出そう。

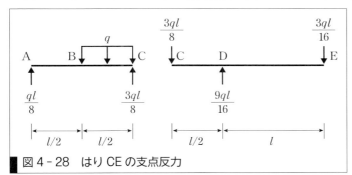

図4-28 はりCEの支点反力

ここでこれまで学んだ方法を用いて切断面を考慮しながら，つり合い式を計算すると，図4-29に示すような断面力図がかける[*35, *36]。

*35
Let's TRY!
ゲルバーばりの中間ヒンジ上に集中荷重が作用していないときには，ゲルバーばりの中間ヒンジの左右で，せん断力図に段差は生じず，曲げモーメントは連続して滑らかにつながることを確認してみよう。

*36
＋αプラスアルファ
ゲルバーばりの特徴を思い出し，点A，D，Eが沈んだ場合，はりがどのようになるのか考えてみよう。

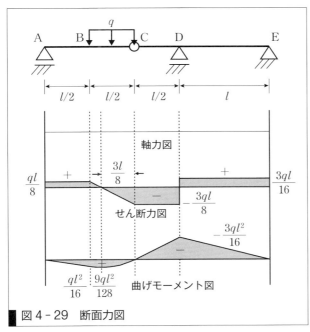

図4-29 断面力図

4-2 はりの断面力 49

Web に Link 演習問題の解答

＊37
＋α プラスアルファ
常に力の流れ，変形状況を意識することで，工学的センスが養われる。

演習問題　A　　基本の確認をしましょう

4-A1　断面力図をかけ＊37。

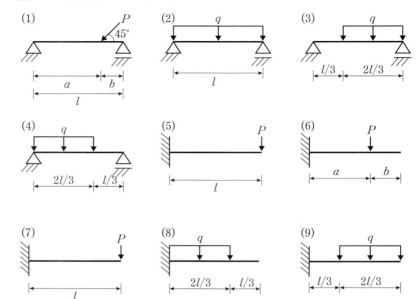

Web に Link 演習問題の解答

演習問題　B　　もっと使えるようになりましょう

4-B1　断面力図をかけ。

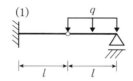 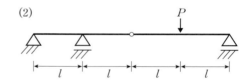

> **あなたがここで学んだこと**
>
> この章であなたが到達したのは
> 　□単純ばり，片持ばり，張出しばり，ゲルバーばりが説明できる
> 　□単純ばり，片持ばり，張出しばり，ゲルバーばりの支点反力および断面力図をかくことができる
>
> 　本章では構造力学の基本となるはりの支点反力，断面力図を求めた。構造物を設計するには，複雑な構造を，その本質を失うことなく，できるだけ正しく簡単化することが技術者の腕の見せ所である。本章はその簡単化した基本中の基本を示したものである。構造を見ただけで，どの部分にはどのように力が作用しており，どう変形するのか，この力の流れを意識しながら今後の勉強を続けてほしい。

5章 トラス

東京ゲートブリッジ

JR 大阪駅

東京スカイツリー

クレーン

体育館の天井

トラスは細長い真っ直ぐな棒で三角形を構成し，その三角形を複数組み合わせて全体構造を形作った構造物または構造要素のことである。トラスが用いられる実例として，写真に見られる橋や塔，大規模建築物のほか，身近なところでは，体育館の天井や工事現場のクレーンでも見られる。このように，トラスは重さを支える橋や建物，機械類などにしばしば用いられている。

トラスは一般に鋼材または木材から作られる。鋼材が普及する以前は，木造建築物や木橋にトラスが非常に多く用いられた。木製トラス構造の歴史は古く，中世ヨーロッパ建築物の屋根構造や，19世紀のアメリカにおける道路橋や鉄道橋に見られる。我が国でも明治から昭和にかけて数多くの木製トラス橋が，また昭和30年代以降は鋼トラス橋が建設されてきている。

●この章で学ぶことの概要

ほとんどの構造物は立体構造（3次元構造）とみなしうるが，本章では，平面トラス（2次元構造）を扱う。また，トラス構造は部材の本数や支点の数によって，力のつり合い条件式のみから構造計算ができる場合（静定構造）と，エネルギー法などを用いなければ構造計算ができない場合（不静定構造）に分類できるが，本章では前者の静定トラスの解法に主眼を置いている。静定トラスでは，本章で解説する節点法，断面法およびそれらの併用により，トラスの部材に働く力を算定することが可能である。

> **予習** 授業の前にやっておこう!!

WebにLink
予習の解答

複数の力を受ける物体が静止状態にあるとき，つり合い条件式は次の3つの式で表される。

水平方向の力のつり合い　$\Sigma H = 0$　（H：水平力）
鉛直方向の力のつり合い　$\Sigma V = 0$　（V：鉛直力）
モーメントのつり合い　　$\Sigma M = 0$　（M：モーメント）

これらを用いて，部材に生じる力を求められるようにしておく必要がある。

1. 右図のように物体が2本のロープでつり下げられている。ロープに作用する引張力 F_A, F_B を求めよ。

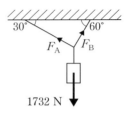

2. 右図のような構造の支点における鉛直方向反力 V_A, V_B を求めよ。

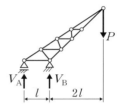

5 1　トラス構造

トラス (truss) は，数本の棒部材から成る簡単な構造物から，数十本あるいは数百本から成る複雑な構造物まで，形も大きさもさまざまなものがある。それらのトラスには，次に示す構造上の共通な仮定が設定されている。

(1) 棒部材どうしの結合点では，**ヒンジ (hinge)** 結合[*1]となっており，自由に回転できる。

(2) 各部材の中心軸は直線で，結合点において1点に交わる。

(3) 外力はすべて結合点に作用する。

これらの仮定により，各棒部材には軸力[*2]のみが生じ，せん断力と曲げモーメントは働かない。しかしながら，実際のトラスは図5-1のよう

*1 **Don't Forget!!**
「ヒンジ結合」のことを「ピン結合」ともいう。

*2 **Don't Forget!!**
軸力には**引張力 (tension)** と**圧縮力 (compression)** がある。

図5-1　トラス橋の結合部の実際

に結合部に多数のボルトが使用されたり，溶接で結合されることから，自由に回転できるヒンジ結合とはいい難い*3。また，部材の自重が分布して作用するため，結合点のみに作用するわけではない。トラス橋発達の初期*4においては，仮定(1)を満たすために結合部に回転軸を設けた構造（ピントラス）が造られていたが，結合部に損傷が生じやすかったため，現在ではほとんど用いられていない。

　上記の仮定(1)〜(3)に従って構造計算を行うと，トラスの各部材に働く軸力が得られる。この軸力を**一次応力**（**primary stress**）と呼ぶ。一方，仮定に従わないことに起因する曲げモーメント（たとえば，結合点がヒンジではなく剛結合であることに起因する曲げ，モーメント）により生じる応力を**二次応力**（**secondary stress**）と呼ぶ*5。

*3
+α プラスアルファ
結合点が剛結合で，曲げモーメントが作用する部材から成る構造は，ラーメン構造である。

*4
+α プラスアルファ
1917年（大正6年）に完成したケベック橋（カナダ）。結合部はヒンジ結合となっている。

5　2　トラスの種類

　トラスは部材の配置のしかたによっていろいろな種類が存在する。図5-2は，橋の構造に見られるトラスの例である。(c)のハウトラスは斜めの部材（斜材）が中央に向かって上向きに配置される。このようにすると斜材には圧縮力が作用するため，木橋に適した形式といえる*6。木材は接合部の強度が引張力を受けるときより圧縮力を受けるときのほうが一般に強いからである。図中の(f)は別名菱形トラスまたはダブルワーレントラスともいう。ラチストラスには，斜材の本数をより多くし，網目をより細かくした高次不静定となる形式もある。

　建築構造でもトラスは非常によく用いられる。大空間を必要とする商業施設や公共施設の屋根を支えるために，トラス構造がしばしば適用される。切妻屋根を有する建築物にも，屋根構造にトラスが用いられることが多い。図5-3はこのような屋根に用いられるトラスの例である。また，図5-4は送電線の鉄塔や電波塔などの塔状構造物で見られるトラスである。

*5
工学ナビ
この二次応力は，一般にそれほど大きくなく，実際の橋で調べてみると一次応力の20〜30％以内となっている。よって通常は，設計の際に用いる許容応力度にある程度考慮されているものとみなされ，二次応力はとくに考慮しない。

*6
工学ナビ
木材は必ずしも引張力に弱いとはいえないが，部材接合部にボルトが使用されるときは，ボルト孔による断面欠損により引張力を受ける際に弱点となることがある。写真はハウトラスの木橋の例。

なかよし橋（北海道岩見沢市）

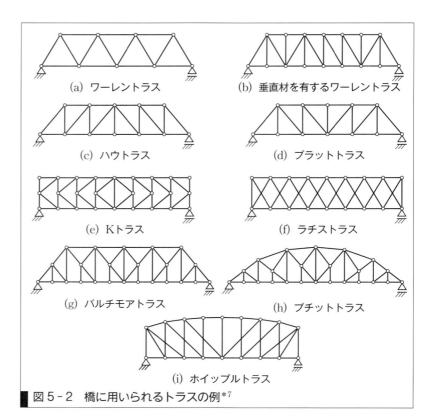

図5-2 橋に用いられるトラスの例[*7]

*7

トラスには，ここに掲載されたもの以外にも，いくつかの種類がある。次にあげるトラスを調べてみよう。
・バートラス
・フィンクトラス
・ゲルバートラス

*8
＋α プラスアルファ
キングポストトラスが橋に用いられた例と建築物の屋根に用いられた例。

坊中橋（秋田県藤里町）

金森倉庫（北海道函館市）

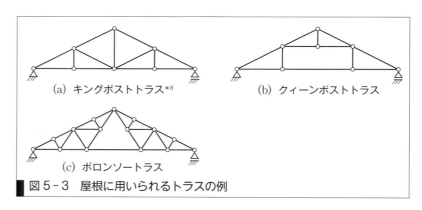

図5-3 屋根に用いられるトラスの例

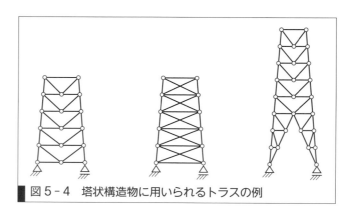

図5-4 塔状構造物に用いられるトラスの例

図5-2から図5-4は平面トラスを表している。実際のトラス構造は立体トラスであることがほとんどだが，立体トラスは平面トラスの結合から成る構造とみなせるケースが多い。力学的解析の際は，解析が容易な平面トラスにモデル化することが一般的である。しかし，図5-5のようなボールジョイント[*9]を用いた立体トラス構造では，平面トラスに分解してモデル化することは困難であり，立体解析を行わなければならない。本章では，平面トラスの計算法について解説している。

[*9] **＋α プラスアルファ**
複数のトラス部材の中心線が1点で交わることのできる球状の接合体。

■ 図5-5　ボールジョイント

5-3　トラス部材

トラスの外郭を形成する部材を**弦材**(chord)という。弦材のうち上部に配置されたものを**上弦材**(upper chord)，下部に配置されたものを**下弦材**(lower chord)という[*10]。弦材どうしを結ぶ部材を**腹材**(web chord)という。腹材には斜めに配置された**斜材**(diagonal chord)と，垂直に配置された**垂直材**(vertical chord)がある。部材と部材の結合点を**節点**(nodal point)[*11]という。これらの各部の名称を図5-6に示す。

[*10] **＋α プラスアルファ**
上下の弦材が平行の場合，**平行弦トラス**といい，弦材の節点が曲線上に配置されている場合，**曲弦トラス**という。

[*11] **＋α プラスアルファ**
節点のことを**格点**(panel point)ともいう。また，格点と格点との距離を**格間長**という。

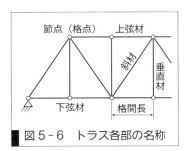

■ 図5-6　トラス各部の名称

5-4　静定・不静定・不安定

5-4-1　トラスの静定・不静定

力のつり合い条件($\Sigma H = 0$, $\Sigma V = 0$, $\Sigma M = 0$)のみですべての部材力と支点反力を求めることができる構造を**静定構造**(statically determinate structure) といい，トラスの場合は**静定トラス**(statically determinate truss) という[*12]。

いま，トラスの節点が j 個，部材数が m 本，支点反力数（ローラー支点は1，ヒンジ支点は2，固定端は3）を r とする。各節点について，$\Sigma H = 0$，$\Sigma V = 0$ の2個のつり合い式が成立するので，トラス全体のつり合い式は，$2j$ 個となる。これら $2j$ 個の条件式から，r 個の未知反力と m 個の未知部材力を算定することになる。すなわち，$m + r = 2j$ のとき，このトラスは静定トラスである。図5-7(a)のトラス構造では，$m = 5$，$r = 3$，$j = 4$ であるため，$m + r = 5 + 3 = 8$，$2j = 2 \times 4 = 8$ となり，静定トラスであることがわかる。

図5-7(b)は(a)のトラスに部材を1本追加したものである。この場合，$m + r > 2j$ となり，未知数のほうがつり合い条件式より多いため，未知数を求めることはできない。このように部材本数が静定構造の本数より多い構造を**内的不静定構造**(internally statically indeterminate structure) という。ここで

$$n = m + r - 2j \qquad 5-1$$

とおくと，n は**不静定次数**(degree of statical indeterminacy) を表す。図5-7(b)の場合は，$n = 6 + 3 - 2 \times 4 = 1$ となるため，内的1次不静定構造となる。

図5-7(c)は(a)に支点反力数を1つ追加したものであり，力のつり合い条件のみではすべての支点反力を求めることができない。このような構造を**外的不静定構造**(externally statically indeterminate structure) という[*13]。

図5-7(d)は(a)に対して部材が1本多く，かつ支点反力数も1つ追加されている。したがって内的1次不静定，外的1次不静定の2次

[*12]
Don't Forget!!
力のつり合い条件式のみですべての部材力と支点反力が求まらないトラスは**不静定トラス**である。

[*13]
Let's TRY!!
図5-7(c)のトラスの不静定次数を式5-1を適用して求めてみよう。

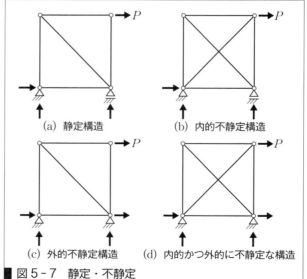

(a) 静定構造　　(b) 内的不静定構造

(c) 外的不静定構造　　(d) 内的かつ外的に不静定な構造

図5-7　静定・不静定

不静定構造である。

5-4-2 不安定構造

図5-8の梁-柱から成る構造は，部材が不足しているため点線のような変形を引き起こして壊れてしまう。これを**不安定構造**（unstable structure）という。トラスの静定・不静定・不安定は次式により判定することができる（第13章13-1節参照）。

$$\begin{cases} n = m + r - 2j \leq -1 & 5-2a \Rightarrow 不安定^{*14} \\ n = m + r - 2j = 0 & 5-2b \Leftarrow 静定 \\ n = m + r - 2j \geq 1 & 5-2c \Leftarrow 不静定 \end{cases}$$

（m：部材数，r：支点反力数，j：節点数）

*14 **Don't Forget!!**
矢印の向きに注意。「AならばBである（A ⇒ B）。」が成り立つとき，BはAであるための必要条件，AはBであるための十分条件である。

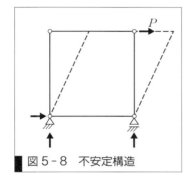

図5-8 不安定構造

式5-2aは不安定構造であるための十分条件であるが，必要条件ではない。式5-2b，式5-2cは静定・不静定構造であるための必要条件であるが，十分条件ではない。

図5-9は式5-2の矢印の逆向きが成立しない構造の例である。格間aにおいて斜材が存在せず図5-8の点線のような変形を引き起こす。

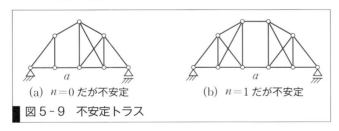

(a) $n=0$ だが不安定　　　(b) $n=1$ だが不安定

図5-9 不安定トラス

5-4-3 不静定次数

複雑な不静定トラスの不静定次数を求めたいとき，式5-1を用いて計算すればよいが，この不静定次数は内的不静定次数と外的不静定次数の合計であるため，内的および外的それぞれの不静定次数はわからない。もし1つの構造単位に対して支点反力数rが3であるとすると，この構造単位は外的静定となる。したがって，式5-1に$r=3$を代入して

$$n = m + 3 - 2j \qquad 5-3$$

として得られる n は内的不静定次数となる。たとえば図5-10のようなゲルバートラスについて考えよう。まず総部材数は36, 総支点反力数は4, 総節点数は19であるから, 式5-1より

$$n = 36 + 4 - 2 \times 19 = 2$$

となり, 2次不静定であることがわかる。次に, このゲルバートラスは点線で囲まれた2つの構造単位AおよびBから成り立っているため, それぞれについて式5-3を適用すると

Aに関して　$n = 15 + 3 - 2 \times 8 = 2$　（内的不静定次数 = 2）

Bに関して　$n = 21 + 3 - 2 \times 12 = 0$　（内的不静定次数 = 0）

となる。よってこのゲルバートラスの内的不静定次数は $2 + 0 = 2$ 次となり, 外的不静定次数は0となる。

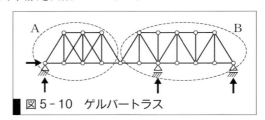

図5-10　ゲルバートラス

例題 5-1　次に示すトラスの不静定次数を求めよ。

(1)

(2)

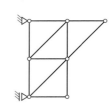

(3)

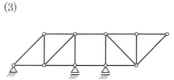

(4) *15

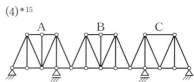

*15
ヒント
まず, 式5-1より構造全体の不静定次数を求める。次に, 3つの構造単位に分けて, それぞれに対して式5-3を適用し, 内的不静定次数を求める。外的不静定次数と内的不静定次数の和が構造全体の不静定次数である。

解答

(1) $n = m + r - 2j = 14 + 3 - 2 \cdot 8 = 1$

したがって, 不静定次数 = 1　（内的1次不静定）

(2) $n = 11 + 3 - 2 \cdot 7 = 0$　したがって, 不静定次数 = 0　（静定）

(3) $n = 16 + 4 - 2 \cdot 10 = 0$　したがって, 不静定次数 = 0　（静定）

(4) $n = 37 + 6 - 2 \cdot 21 = 1$　したがって, 不静定次数 = 1　（構造全体）

Aに関して　$n = 13 + 3 - 2 \times 8 = 0$　（内的不静定次数 = 0）

Bに関して　$n = 13 + 3 - 2 \times 8 = 0$　（内的不静定次数 = 0）

Cに関して　$n = 11 + 3 - 2 \times 7 = 0$　（内的不静定次数 = 0）

したがって, 外的1次不静定。

5.5 節点法による部材力の計算

トラス構造に外力が作用している状態を考える。このトラス構造が破壊せず，静止の状態が維持されているなら，すべての節点においてつり合い条件式すなわち $\Sigma H = 0$, $\Sigma V = 0$ が成立する。静定トラスであれば，各部材の軸力[*16]を未知量として，それぞれの節点でつり合い条件式を立て，それらを解くことにより未知量を算出することができる。このように，部材力に関するつり合い条件式を各節点に順次適用してトラスを解く方法を**節点法**(method of joint)という[*17]。

[*16] **Don't Forget!!**
トラスの部材力は軸力のみで，せん断力と曲げモーメントは生じないことに注意する。

[*17] **+α プラスアルファ**
格点法ともいう。

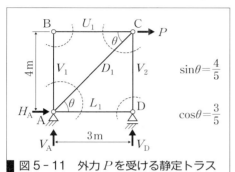

図5-11 外力 P を受ける静定トラス

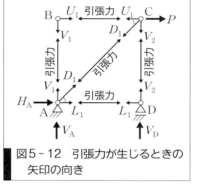

図5-12 引張力が生じるときの矢印の向き

図5-11の静定トラスを節点法により解いてみよう。まず，ヒンジ支点およびローラー支点における支点反力を，図のように H_A, V_A, V_D と仮定する。また，上下弦材をそれぞれ U_1, L_1, 斜材を D_1, 垂直材を V_1, V_2 とし，これらの記号は同時に部材力を表すものとする。「トラスを解く」とは，この場合，3つの支点反力と5つの部材力，合計8つの未知量を求めることである。各部材には，引張力が生じると仮定し，それを矢印で表すと図5-12のとおりとなる[*18]。

節点Bにおける力のつり合い条件式から，U_1, V_1 が次のようにただちに求まる。

$$\begin{cases} \Sigma H = 0 : U_1 = 0 & \text{5-4a} \\ \Sigma V = 0 : V_1 = 0 & \text{5-4b} \end{cases}$$

節点Cにおける力のつり合い条件式から

$$\begin{cases} \Sigma H = 0 : P - U_1 - D_1 \cos\theta = 0 & \text{5-5a} \\ \Sigma V = 0 : -V_2 - D_1 \sin\theta = 0 & \text{5-5b} \end{cases}$$

式5-4aより式5-5aは，

$$P - \frac{3}{5}D_1 = 0$$
$$D_1 = \frac{5}{3}P \qquad \text{5-6}$$

求めた D_1 を式5-5bに代入すると

[*18] **Don't Forget!!**
引張力は，節点と接続している矢印に着目すると，節点から離れていく方向に矢が向いていることに注意する。

$$-V_2 - \frac{5}{3}P \cdot \frac{4}{5} = 0$$
$$V_2 = -\frac{4}{3}P \qquad \text{5-7}$$

また，節点Dにおける力のつり合い条件式から

$$\begin{cases} \varSigma H = 0 : L_1 = 0 \\ \varSigma V = 0 : V_2 + V_{\mathrm{D}} = 0 \\ \qquad V_{\mathrm{D}} = -V_2 = \frac{4}{3}P \end{cases} \qquad \text{5-8}$$

が求まる。

節点Aにおける力のつり合い条件式から

$$\begin{cases} \varSigma H = 0 : H_{\mathrm{A}} + L_1 + D_1 \cos\theta = 0 & \text{5-9a} \\ \varSigma V = 0 : V_{\mathrm{A}} + V_1 + D_1 \sin\theta = 0 & \text{5-9b} \end{cases}$$

式5-9aよりH_{A}を求めると

$$H_{\mathrm{A}} = -L_1 - \frac{3}{5}D_1 = -\frac{3}{5} \cdot \frac{5}{3}P = -P \qquad \text{5-10}$$

式5-9bよりV_{A}を求めると

$$V_{\mathrm{A}} = -V_1 - \frac{4}{5}D_1 = -\frac{4}{5} \cdot \frac{5}{3}P = -\frac{4}{3}P \qquad \text{5-11}$$

が求まる。

以上の計算より得られた支点反力H_{A}，V_{A}はマイナスの符号がついているため，当初仮定した向き(図5-11)とは反対向きに作用する。また，部材力D_1はプラスであることから引張力，部材力V_2はマイナスであることから圧縮力であることがわかる。以上をまとめると，支点反力と部材力は図5-13のとおりとなる。

*19
＋α プラスアルファ
外力Pの作用のしかたによっては，このように引張力も圧縮力も生じない部材がありうる。

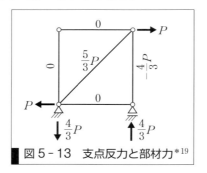

図5-13 支点反力と部材力*19

節点法は節点に作用する未知量が2つ以下であるとその未知量は容易に求まる。図5-11のトラスでは，節点Bにおいて未知量が2であるため，ここではまずこの点からつり合い式を立てて解き始めた。しかしながら，節点に作用する未知量が3つ以上であると，ただちに部材力を得ることができない。とくに，すべての節点において未知量が3つ以上となるトラス構造では，節点法による部材力算定は容易でない。

一方，静定トラスでは，支点反力が力のつり合い条件($\varSigma H = 0$，$\varSigma V = 0$，$\varSigma M = 0$)から簡単に求まる。したがって，まず初めに支点反力を算定しておき，その後節点法を適用すると迅速に部材力が算定で

きる場合が多い。

そこで，図5-11のトラス構造において，支点反力をまず求めてみよう。外力 P および支点反力 H_A, V_A, V_D に関し

$\Sigma H = 0 : H_A + P = 0$

$H_A = -P$ 　　　　　　　　　　　　　　　　5-12a

点Aに関するモーメントのつり合いから

$\Sigma M_{(A)} = 0 : 4P - 3V_D = 0$

$V_D = \dfrac{4}{3}P$ 　　　　　　　　　　　　5-12b

$\Sigma V = 0 : V_A + V_D = 0$

$V_A = -V_D = -\dfrac{4}{3}P$ 　　　　　　　　5-12c

となり，支点反力が求まる。

次に節点法を適用する[20]。節点Dに関して

$\begin{cases} \Sigma H = 0 : L_1 = 0 & \text{5-13a} \\ \Sigma V = 0 : V_2 + V_D = 0 & \\ \quad V_2 = -V_D = -\dfrac{4}{3}P & \text{5-13b} \end{cases}$

となる。また，節点Cに関して

$\begin{cases} \Sigma H = 0 : P - U_1 - D_1 \cos\theta = 0 & \\ \quad U_1 = P - \dfrac{3}{5}D_1 & \text{5-14a} \\ \Sigma V = 0 : D_1 \sin\theta + V_2 = 0 & \\ \quad D_1 = -\dfrac{5}{4}V_2 = \dfrac{5}{3}P & \text{5-14b} \end{cases}$

よって，求めた D_1 を式5-14aに代入すると，$U_1 = 0$ となる。最後に節点Aに関して

$\Sigma V = 0 : V_A + V_1 + D_1 \sin\theta = 0$

$V_1 = -V_A - \dfrac{4}{5}D_1 = 0$ 　　　　　　　5-15

となり，すべての支点反力と部材力が求まった。

[20] **Don't Forget!!**
節点に作用する未知量が2つ以下である節点から計算を開始する。

例題 5-2 節点法を用いて次に示す静定トラスの部材力を求めよ。

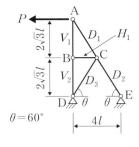

$\theta = 60°$

解答 まず支点反力を求める。右図のように支点反力を H_D, V_D, H_E, V_E とおき，力のつり合い式を立てる。

$\Sigma H = 0 : -P + H_D + H_E = 0$

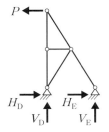

$$\Sigma V = 0 : V_D + V_E = 0$$
$$\Sigma M_{(D)} = 0 : P \cdot 4\sqrt{3}\, l + V_E \cdot 4l = 0$$

未知反力数が4に対して，方程式が3本しかないが，部材 D_2 が点 C を中心とする回転に対してつり合っていることから，次式も成り立つ。

$$V_E \cdot 2l + H_E \cdot 2\sqrt{3}\, l = 0$$

これらを連立方程式として解くと，以下のとおり支点反力が得られる。

$$H_D = 0,\ H_E = P,\ V_D = \sqrt{3}\, P,\ V_E = -\sqrt{3}\, P$$

次に，節点法により部材力を求める[*21]。

節点 E：
$$\Sigma H = 0 : -D_2 \cos 60° + P = 0$$
$$D_2 = 2P$$

節点 D：
$$\Sigma H = 0 : D_3 \cos 60° = 0 \ \Rightarrow\ D_3 = 0$$
$$\Sigma V = 0 : V_2 + \sqrt{3}\, P + D_3 \sin 60° = 0$$
$$V_2 = -\sqrt{3}\, P$$

節点 B：
$$\Sigma H = 0 : H_1 = 0$$
$$\Sigma V = 0 : V_1 - V_2 = 0$$
$$V_1 = -\sqrt{3}\, P$$

節点 A：
$$\Sigma H = 0 : -P + D_1 \cos 60° = 0$$
$$D_1 = 2P$$

*21 **+α プラスアルファ**
この手順のほか，最初に支点反力を計算せずに，節点法を節点 A → B → C → D → E の順に適用しても，部材力と支点反力を得ることができる。

5.6 断面法による部材力の計算

トラスに外力が作用すると，支点には支点反力が生じ，構造全体はつり合った状態になる（図5-14(a)）。この構造を仮想的に切断し，左右2つに分けた状態を考える（図5-14(b)）。切断された断面には，切断前に働いていた軸力を作用させておく。こうすることですべての部材力と支点反力を含めたトラス構造の状態は，切断前と同等とみなすことができる。

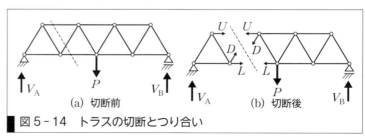

図5-14　トラスの切断とつり合い

切断された片方の構造物のみに着目すると，当然ながら力のつり合い，すなわち $\Sigma H = 0$，$\Sigma V = 0$，$\Sigma M = 0$ が成り立つ。このつり合い条件

式を適用すれば，切断面に作用させた部材力を求めることができる。このようにトラスを切断し，一方の構造に関してつり合いを考えることにより部材力を求める方法を**断面法（cross-section method）**という[*22]。特定の部材の軸力をすばやく求めたいときは，節点法より便利である。

図5-15(a)のワーレントラス[*23]の上弦材U，斜材D，下弦材$Lの部材力を断面法で解いてみよう。

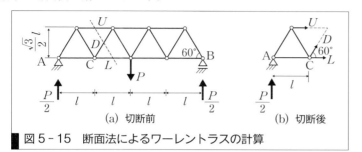

図5-15　断面法によるワーレントラスの計算

まず，支点反力を求めておく。次に3本の部材U，D，Lを通る切断線を点線のように入れて切断する[*24]。2つに切断された構造のうち，左側の部分は図5-15(b)のようになる。ここで，切断面には部材力U，D，Lを引張力として与えておく[*25]。この構造に関して，つり合い式を立てる。モーメントについては点Cに関するモーメントのつり合い式を立てる。

$$\begin{cases} \Sigma H = 0 : U + D\cos 60° + L = 0 & \text{5-16a} \\ \Sigma V = 0 : \dfrac{1}{2}P + D\sin 60° = 0 & \text{5-16b} \\ \Sigma M_{(C)} = 0 : \dfrac{1}{2}P \cdot l + U \cdot \dfrac{\sqrt{3}}{2}l = 0 & \text{5-16c} \end{cases}$$

これらを連立方程式として解くと

$$\begin{cases} U = -\dfrac{\sqrt{3}}{3}P \quad (圧縮力) & \text{5-17a} \\ D = -\dfrac{\sqrt{3}}{3}P \quad (圧縮力) & \text{5-17b} \\ L = \dfrac{\sqrt{3}}{2}P \quad (引張力) & \text{5-17c} \end{cases}$$

となる。

その他の部材の部材力を求めるには，切断箇所を変更して同様な計算を実行すればよい。図5-15のワーレントラスの全部材力は，図5-16のようになる[*26]。荷重Pに関して左右対称となるため，左側のみ表記している。

[*22] ＋αプラスアルファ
切断法ともいう。

[*23] ＋αプラスアルファ
ワーレントラスの実例

湖水大橋（北海道札幌市）

[*24] Let's TRY!!
4本以上切断すると，一般には部材力が求められない。その理由を考えてみよう。

[*25] Don't Forget!!
U，D，Lは部材名であると同時に部材力の値が代入される変数としてつり合い式で用いている。

[*26] ＋αプラスアルファ
静定トラスの部材力は節点法または断面法，またはそれらの併用により求めることができる。しかし，図5-7(b)〜(d)のような不静定トラスは，つり合い条件式の数よりも未知部材力または未知支点反力の数のほうが多いため，節点法や断面法では部材力を求めることができない（第13章参照）。

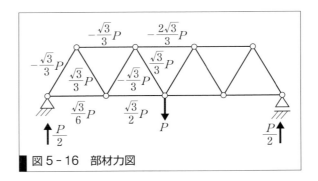

図 5-16 部材力図

例題 5-3 断面法を用いて，次に示す静定トラスの部材力 U, D, V, L を求めよ。

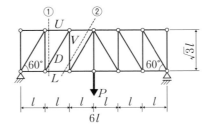

解答 まず支点反力を求める。左右対称性よりただちに鉛直方向反力 $\frac{1}{2}P$ を得る。点線①のように切断し，支点反力と部材力を用いてつり合い式を立てる。

$$\Sigma H = 0 : U + D\cos 60° + L = 0$$

$$\Sigma V = 0 : \frac{1}{2}P + D\sin 60° = 0$$

$$\Sigma M_{(A)} = 0 : \frac{1}{2}P \cdot l + U \cdot \sqrt{3}\, l = 0$$

これらより U, D, L を求めると，以下のとおりとなる。

$$U = -\frac{\sqrt{3}}{6}P \quad (圧縮力), \quad D = -\frac{\sqrt{3}}{3}P \quad (圧縮力)$$

$$L = \frac{\sqrt{3}}{3}P \quad (引張力)$$

次に点線②のように切断し，鉛直方向のつり合い式を立てて解く。残りの部材力 V は以下のとおり求まる。

$$\Sigma V = 0 : \frac{1}{2}P - V = 0$$

$$V = \frac{1}{2}P$$

（引張力）

例題 5-4 断面法と節点法を用いて，次に示す K トラスの部材力 U, D_1, D_2, V_1, V_2, L を求めよ。

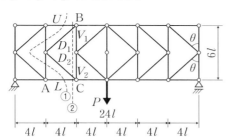

$\sin\theta = \dfrac{4}{5}$

$\cos\theta = \dfrac{3}{5}$

解答 左右対称性より鉛直方向反力は，$\dfrac{1}{2}P$ である。

まず，点線①で切断する*27。点 A に関するモーメントおよび水平方向のつり合い条件より

$\Sigma M_{(A)} = 0 : \dfrac{1}{2}P \cdot 4l + U \cdot 6l = 0$

$\qquad U = -\dfrac{1}{3}P$

$\Sigma H = 0 : U + L = 0$

$\qquad L = -U = \dfrac{1}{3}P$

を得る。

*27
Don't Forget!!
K トラスでは，このような切断法が有効である。

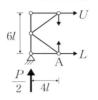
①で切断

次に点線②で切断する。つり合い条件より

$\Sigma H = 0 : U + L + D_1 \sin\theta + D_2 \sin\theta = 0$

$\qquad \dfrac{4}{5}D_1 + \dfrac{4}{5}D_2 = 0$

$\qquad D_2 = -D_1$

$\Sigma V = 0 : \dfrac{1}{2}P + D_1 \cos\theta - D_2 \cos\theta = 0$

$\qquad \dfrac{1}{2}P + \dfrac{3}{5}D_1 - \dfrac{3}{5}D_2 = 0$

②で切断

これを解くと，$D_1 = -\dfrac{3}{20}P$, $D_2 = \dfrac{3}{20}P$ が得られる。

次に点 B において節点法を適用する。

$\Sigma V = 0 : \dfrac{3}{20}P \cos\theta - V_1 = 0$

$\qquad V_1 = \dfrac{9}{100}P$

最後に点 C で節点法を適用する。

$\Sigma V = 0 : \dfrac{3}{20}P \cos\theta + V_2 = 0$

$\qquad V_2 = -\dfrac{9}{100}P$

点Bで節点法　　点Cで節点法

演習問題　A　基本の確認をしましょう

5-A1　次に示すトラスの不静定次数を求めよ。

(1)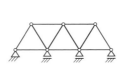
(2)
(3)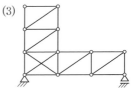

(4)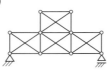
(5)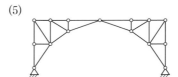

5-A2　節点法を用いて次に示す静定トラスの部材力を求めよ。

(1)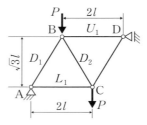
(2)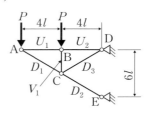

(3)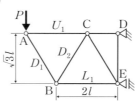
(4)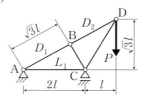

5-A3　断面法を用いて次に示す静定トラスの部材力を求めよ。

(1)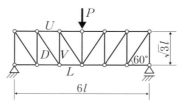
(2)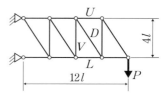

(3)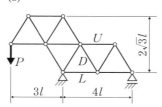
(4)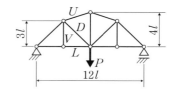

演習問題 B　もっと使えるようになりましょう

5-B1　節点法を用いて次に示す静定トラスの部材力を求めよ。

(1)　　　　　　　　　　　　(2)

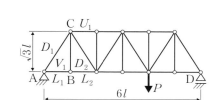

5-B2　断面法を用いて次に示す静定トラスの部材力を求めよ。

(1)　　　　　　　　　　　　(2)

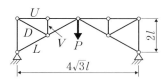
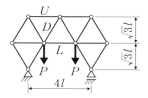

あなたがここで学んだこと

この章であなたが到達したのは
- □ トラスの静定・不静定を説明できる
- □ 節点法でトラスの部材力を計算できる
- □ 断面法でトラスの部材力を計算できる

　本章では土木・建築・機械などの分野でよく見られるトラス構造について学び，各トラス部材に生じる力を計算により求めることができるようになった。複雑なトラス構造を手計算で解析することは容易でないが，今日ではコンピュータを使えば，静定・不静定にかかわらずきわめて容易に解析が可能となっている。コンピュータを使う場合でも，ここで学んだ知識は不可欠であり，トラス構造の設計，現象の解明，新しい構造の開発などに生かすことができる。

6章 ラーメン

鉄骨の様子

柱とはりの接合部

写真は，建築の建設途中の現場の様子である。完成すると見ることはできないが，建設途中ではこのように鉄骨を用いた骨組みの様子を見ることができる。柱と各階の荷重を支えているはりがどのように接合されているのかを見てみると，柱とはりは強固につながっていることがわかる。このように柱とはりが強固につながっている構造形式のことをラーメン形式と呼ぶ。写真の場合は，2層ラーメンと呼ばれる構造になる。このような形式の場合，各階に作用した荷重が柱やはりにどのように伝わるのかに注目し，柱，はり共に安全であるように設計される。

建築分野では，低層建築物から高層建築物まで骨組みにラーメン構造が多く用いられており，土木分野では，ラーメン橋などがある。

●この章で学ぶことの概要

「ラーメン」とはおもに柱とはりから構成され，節点が剛接合されている構造体である。土木や建築の構造物ではこのラーメン形式を用いて多くの構造物が作られている。ラーメンの基本形式は，単純支持ラーメン，片持ばり型ラーメン，3ヒンジラーメンなどがある。そこで，この章ではまず，ラーメンやその種類について学ぶ。続いて，静定ラーメンを対象とし，第4章で学んだつり合い条件式から支点反力や断面力（軸力 N，せん断力 Q，曲げモーメント M）を計算することを学ぶ。さらに，断面力の様子を表す断面力図（軸力図，せん断力図，曲げモーメント図）のかき方を学習する。静定ラーメンの断面力の計算や断面力図のかき方は，第4章で学んだはりの場合とほぼ同様であるが，ラーメンの場合は柱部には，曲げモーメントとせん断力に加えて軸力も生じ，さらにそれらの向き（正負）も注意しなければならない。

予習 授業の前にやっておこう!!

WebにLink
予習の解答

ラーメンの構造を解くにあたり，構造物の反力を求めることや力のつり合い式を利用することが必要となるため，ここで，復習しておこう。まず，複数の力を受ける構造物がつり合い状態にあるためには，次の力のつり合い式が成立している。

$\Sigma H = 0$ （水平方向の力のつり合い）
$\Sigma V = 0$ （鉛直方向の力のつり合い）
$\Sigma M_{(O)} = 0$ （任意の点Oにおけるモーメントのつり合い）

これらのつり合い条件式を適用して，構造物の反力や部材に発生する力を求めることができる。

また，ラーメンの部材には「はり」と同じように，曲げモーメントやせん断力が作用している。そこで，はりに作用する曲げモーメントやせん断力の求め方についても復習しておこう。

---

1. 右の図のような構造の支点における反力を求めよ。

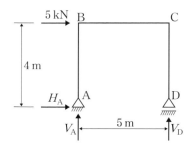

2. 右の図のはりのモーメント図，せん断力図を求めよ。

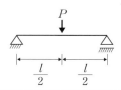

6　1　ラーメンとは

ラーメン（rigid frame, Rahmen）とはおもに鉛直方向の部材（柱）と水平方向の部材（はり）によって構成され，節点が剛接合されている構造形式である。剛接合とは接合部分で部材間に相対変位・相対回転を生じない接合部であり，軸力，せん断力，曲げモーメントなどの断面力を伝達する。

ラーメンの種類としてはさまざまなものがあるが，図6-1に示すような単純支持ラーメン，片持ばり型ラーメン，3ヒンジラーメンなどがある。単純支持ラーメンの両支点はヒンジ支持とローラー支持である。両支点がヒンジ支持であり，さらに構造物の内部にヒンジを含むラーメンは3ヒンジラーメンと呼ばれている。図6-1に示したラーメンは静定構造（静定ラーメン）であり，力のつり合い条件式のみから支点反力や断面力を求めることができる。

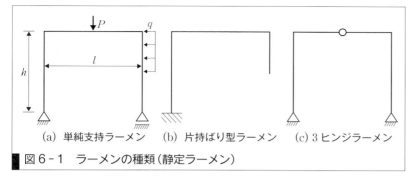

図6-1 ラーメンの種類（静定ラーメン）

ラーメンの各部材に作用する荷重および各部材に生じる断面力ははりの場合と同じである。ただし，部材に働く断面力ははりの場合と異なり，曲げモーメントとせん断力に加えて軸力も生じる点が異なる。

6.2 静定ラーメンの断面力算定法

静定ラーメンの断面力（軸力 N，せん断力 Q，曲げモーメント M）を算定する方法は静定ばりの場合と同じである。すべての構造物において，次の力のつり合い条件式が成立している。

$\Sigma H = 0$ （水平方向の力のつり合い）

$\Sigma V = 0$ （鉛直方向の力のつり合い）

$\Sigma M_{(O)} = 0$ （任意の点 O におけるモーメントのつり合い）

静定ラーメンでは，まず，上記の力のつり合い条件式を用いて支点反力を求める。次に，断面力を求めようとする点（断面）でラーメンを仮想的に切断し，いずれか片側の部分構造に着目する。部分構造においても上記のつり合い式が成立することを用いて求めたい部材の断面力を計算することができる。

6.3 静定ラーメンの断面力図のかき方

ラーメンに生じる断面力の表現法は，はりの場合と基本的に同じである。

曲げモーメント図は部材の引張り側（部材が凸に曲げられる側）に記入する[*1]。せん断力図は，はりの場合と同様に，微小要素に作用する一対のせん断力が時計回りのときを正とし（図6-3(a)を参照），図6-2(b)で約束した方向に記入する。

軸力に関しては，引張りのときを正とし（図6-3(b)を参照），図6-2(b)で約束した方向に記入する。

*1
第13章では，ラーメンで正の曲げモーメントが生じることを破線で示している。

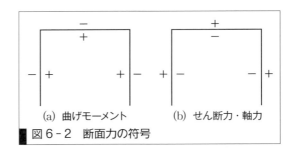

(a) 曲げモーメント　　(b) せん断力・軸力

■図 6-2　断面力の符号

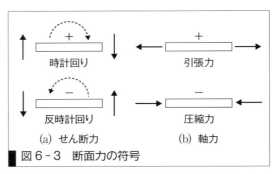

(a) せん断力　　　　(b) 軸力

■図 6-3　断面力の符号

例題 6-1　図に示す静定ラーメンの軸力図，せん断力図および曲げモーメント図をかけ。

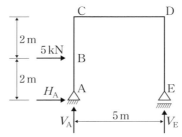

水平荷重を受ける単純支持ラーメン

解答　まず，点 A と点 E の反力をつり合い条件式より求める。

$$\begin{cases} \Sigma H = 0 : H_A + 5 = 0 \\ \Sigma V = 0 : V_A + V_E = 0 \\ \Sigma M_{(A)} = 0 : 5 \cdot 2 - V_E \cdot 5 = 0 \end{cases}$$

より

$$H_A = -5\,\mathrm{kN},\ V_E = 2\,\mathrm{kN},\ V_A = -2\,\mathrm{kN}$$

となる。

　次に，AB 間の断面力を求めるために，点 A から x だけ離れた点 x で部材を切断し，次の図に示す 2 つの部分構造に分割する。このとき，断面には N_x, Q_x, M_x の断面力が発生すると考える。この断面力の向きは図 6-2 を参照して仮定するが，切断した面での，それぞれの断面力の向きは必ず逆向きとなっていなければならない。力のつり合い条件式は部分構造のどちらを用いていてもかまわない。

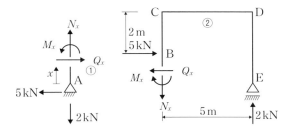

上の図の部分構造①についての力のつり合いを考えると次式を得る。

$$\begin{cases} \Sigma H = 0 : Q_x - 5 = 0 \\ \Sigma V = 0 : N_x - 2 = 0 \\ \Sigma M_{(x)} = 0 : 5 \cdot x - M_x = 0 \end{cases}$$

より

$N_x = 2$ kN, $Q_x = 5$ kN, $M_x = 5x$ kN·m

となる。

　ここで，得られた N_x, Q_x, M_x は点 x における断面力である。また，上の図の部分構造②についての力のつり合いを考えると次式となり，どちらの部分構造で考えても同じ結果となる。

$$\begin{cases} \Sigma H = 0 : -Q_x + 5 = 0 \\ \Sigma V = 0 : -N_x + 2 = 0 \\ \Sigma M_{(x)} = 0 : M_x + 5(4-2-x) - 5 \cdot 2 = 0 \end{cases}$$

より

$N_x = 2$ kN, $Q_x = 5$ kN, $M_x = 5x$ kN·m

となり，同じ結果である。

　したがって，部材の断面力を求める際には計算が簡単となる部分構造のつり合い式から求めるほうが効率的である。

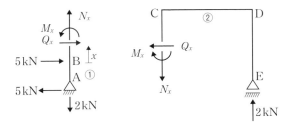

　同様に，部材 BC の断面力を求めるために，点 B から x だけ離れた点 x で部材を切断し，構造物を上の図の 2 つに分割し，切断面での断面力を仮定する。部分構造①での力のつり合い式を考えると次式を得る。

$$\begin{cases} \Sigma H = 0 : Q_x + 5 - 5 = 0 \\ \Sigma V = 0 : -2 + N_x = 0 \\ \Sigma M_{(x)} = 0 : -M_x - 5 \cdot x + 5(x+2) = 0 \end{cases}$$

より

$$N_x = 2 \text{ kN}, \quad Q_x = 0 \text{ kN}, \quad M_x = 10 \text{ kN·m}$$

となる。

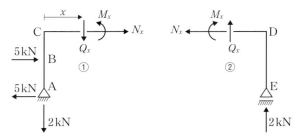

同様に，部材 CD の断面力を求めるために，点 C から x だけ離れた点 x で部材を切断し，構造物を上の図の 2 つに分割する．部分構造①での力のつり合い式を考えると次式を得る．

$$\begin{cases} \Sigma H = 0 : N_x - 5 + 5 = 0 \\ \Sigma V = 0 : -2 - Q_x = 0 \\ \Sigma M_{(x)} = 0 : -M_x + 5 \cdot 4 - 2 \cdot x - 5 \cdot 2 = 0 \end{cases}$$

より

$$N_x = 0 \text{ kN}, \quad Q_x = -2 \text{ kN}, \quad M_x = 10 - 2x \text{ kN·m}$$

となる。

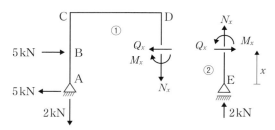

最後に，部材 DE の断面力を求めるために，点 E から x だけ離れた点 x で部材を切断し，構造物を上の図の 2 つに分割する．部分構造②での力のつり合い式を考えると次式を得る．

$$\begin{cases} \Sigma H = 0 : Q_x = 0 \\ \Sigma V = 0 : N_x + 2 = 0 \\ \Sigma M_{(x)} = 0 : -M_x = 0 \end{cases}$$

より

$$N_x = -2 \text{ kN}, \quad Q_x = 0 \text{ kN}, \quad M_x = 0 \text{ kN·m}$$

となる。

なお，上記のつり合い式は部分構造①について考えて同一の結果となるが，この場合には部分構造②について力のつり合いを考えるほうが簡単である．

以上の結果を断面力図の形で示せば次のようになる．

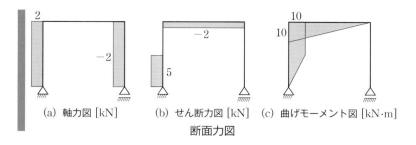

(a) 軸力図 [kN]　　(b) せん断力図 [kN]　　(c) 曲げモーメント図 [kN·m]

断面力図

例題 6-2 図に示すような静定ラーメンの軸力図，せん断力図および曲げモーメント図をかけ。

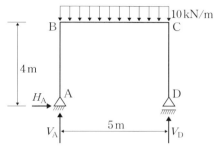

等分布荷重を受ける単純支持ラーメン

解答 まず，点Aと点Dの反力をつり合い条件式より求める。

$$\begin{cases} \Sigma H = 0 \quad H_A = 0 \\ \Sigma V = 0 \quad V_A + V_D - 50 = 0 \\ \Sigma M_{(x)} = 0 \quad 50 \times 2.5 - V_D \cdot 5 = 0 \end{cases}$$

より

$$H_A = 0 \text{ kN}, \quad V_D = 25 \text{ kN}, \quad V_A = 25 \text{ kN}$$

となる。

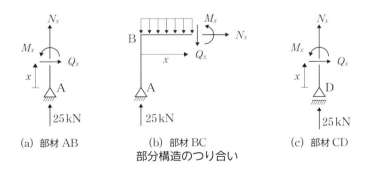

(a) 部材AB　　(b) 部材BC　　(c) 部材CD

部分構造のつり合い

次に，部材ABの応力を求めるために，点Aからxだけ離れた点xで部材を切断し，断面にはN_x，Q_x，M_xの断面力が発生すると考える。上の図の(a)の切断した片方の構造（部分構造）についての力のつり合いを考えると次式を得る。

$$\begin{cases} \Sigma H = 0 : Q_x = 0 \\ \Sigma V = 0 : N_x + 25 = 0 \\ \Sigma M_{(x)} = 0 : -M_x = 0 \end{cases}$$

より

$N_x = -25 \text{ kN}, \ Q_x = 0 \text{ kN}, \ M_x = 0 \text{ kN·m}$

同様に，部材 BC についても，点 B から x だけ離れた点 x で部材を切断し，切断面の断面力を仮定し，上の図の (b) の片方についての力のつり合い式を立てる．

$$\begin{cases} \Sigma H = 0 : N_x = 0 \\ \Sigma V = 0 : -Q_x + 25 - 10x = 0 \\ \Sigma M_{(x)} = 0 : -M_x + 25 \cdot x - 10x \cdot \dfrac{x}{2} = 0 \end{cases}$$

より

$N_x = 0 \text{ kN}, \ Q_x = 25 - 10x \text{ kN}, \ M_x = 25x - 5x^2 \text{ kN·m}$

また，部材 BC で曲げモーメントが最大となるのは，$x = 2.5$ m のときであり，最大曲げモーメントは 31.25 kN·m となる[*2]．

部材 CD は部材 AB と同様に，点 D から x だけ離れた点 x で部材を切断し，上の図の (c) の切断した片方についての力のつり合い式より次式を得る．

$$\begin{cases} \Sigma H = 0 : Q_x = 0 \\ \Sigma V = 0 : N_x + 25 = 0 \\ \Sigma M_{(x)} = 0 : -M_x = 0 \end{cases}$$

より

$N_x = -25 \text{ kN}, \ Q_x = 0 \text{ kN}, \ M_x = 0 \text{ kN·m}$

となる．

[*2] 工学ナビ
曲げモーメントが最大となる場所を，微分で求める方法で考えてみよう．

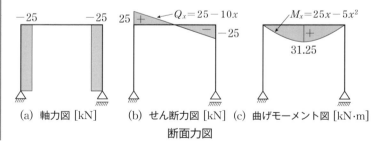

(a) 軸力図 [kN]　(b) せん断力図 [kN]　(c) 曲げモーメント図 [kN·m]

断面力図

例題 6-3 図に示すような静定ラーメンの軸力図，せん断力図および曲げモーメント図をかけ。

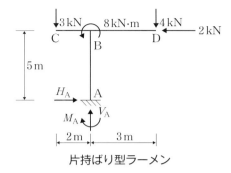

片持ばり型ラーメン

解答 まず，点 A の反力をつり合い条件式より求める。

$$\begin{cases} \Sigma H = 0 : H_A - 2 = 0 \\ \Sigma V = 0 : -3 - 4 + V_A = 0 \\ \Sigma M_{(A)} = 0 : M_A - 3 \cdot 2 - 8 + 4 \cdot 3 - 2 \cdot 5 = 0 \end{cases}$$

より

$$H_A = 2 \text{ kN}, \ V_A = 7 \text{ kN}, \ M_A = 12 \text{ kN·m}$$

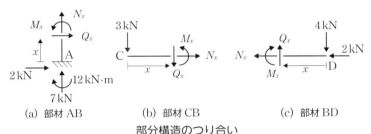

(a) 部材 AB　　(b) 部材 CB　　(c) 部材 BD

部分構造のつり合い

各部材について，部材の断面力を上の図のように定め，切断した片方についての力のつり合い式より部材の断面力を次のように得る。

部材 AB

$$\begin{cases} \Sigma H = 0 : 2 + Q_x = 0 \\ \Sigma V = 0 : N_x + 7 = 0 \\ \Sigma M_{(x)} = 0 : -M_x + 12 - 2 \cdot x = 0 \end{cases}$$

より

$$N_x = -7 \text{ kN}, \ Q_x = -2 \text{ kN}, \ M_x = 12 - 2x \text{ kN·m}$$

部材 CB

$$\begin{cases} \Sigma H = 0 : N_x = 0 \\ \Sigma V = 0 : -3 - Q_x = 0 \\ \Sigma M_{(x)} = 0 : -M_x - 3 \cdot x = 0 \end{cases}$$

より

$$N_x = 0 \text{ kN}, \ Q_x = -3 \text{ kN}, \ M_x = -3x \text{ kN·m}$$

部材 BD

$$\begin{cases} \Sigma H = 0 : -N_x - 2 = 0 \\ \Sigma V = 0 : Q_x - 4 = 0 \\ \Sigma M_{(x)} = 0 : M_x + 4 \cdot x = 0 \end{cases}$$

より

$$N_x = -2 \text{ kN}, \quad Q_x = 4 \text{ kN}, \quad M_x = -4x \text{ kN·m}$$

となり，こららを用いて断面力図を示すと，次のようになる。

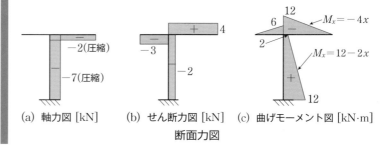

(a) 軸力図 [kN]　　(b) せん断力図 [kN]　　(c) 曲げモーメント図 [kN·m]

断面力図

例題 6-4 図に示す3ヒンジラーメンの反力を求め，軸力図，せん断力図および曲げモーメント図をかけ。

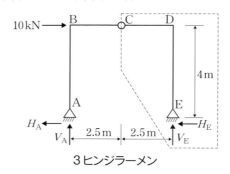

3ヒンジラーメン

解答 まず，点Aと点Eの反力を求める。構造物全体についてのつり合い条件式は次のようになる。

$$\begin{cases} \Sigma H = 0 : -H_A + 10 - H_E = 0 \\ \Sigma V = 0 : V_A + V_E = 0 \\ \Sigma M_{(A)} = 0 : 10 \cdot 4 - V_E \cdot 5 = 0 \end{cases}$$

より

$$V_E = 8 \text{ kN}, \quad V_A = -8 \text{ kN} \quad \text{が求められる。}$$

　また，節点Cがヒンジ結合であることを考えると，節点Cでのモーメントは0となる。したがって，上の図の節点Cより右側の部分構造（破線で囲まれた部分）について，節点Cでのモーメントのつり合いを考える。節点Cはヒンジ結合であるので，曲げモーメントは0となり，次式を得る。

$$\Sigma M_{(C)} = 0 : H_E \cdot 4 - V_E \cdot 2.5 = 0$$

より，V_E を代入すると，$H_E=5\,\mathrm{kN}$ となるので，$H_A=5\,\mathrm{kN}$ となる。なお，ここでは右側の部分構造についてのつり合い式を考えているが，左側の部分構造についてのつり合い式を考えても同じである。このように，3ヒンジラーメンでは，4つの未知反力（H_A, H_E, V_A, V_E）は，3つのつり合い条件式と，ヒンジ結合点でのモーメントが0という合計4つの条件式から求めることができる[*3]。

*3
💡ヒント
はりにおいて，中間ヒンジにおけるモーメントのつり合いを考えるのと同様である。

反力の求め方は通常の静定ラーメンと若干異なるところがあるが，部材応力の計算方法，断面力図のかき方は同様である。各部材について，部材の断面力を次の図のように定め，切断した片方についての力のつり合い式より部材の断面力を次のように得る。

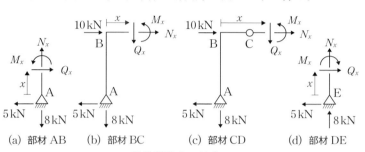

(a) 部材 AB　(b) 部材 BC　(c) 部材 CD　(d) 部材 DE
部分構造のつり合い

部材 AB

$$\begin{cases}\Sigma H = 0 : Q_x - 5 = 0 \\ \Sigma V = 0 : N_x - 8 = 0 \\ \Sigma M_{(x)} = 0 : -M_x + 5 \cdot x = 0\end{cases}$$

より

$$\begin{cases}N_x = 8\,\mathrm{kN} \\ Q_x = 5\,\mathrm{kN} \\ M_x = 5x\,\mathrm{kN\cdot m}\end{cases}$$

部材 BC および部材 CD

$$\begin{cases}\Sigma H = 0 : -5 + 10 + N_x = 0 \\ \Sigma V = 0 : -8 - Q_x = 0 \\ \Sigma M_{(x)} = 0 : -M_x + 5 \cdot 4 - 8 \cdot x = 0\end{cases}$$

より

$$\begin{cases}N_x = -5\,\mathrm{kN} \\ Q_x = -8\,\mathrm{kN} \\ M_x = -8x + 20\,\mathrm{kN\cdot m}\end{cases}$$

部材 DE

$$\begin{cases}\Sigma H = 0 : Q_x - 5 = 0 \\ \Sigma V = 0 : 8 + N_x = 0 \\ \Sigma M_{(x)} = 0 : M_x + 5 \cdot x = 0\end{cases}$$

より

$$\begin{cases} N_x = -8 \text{ kN} \\ Q_x = 5 \text{ kN} \\ M_x = -5x \text{ kN·m} \end{cases}$$

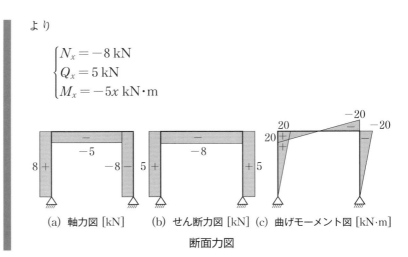

(a) 軸力図 [kN]　　(b) せん断力図 [kN]　(c) 曲げモーメント図 [kN·m]

断面力図

演習問題　A　　基本の確認をしましょう

6-A1　次のラーメンの反力を求め，軸力図，せん断力図および曲げモーメント図をかけ。

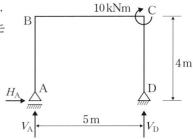

6-A2　次のラーメンの反力を求め，軸力図，せん断力図および曲げモーメント図をかけ。

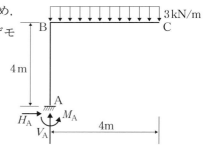

6-A3　次のラーメンの反力を求め，軸力図，せん断力図および曲げモーメント図をかけ。

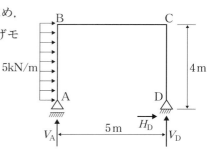

演習問題　B　もっと使えるようになりましょう

6-B1 次のラーメンの反力を求め，軸力図，せん断力図および曲げモーメント図をかけ。

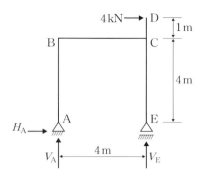

6-B2 次のラーメンの反力を求め，軸力図，せん断力図および曲げモーメント図をかけ。

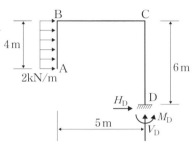

6-B3 次のラーメンの反力を求め，軸力図，せん断力図および曲げモーメント図をかけ。

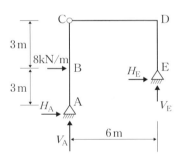

あなたがここで学んだこと

この章であなたが到達したのは
- □ ラーメンやその種類について説明できる
- □ ラーメンの支点反力，断面力（軸力，せん断力，曲げモーメント）を計算し，その断面力図（軸力図，せん断力図，曲げモーメント図）をかくことができる

　本章ではおもに静定ラーメンの断面力を計算し，その断面力図をかくことを学習した。静定ラーメンの断面力は力のつり合い条件式のみで求めることができるが，不静定ラーメンの断面力は力のつり合い条件式に加えて変形に関する条件を付加することにより求めることができる（詳しくは第13章を参照してほしい）。また，実務設計では複雑なラーメン構造の断面力を計算する必要があり，この場合には，有限要素法などを用いたアプリケーションソフトを用いて解くことも多い。アプリケーションソフトから出力された結果を判断するうえでも，本章で学んだラーメンの計算方法（力のつり合い）を十分に理解することが望ましい。

7章

断面の性質

　部材の断面には右の図のようにいろいろな形がある。建築分野では，断面の形は規格品として流通している形状のものを設計者が選ぶことが多い。土木分野では，大きな構造物の場合は規格外となることも多く，断面形状を設計者が決めていく。身近なところでは，家具（たとえば，机やいす）の脚では細いところ，太いところがあるものもある。植物の茎や木の幹，動物の骨の断面はどのような形だろうか。いろいろな構造物やものに作用している外力を想像し，断面の形との関係を調べてみると面白いだろう。

●この章で学ぶことの概要

　これまでの章で，はり・柱・トラスのような部材に生じる断面に作用する力を求めることができるようになった。しかし，部材にはそれぞれの断面の「形」がある。断面に作用する力と断面の形には関係があるだろうか。部材に作用する力が同じであっても，断面の形が異なれば部材に働く内部の力の分布や変形量も異なることが予想される。本章では，その準備として断面の形から決まり，断面の性能を示す量を求める方法を学習する。これらを学習すれば作用する外力に対して効果（効率）的な断面形状をみつけることができ，設計に生かすことができる。

> **予習** 授業の前にやっておこう!!
>
> WebにLink
> 予習の解答
>
> 断面の形が異なると，部材，たとえばはりの曲がりにくさは変わるだろうか。次の問題を考えてみよう。
>
> 1. 断面積が同じ長方形のはりを単純ばりとしてその中央を押して曲げてみると，中央のたわみの大きさはどちらのほうが大きいだろうか。（定規をはりとみて，横にして曲げたときと，縦にしたときで試してみるとわかりやすいだろう）
>
> 【考察】横にしたときは容易に曲げられるが，縦に使ったときは曲げるのはそう簡単ではない。材料は同じなのに，この曲がりにくさの違いはどういう理由によるのだろうか。

7・1 断面の諸量

7・1・1 断面諸量の定義

初めに本章で学ぶ断面諸量をまとめておこう。図7-1に示すような任意の断面について，表7-1に示す断面諸量[*1]を求める。実際には，断面の形状は長方形（矩形ともいう）や円形であったり，H形やT形の定まった形状（章とびらの図を参照）であることが多いので，これらの断面諸量を必要に応じて算定できるようになればよい。

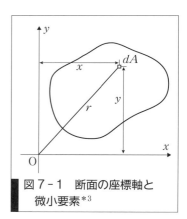

図7-1 断面の座標軸と微小要素[*3]

表7-1に示す式[*2]については以降で順次述べるが断面諸量の算定には計算の基準とした座標軸に注意する必要がある。また，断面諸量を表す文字には下添え字をつけて基準とした座標軸を示すことにする。表7-1に示すように，直交する x 軸，y 軸に関する諸量をそれぞれ求めることが多い。その結果，断面形状によって，その量が大きい強軸と小さいほうの弱軸ができる。表7-1に示したこれらの断面諸量の定義式は覚えておきたい。

*1
Don't Forget!!
表7-1に示す文字は建築でよく使われているものである。学習領域（建築・土木・機械など）によって文字は異なるので，必要に応じて読み替えてほしい。

*2
Don't Forget!!
表7-1に示す式は次節で求める図心軸についての式であることに注意すること。

*3
図7-1の座標軸の向きは y 軸が下向きに定義する場合もある。

表7-1　断面諸量とその定義[*4]

断面諸量	文字	定　義
断面積	A	$A = \int 1 dA$
断面一次モーメント	G_x, G_y	$G_x = \int_A y dA,\ G_y = \int_A x dA$
図心	x_0, y_0	$x_0 = \dfrac{G_y}{A},\ y_0 = \dfrac{G_x}{A}$
断面二次モーメント	I_x, I_y	$I_x = \int_A y^2 dA,\ I_y = \int_A x^2 dA$
断面係数	Z_x, Z_y	$Z_x = \dfrac{I_x}{y},\ Z_y = \dfrac{I_y}{x}$
断面相乗モーメント	I_{xy}	$I_{xy} = \int_A xy dA$
断面極二次モーメント	I_p	$I_p = \int_A r^2 dA = I_x + I_y$
断面二次半径	r_x, r_y	$r_x = \sqrt{\dfrac{I_x}{A}},\ r_y = \sqrt{\dfrac{I_y}{A}}$

[*4] 断面一次モーメントは S、断面係数は W、断面二次半径は i と表現することもある。

7-1-2 断面一次モーメントと図心

図7-2に示す幅が b、高さが h の長方形の断面で、幅が b、高さが dy である微小面積を考える。断面はこの微小面積が断面の y 軸方向へ集まったものとみなすことができる。そうすると

$$A = \int_A 1 \cdot dA = \int_0^h b \cdot dy = b[y]_0^h = b(h-0) = bh \qquad 7\text{-}1$$

で断面積が求められる。次に、たとえば本書を図7-2のように横にして、指で支えてバランスがとれた位置を探してみると、明らかに幅と高さが半分の位置 ($x = b/2,\ y = h/2$) にあることがわかる。この位置を断面の**図心（重心）**(center of section, centroid) という。今後は図7-2のように座標軸を定義したときの図心の位置を $x = x_0,\ y = y_0$ と下添え字 0 をつけて表現することにする。

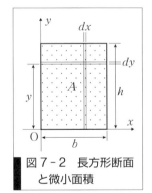

図7-2　長方形断面と微小面積

ここで、図7-2で x 軸からはかって、微小要素の面積 dy までの距離 y をその面積に乗じたもの[*5]の足し合わせを考えると

$$G_x = \int_A y \cdot dA = \int_0^h y \cdot b \cdot dy = b\left[\frac{1}{2}y^2\right]_0^h = \frac{bh^2}{2} \qquad 7\text{-}2$$

となる。同様に y 軸で微小要素の面積 dA と x との積で求めると

$$G_y = \int_A x \cdot dA = \int_0^b x \cdot h \cdot dx = h\left[\frac{1}{2}x^2\right]_0^b = \frac{b^2 h}{2} \qquad 7\text{-}3$$

となる。これら $G_x,\ G_y$ をそれぞれの軸に対する**断面一次モーメント** (moment of area) という。この式からわかるように断面一次モーメントは［長さ］の 3 乗の次元をもっている。

[*5] **Don't Forget!!**
第2章で学習したように、力×距離を「力の」モーメントと呼んだ。
面積×距離も同様に「断面一次」モーメントと呼ぶ。距離を1回乗ずるので、「一次」モーメントという。同様に2回乗じると「二次」モーメントという。

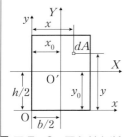

図7-3 図心軸と断面一次モーメント

*6 **Don't Forget!!**
断面一次モーメントの値は計算する座標軸のとり方に依存する。断面の図心（重心）は、その点を通る任意の軸について求めた断面一次モーメントがすべて0となるような点である。

図7-3に示すように図心を原点O'とする軸（図心軸）をX軸、Y軸とし、図心を通る断面一次モーメントG_X, G_Yを計算すると

$$\begin{cases} G_X = \int_A Y \cdot dA = \int_{-\frac{h}{2}}^{\frac{h}{2}} Y \cdot b \cdot dY = b\left[\frac{1}{2}Y^2\right]_{-\frac{h}{2}}^{\frac{h}{2}} = 0 \\ G_Y = \int_A X \cdot dA = \int_{-\frac{b}{2}}^{\frac{b}{2}} X \cdot h \cdot dX = h\left[\frac{1}{2}X^2\right]_{-\frac{b}{2}}^{\frac{b}{2}} = 0 \end{cases} \quad 7-4^{*6}$$

となることがわかる。次に、微小面積までの距離をx軸y軸に関する距離を用いて計算すると

$$\begin{cases} G_X = \int_A (y - y_0)dA = \int_A y\,dA - y_0 \int_A dA = G_x - y_0 A \\ G_Y = \int_A (x - x_0)dA = \int_A x\,dA - x_0 \int_A dA = G_y - x_0 A \end{cases} \quad 7-5$$

となる。式7-4より、図心を通る断面一次モーメントは0であるから

$$\begin{cases} x_0 = \dfrac{G_y}{A} \\ y_0 = \dfrac{G_x}{A} \end{cases} \quad 7-6$$

を得る。式7-6により任意のx軸とy軸から図心までの距離を求めることができる。

また、断面一次モーメントは基準とした座標軸から当該部分の図心までの距離がわかっていれば、その面積を乗じて計算*7することもできる。これを例題で確かめてみよう。

*7 **ヒント**
断面一次モーメントは定義に従って積分をすれば計算することができる。長方形断面の図心位置は容易に求めることができるので、任意の断面と長方形の組み合わせから成る場合は例題7-1のような解法でも計算することができる。この方法も覚えておくと便利である。

例題 7-1 次のT字形断面の図心の位置(x_0, y_0)を求めよ。

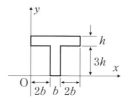

解答 断面積Aは$8bh$である。ここでは、図のように2つの長方形断面に分割して断面一次モーメントを求めてみる*8。

$$G_x = 5bh \cdot \frac{7}{2}h + 3bh \cdot \frac{3}{2}h = 22bh^2$$
$$G_y = 5bh \cdot \frac{5}{2}b + 3bh \cdot \frac{5}{2}b = 20b^2h$$

よって、図心位置は次のようになる。

$$y_0 = \frac{G_x}{A} = \frac{22bh^2}{8bh} = \frac{11}{4}h$$
$$x_0 = \frac{G_y}{A} = \frac{20b^2h}{8bh} = \frac{5}{2}b$$

*8 **Let's TRY!!**
例題7-1を積分による方法でも断面一次モーメントを計算し、図心位置を求めてみよう。

例題 7-2 次の三角形断面 OBC の図心の y 軸方向の位置 y_0 を求めよ。

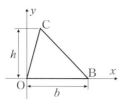

解答 断面積 A は $bh/2$ である。右下の図中に示す微小面積 dA は三角形の相似から次のように求められる。

$$\frac{b_x}{b} = \frac{h-y}{h}, \quad b_x = \frac{b}{h}(h-y)$$

$$dA = b_x dy = \frac{b}{h}(h-y)dy$$

断面一次モーメントは，上の式を用いると

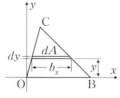

$$G_x = \int_A y dA = \int_0^h \frac{b}{h}(h-y)y dy = \frac{b}{h}\left[\frac{hy^2}{2} - \frac{y^3}{3}\right]_0^h = \frac{bh^2}{6}$$

よって，y 軸方向の図心の位置は次のようになる。x_0 は割愛する*9。

$$y_0 = \frac{G_x}{A} = \frac{\frac{bh^2}{6}}{\frac{bh}{2}} = \frac{h}{3}$$

*9 **Let's TRY!**
図心位置 x_0 はこの三角形断面では頂点 C の x 座標位置によって決まる。その理由を考えてみよう。

例題 7-3 次の円形断面の図心の y 軸方向の位置 y_0 を求めよ。

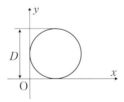

解答 断面積 A は $\pi D^2/4$ である。右下の図中に示す微小面積 dA は $b_x dy$ である。ここで，半径を r とすると，$b_x = 2r\cos\theta$ であるから，$dA = 2r\cos\theta dy$ となる*10。

$$G_x = \int_A y dA = \int_0^D y \cdot 2r\cos\theta dy$$

$$= \int_{-\frac{\pi}{2}}^{\frac{\pi}{2}} r(1+\sin\theta) \cdot 2r\cos\theta \cdot r\cos\theta d\theta$$

$$= 2r^3 \int_{-\frac{\pi}{2}}^{\frac{\pi}{2}} (1+\sin\theta - \sin^2\theta - \sin^3\theta) d\theta$$

$$= 2r^3 \left[\theta - \cos\theta - \frac{1}{2}\theta - \frac{\sin 2\theta}{4} - \frac{\cos^3\theta}{3} + \cos\theta\right]_{-\frac{\pi}{2}}^{\frac{\pi}{2}}$$

$$= \pi r^3$$

*10 **ヒント**
三角関数とその積分の計算，置換積分を用いて計算している。理解を深めるためにもここでもう一度，数学の教科書を復習しておこう。

よって，図心位置は次のようになる。

$$y_0 = \frac{G_x}{A} = \frac{\pi r^3}{\pi r^2} = r = \frac{D}{2}$$

7-1-3 断面二次モーメント

予習のはりの曲げの例で説明したように，はりのせい[*11]が大きくなると曲がりにくくなる。部材が曲がるとき，たわみや応力を計算するには，断面の形状に依存する曲がりやすさに関係する量が必要となる。この量を**断面二次モーメント**（moment of inertia of area）[*12]とよぶ。

図7-1の微小面積までの距離の2乗をその面積に乗じたものの足し合わせを断面二次モーメントといい，

$$\begin{cases} I_x = \int_A y^2 dA \\ I_y = \int_A x^2 dA \end{cases} \qquad 7\text{-}7$$

で求められる。この式からわかるように断面二次モーメントは［長さ］の4乗の次元をもっていて，必ず正の値となる。

図7-3の長方形断面で図心を通る軸についての断面二次モーメント[*13]を計算してみると

$$I_x = \int_A y^2 dA = \int_{-\frac{h}{2}}^{\frac{h}{2}} y^2 b\,dy = b\left[\frac{1}{3}y^3\right]_{-\frac{h}{2}}^{\frac{h}{2}} = \frac{bh^3}{12} \qquad 7\text{-}8$$

$$I_y = \int_A x^2 dA = \int_{-\frac{b}{2}}^{\frac{b}{2}} x^2 h\,dx = h\left[\frac{1}{3}x^3\right]_{-\frac{b}{2}}^{\frac{b}{2}} = \frac{b^3 h}{12} \qquad 7\text{-}9$$

となる。

例題 7-4 次のH形断面の図心軸[*14] x, y についての断面二次モーメント I_x, I_y を求めよ。

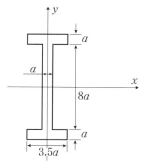

解答 断面積 A は $15a^2$ である。ここでは，例題7-1と同じようにいくつかの長方形断面に分割し，基準とする座標軸に注意して求めてみる。長方形断面の断面二次モーメントの式7-8の結果を用いると容易に計算ができる[*15]。

[*11] 断面の高さを「せい」という。はりせいなどと使う。

[*12] **工学ナビ**
断面二次モーメントは水理学の分野でも全水圧の作用点位置を求める問題で必要となる。求め方をよく理解しておこう。

[*13] **Don't Forget!!**
長方形断面の図心を通る軸についての断面二次モーメントの式7-8，式7-9は覚えておこう。

[*14] 図心軸はある断面の図心を通る軸のこと。

[*15] **+α プラスアルファ**
例題7-4を積分による方法でも断面二次モーメントを計算してみよう。

$$I_x = \frac{3.5a \cdot (10a)^3}{12} - 2 \cdot \frac{1.25a \cdot (8a)^3}{12} = \frac{555}{3}a^4 = 185a^4$$

$$I_y = 2 \cdot \frac{a \cdot (3.5a)^3}{12} + \frac{8a \cdot a^3}{12} = \frac{125}{16}a^4$$

例題 7-5 次の断面の x 軸についての断面二次モーメント I_x を求めよ。

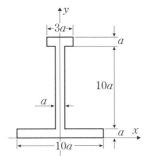

解答 断面積 A は $15a^2$ である。この断面は y 軸にのみ対称である。そのため例題 7-4 のように長方形断面に分割した方法で求めることができない[16]。ここでは，定義に従って断面二次モーメントを求める[17]。

$$I_x = \int_A y^2 dA = \int_0^a 10ay^2 dy + \int_a^{11a} ay^2 dy + \int_{11a}^{12a} 3ay^2 dy$$

$$= \left[\frac{10a}{3}y^3\right]_0^a + \left[\frac{a}{3}y^3\right]_a^{11a} + \left[\frac{3a}{3}y^3\right]_{11a}^{12a} = \frac{2531}{3}a^4$$

[16] **Let's TRY!**
次項 7-2-1 で学ぶ座標軸の平行移動の考え方（式 7-16）を用いると，長方形断面に分割した方法でも，全体の断面二次モーメント I_x を求めることができる。考えてみよう。

[17] **Don't Forget!!**
断面二次モーメントは例題 7-4 のように，分割した図形で図心軸が一致している場合のみ加算・減算ができる。

例題 7-6 次の三角形断面の図心軸 x についての断面二次モーメント I_x を求めよ。

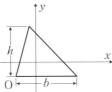

解答 例題 7-2 と同様に求める。微小面積は，三角形の相似から

$$\frac{b_x}{b} = \frac{\frac{2}{3}h - y}{h}, \quad b_x = b\left(\frac{2}{3} - \frac{y}{h}\right)$$

$$dA = b_x dy = b\left(\frac{2}{3} - \frac{y}{h}\right)dy$$

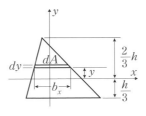

であるから，断面二次モーメント I_x は

$$I_x = \int_A y^2 dA = \int_{-\frac{h}{3}}^{\frac{2h}{3}} b\left(\frac{2}{3} - \frac{y}{h}\right) y^2 dy = b\left[\frac{2y^3}{9} - \frac{y^4}{4h}\right]_{-\frac{h}{3}}^{\frac{2h}{3}} = \frac{bh^3}{36}$$

となる。

7-1-4 断面係数

断面の縁（最遠端）に生じる曲げ応力を求める場合に用いられるのが**断面係数（modulus of section）**である。図7-4に示すような断面で次の式のように、図心軸についての断面二次モーメントを断面の縁までの距離で除して、次式

$$\begin{cases} Z_{x1} = \dfrac{I_x}{y_1} \\ Z_{x2} = \dfrac{I_x}{y_2} \end{cases} \qquad 7-10$$

で求められる。

この式からわかるように断面係数[*18]は［長さ］の3乗の次元をもっている。同様に y 軸に関しても求められる。

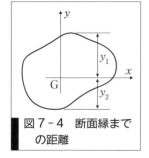

図7-4 断面縁までの距離

*18
Don't Forget!!
断面係数は、例題7-4の断面二次モーメントの求め方のように加算・減算ができない。

7-1-5 断面相乗モーメント

図7-1の微小要素の面積までの距離をそれぞれの座標軸とともに面積に乗じたものの足し合わせを**断面相乗モーメント（product moment of inertia of area）**といい、次式

$$I_{xy} = \int_A xy\, dA \qquad 7-11$$

で求められる。

この式からわかるように断面相乗モーメントは［長さ］の4乗の次元をもっていて、正または負の値となる。x, y 軸のいずれかに対称軸がある場合は I_{xy} の値は0となる。

7-1-6 断面極二次モーメント

図7-1の微小要素の面積まで座標原点からの距離の2乗を面積に乗じたものの足し合わせを**断面極二次モーメント（polar moment of inertia of area）**といい、次式

$$I_p = \int_A r^2 dA = \int_A (x^2 + y^2) dA \qquad 7-12$$

で求められる。

式7-12の最右辺は断面二次モーメントに関係するから

$$I_p = I_x + I_y \qquad 7-13$$

となる。断面極二次モーメントは直交する x 軸と y 軸の断面二次モー

メントの和になっていて，一定値をとることがわかる。

例題 7-7 次の円形断面の断面極二次モーメント I_p を求めよ。また，断面二次モーメント I_x と I_y も求めよ[*19]。

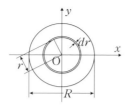

*19
＋α プラスアルファ
例題7-6を座標軸方向に積分する方法で，断面二次モーメントを計算してみよう。

解答 上の図のように点Oを原点とする極座標を考える。r の方向で微小面積 dA を求めると

$$dA = 2\pi r dr$$

である。断面極二次モーメント I_p は

$$I_p = \int_A r^2 dA = \int_0^R r^2 2\pi r dr = 2\pi\left[\frac{r^4}{4}\right]_0^R = \frac{\pi R^4}{2}$$

となる。式7-13より断面二次モーメント I_x と I_y は

$$I_x = I_y = \frac{I_p}{2} = \frac{\pi R^4}{4}$$

と求められる。

7-1-7 断面二次半径

断面二次モーメントを断面積で除して，その平方根をとったものを**断面二次半径**（radius of gyration）といい

$$r_x = \sqrt{\frac{I_x}{A}}, r_y = \sqrt{\frac{I_y}{A}} \qquad 7-14$$

で求められる。

この式からわかるように断面二次半径は［長さ］の次元をもっている。式7-14は細長い部材が圧縮力を受けて座屈するときに必要となる量である。詳しくは第10章で学習する。

7-1-8 代表的な断面の断面諸量

最後に，よく用いられる代表的な断面についての断面諸量を表7-2にまとめておく。表中の※の量は断面形状に示した図心を通る軸について求めた値であることに注意すること。断面の長さをmmで表したときのそれぞれの断面諸量の単位についても示した。

表7-2 断面諸量とその定義

断面形状 断面積 A [mm²]	断面二次モーメント I※ [mm⁴]	断面係数 Z※ [mm³]	断面二次半径 r※ [mm]
長方形 bh	$I_x = \dfrac{bh^3}{12}$ $I_y = \dfrac{b^3 h}{12}$	$Z_x = \dfrac{bh^2}{6}$ $Z_y = \dfrac{b^2 h}{6}$	$r_x = \dfrac{h}{2\sqrt{3}}$ $r_y = \dfrac{b}{2\sqrt{3}}$
H形鋼 $2Bt_f + (H-2t_f)t_w$	$I_x = \dfrac{BH^3 - (B-t_w)(H-2t_f)^3}{12}$ $I_y = \dfrac{2B^3 t_f + (H-2t_f)t_w^3}{12}$	$Z_x = \dfrac{2I_x}{H}$ $Z_y = \dfrac{2I_y}{B}$	$r_x = \sqrt{\dfrac{I_x}{A}}$ $r_y = \sqrt{\dfrac{I_y}{A}}$
角形鋼管 $2(H+B)t - 4t^2$	$I_x = \dfrac{BH^3 - (B-2t)(H-2t)^3}{12}$ $I_y = \dfrac{HB^3 - (H-2t)(B-2t)^3}{12}$	$Z_x = \dfrac{2I_x}{H}$ $Z_y = \dfrac{2I_y}{B}$	$r_x = \sqrt{\dfrac{I_x}{A}}$ $r_y = \sqrt{\dfrac{I_y}{A}}$
円形 $\pi R^2 = \dfrac{\pi D^2}{4}$	$I_x = I_y = \dfrac{\pi R^4}{4} = \dfrac{\pi D^4}{64}$	$Z_x = Z_y = \dfrac{\pi D^3}{32}$	$r_x = r_y = \dfrac{D}{4}$
円形鋼管 $\pi(D-t)t$	$I_x = I_y = \dfrac{\pi}{64}\{D^4 - (D-2t)^4\}$	$Z_x = Z_y = \dfrac{2I_x}{D}$	$r_x = r_y$ $= \dfrac{\sqrt{D^2 + (D-2t)^2}}{4}$
ひし形 b^2	$I_x = I_y = \dfrac{b^4}{12}$	$Z_x = Z_y$ $= \dfrac{\sqrt{2}\,b^3}{12}$	$r_x = r_y = \dfrac{b}{2\sqrt{3}}$

7-2 座標変換と断面の諸量

7-2-1 座標軸の平行移動

図7-5に示すような，任意の直交座標 x, y 軸とそれに平行な図心 G を通る軸（図心軸）である X, Y 軸について考える。表7-1にある定義式で，$x = X + x_0$, $y = Y + y_0$ となった場合にそれぞれの断面諸量は次の諸式のようになる。

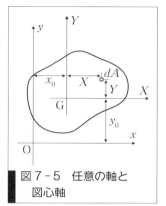

図7-5 任意の軸と図心軸

$$\begin{cases} G_x = \int_A y dA = \int_A (Y + y_0) dA = \int_A Y dA + \int_A y_0 dA = Ay_0 \\ G_y = \int_A x dA = \int_A (X + x_0) dA = \int_A X dA + \int_A x_0 dA = Ax_0 \end{cases}$$
7-15

$$\begin{cases} I_x = \int_A y^2 dA = \int_A (Y + y_0)^2 dA \\ \quad = \int_A Y^2 dA + 2y_0 \int_A Y dA + \int_A y_0^2 dA = I_X + Ay_0^2 \\ I_y = \int_A x^2 dA = \int_A (X + x_0)^2 dA \\ \quad = \int_A X^2 dA + 2x_0 \int_A X dA + \int_A x_0^2 dA = I_Y + Ax_0^2 \end{cases}$$
7-16

$$\begin{aligned} I_{xy} &= \int_A xy dA = \int_A (X + x_0)(Y + y_0) dA \\ &= \int_A XY dA + y_0 \int_A X dA + \int_A x_0 Y dA + x_0 y_0 \int_A dA \\ &= I_{XY} + Ax_0 y_0 \end{aligned}$$
7-17

ここでは，図心軸についての断面一次モーメントは0になることを利用している。式7-16で，最右辺の第2項は必ず正であることから

$$I_x \geq I_X, \quad I_y \geq I_Y$$
7-18

である。平行な軸に関する断面二次モーメントは図心軸を通る場合が最小となることがわかる[20]。

7-2-2 座標軸の回転

図7-6に示すように任意の直交座標軸 x, y が θ だけ回転した X, Y 座標を考える。このとき，微小面積までの距離をそれぞれ x, y と X, Y とする。2つの座標間の座標変換則[21]は幾何学的に次式で表される。

$$\begin{cases} X = y \sin\theta + x \cos\theta \\ Y = y \cos\theta - x \sin\theta \end{cases}$$
7-19

*20
Don't Forget!!

任意の軸に関する断面二次モーメントは，式7-16のように図心軸についての値と座標軸の移動量で求めることができる。

*21
ヒント

平面座標の座標変換について，ここでもう一度数学の教科書で復習しておこう。

これらを表7-1にある定義式に代入すると断面諸量は次の諸式

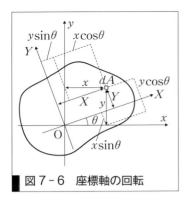

図7-6　座標軸の回転

$$\begin{cases} G_X = \int_A YdA = \cos\theta \int_A ydA - \sin\theta \int_A xdA = G_x\cos\theta - G_y\sin\theta \\ G_Y = \int_A XdA = \sin\theta \int_A ydA + \cos\theta \int_A xdA = G_x\sin\theta + G_y\cos\theta \end{cases}$$

7-20

$$\begin{cases} I_X = \int_A Y^2 dA = \cos^2\theta \int_A y^2 dA - 2\sin\theta\cos\theta \int_A xy dA + \sin^2\theta \int_A x^2 dA \\ \quad = I_x\cos^2\theta - I_{xy}\sin 2\theta - I_y\sin^2\theta \\ \quad = \frac{I_x+I_y}{2} + \frac{I_x-I_y}{2}\cos 2\theta - I_{xy}\sin 2\theta \\ \quad = \frac{I_x+I_y}{2} + \sqrt{\frac{(I_x-I_y)^2}{4} + I_{xy}^2}\cos(2\theta+\alpha) \\ \quad = C + R\cos(2\theta+\alpha) \\ I_Y = \int_A X^2 dA = \sin^2\theta \int_A y^2 dA + 2\sin\theta\cos\theta \int_A xy dA + \cos^2\theta \int_A x^2 dA \\ \quad = I_x\sin^2\theta + I_{xy}\sin 2\theta + I_y\cos^2\theta \\ \quad = \frac{I_x+I_y}{2} - \frac{I_x-I_y}{2}\cos 2\theta + I_{xy}\sin 2\theta \\ \quad = \frac{I_x+I_y}{2} - \sqrt{\frac{(I_x-I_y)^2}{4} + I_{xy}^2}\cos(2\theta+\alpha) \\ \quad = C - R\cos(2\theta+\alpha) \end{cases}$$

7-21

$$I_{XY} = \int_A XY dA$$
$$= \sin\theta\cos\theta \int_A y^2 dA - \sin^2\theta \int_A xy dA + \cos^2\theta \int_A xy dA - \sin\theta\cos\theta \int_A x^2 dA$$
$$= \sin\theta\cos\theta(I_x - I_y) + (\cos^2\theta - \sin^2\theta)I_{xy}$$
$$= \frac{I_x - I_y}{2}\sin 2\theta + I_{xy}\cos 2\theta$$
$$= \sqrt{\frac{(I_x-I_y)^2}{4} + I_{xy}^2}\cos(2\theta+\alpha)$$
$$= R\cos(2\theta+\alpha)$$

7-22

のようになる。ここで,

$$C = \frac{I_x+I_y}{2},\ R = \sqrt{\frac{(I_x-I_y)^2}{4} + I_{xy}^2},\ \alpha = \tan^{-1}\left(\frac{2I_{xy}}{I_x-I_y}\right)$$

7-23

とおいた。

断面二次モーメントは，式7-21からもわかるように

$$I_X + I_Y = I_x + I_y$$

7-24

である。7-1-6項で説明したように座標変換が行われても断面二次モーメントの和が一定値となっている。

次に，式 7-22 から断面相乗モーメントが 0 となる場合を調べてみる。このとき

$$I_1 = C + R, \quad I_2 = C - R \quad \left(\theta = -\frac{\alpha}{2}\right) \qquad 7\text{-}25$$

である。式 7-25 のときに断面二次モーメントは最大値または最小値をとる。このような座標軸を**断面の主軸**（principal axis of area）と呼び，主軸に関する断面二次モーメントを**主断面二次モーメント**（principal moment of inertia of area）という。これらのことは式 7-21 と式 7-22 より

$$(I_X - C)^2 + I_{XY}^2 = R^2 \qquad 7\text{-}26$$

が成立することから，式 7-26 を満たす (I_X, I_{XY}) の軌跡が $(C, 0)$ を原点とする半径 R の円をかくことをもとに考えることができる。これを**モールの慣性円**[*22]と呼ぶ。

*22 工学ナビ
モールの慣性円について調べてみよう。第 8 章の軸応力とせん断応力の関係からかくモールの応力円（Mohr's stress circle）とも考え方が同じである（第 8 章 8-2 節参照）。地盤・土質工学でも学習するので，関連させて学習し理解を深めよう。

WebにLink
演習問題の解答

演習問題 A　基本の確認をしましょう

7-A1 次の断面 (a)～(c) について以下の問いに答えよ。

(1) 図心の位置 (x_0, y_0) を求め，図心軸 X, Y 軸についての (2) 断面二次モーメント I_X, I_Y，(3) 断面係数[*23]Z_X, Z_Y，(4) 断面二次半径 r_X, r_Y を求めよ。

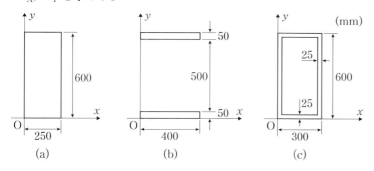

*23 ヒント
この例題の断面形状はいずれも図心軸に対して対称であるから，断面係数は上下縁で同じ値となる。

演習問題 B　もっと使えるようになりましょう

7-B1 次の断面 (a)～(c) について以下の問いに答えよ。

(1) 図心位置 y_0 を求め，図心軸 X についての (2) 断面二次モーメント I_X，(3) 断面係数 Z_{y_1}, Z_{y_2}，(4) 断面二次半径 r_X を求めよ。

WebにLink
演習問題の解答

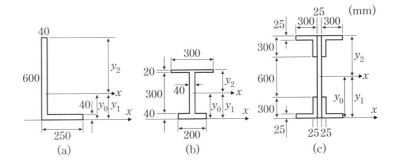

(a)　(b)　(c)

あなたがここで学んだこと

この章であなたが到達したのは
- □ 断面一次モーメントを理解し，図心を計算することができる
- □ 断面二次モーメントを計算することができる
- □ 断面係数を計算することができる
- □ 断面相乗モーメントを計算することができる
- □ 断面二次半径を計算することができる

　本章では，断面の形により決まる量を求める方法を学んだ。部材の形と断面諸量の関係が理解できていれば，設計において，どのような断面形状が必要で，どのような形状が効果的かを考えることができるようになる。第8章〜第10章や地盤・土質工学，水理学の学習内容と関連させて理解を深めよう。

8章

応力とひずみ

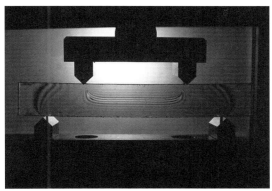
応力を可視化した写真

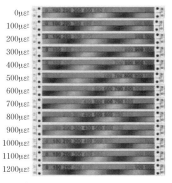
ひずみ可視化シート

　　ポーツ用のスパイクシューズ，あるいはハイヒールで足を踏まれた経験はあるだろうか？　扁平な靴底に比べて相当痛いはずである。これは，踏んだ人の体重（外力）に比して，踏まれた部分の面積が小さいため，足に生じる**単位面積当たりの内力（応力）**が極めて大きくなるからである。また，長いゴム紐と短いゴム紐を同じ伸び量（変位）だけ引き伸ばす場合，短いゴム紐のほうが，より大きな力が必要になる。これは，短いゴム紐のほうが長いゴム紐に比べて，**単位長さ当たりに生じる変位（ひずみ）**が大きいためである。

　構造力学における応力とひずみは，構造物を構成するさまざまな断面形状や寸法をもつ部材に対して，外力が生じさせる負荷や変形の状態を知り，安全かつ合理的に設計するためにとても重要な概念である。

●この章で学ぶことの概要

　構造部材には，断面力（軸力，せん断力，曲げモーメント）に応じたさまざまな種類の応力が作用しており，それぞれの応力に対応するひずみが生じている。これらの作用応力に対し，構造設計では材料や部材そのものが強度的に十分な余裕をもって耐えるように，部材の断面形状や寸法を決定しなければならない。つまり，外力によって部材内部に生じる応力にある制限値（許容応力度という）を設け，通常想定される状態で，作用応力がこれを超えないように設計する。上記のプロセスにおいて，本章で学ぶことは，断面力から作用応力を算定する方法であり，これを習得すると，鋼，コンクリート，木材といったさまざまな材料を用いた構造部材の断面設計や外力に対する応力照査が可能になる。

予習 授業の前にやっておこう!!

1. 第5章のトラス部材のような棒部材(長さ $l = 2$ m, 断面は長方形 6 mm × 10 mm)に引張力 $P = 18$ kN が作用し, その方向に $\Delta l = 3$ mm 伸びているとき, 次の問いに答えよ.
   (1) 断面積 A [m^2] を求めよ.
   (2) 引張力 P は長方形断面に垂直に作用しているので, その単位面積当たりの強さ $y = P/A$ を求めよ. またその単位を示せ.
   (3) 部材の伸び Δl のもとの長さ l に対する割合 $x = \Delta l/l$ を求めよ. またその単位を示せ.
   (4) y と x が比例するとき, $y = ax$ に対する比例定数 a を求めよ. またその単位を示せ.

2. 中心 $(x, y) = (a, 0)$, 半径 r の円の方程式は $(x - a)^2 + y^2 = r^2$ である. この円が2点 A (x_1, y_1), B $(x_2, -y_1)$ を通り, 2点の中点 C がこの円の中心であるとき, 中心の a と半径 r を x_1 と y_1 で表せ. また, この円が x 軸と交わる2点 D $(X_1, 0)$, E $(X_2, 0)$ の座標 X_1, X_2 も x_1 と y_1 で表せ. ただし, $x_1 > x_2 > 0$, $y_1 > 0$, $X_1 > X_2$ とする. また, この状況を図示せよ.

8 1 応力とひずみ

8-1-1 応力とは

構造力学における**応力**(stress)とは, 構造物に**外力**(external force)として**荷重**(load)が作用するとき, 構造物の内部に生じる力(**内力**(internal force))のことである.

はり(第4章)やラーメン(第6章)では, はりやラーメン部材内部のある断面における内力を断面力(軸力 N, せん断力 Q, 曲げモーメント M)と呼び, トラス(第5章)では構成部材の内力(軸力のみ)を部材力と呼んでいる. これらの内力は広義の応力といえる.

これに対し一般的に, 次式

$$\text{応力度または応力[Pa]} = \frac{\text{内力}}{\text{内力の作用している面積}} \text{ [N/m}^2\text{]} \quad 8-1$$

で表せる「単位面積当たりの内力」を, **応力度**(stress density)という. またこれをたんに**応力**(stress)ともいい一般的にはこちらを用いる. 応力の単位は, [Pa] = [N/m^2](パスカル)で表す*1, *2.

構造物の設計にあたっては, 自重*3, 車両や人の通行による荷重*4, 積載荷重, 地震力や風圧力など, 構造物の目的に応じてさまざまな外力が想定される. そして, その構造形式(はり, ラーメン, トラス, アー

*1 工学ナビ
第4章でも記したように建築分野では, 断面力を応力と表記することもある. 本書では応力とは応力度のことを指すので注意する.

*2 Don't Forget!!
1 [N/m^2] = 1 [Pa]
1 [kgf] = 9.8 [N]

工学ナビ
土木建築材料に生じる応力は大きいので, M(メガ)やG(ギガ)などの接頭語をつけて表すことが多い. たとえば,
1 [N/mm^2] = 10^6 [Pa]
    = 1 [MPa]
10^9 [N/m^2] = 1 [GN/m^2]
    = 1 [GPa]

チなど）によって部材内部で卓越する断面力の種類や組み合わせは大きく変わる。たとえば、はりは主としてせん断力と曲げモーメントが同時に作用する部材であり、トラスでは軸力のみを取り扱う。

また、いくつかの断面力が同時に作用する場合の応力は、組み合わせ応力と呼ばれ、構造設計では部材に生じうる最大の応力が、許容応力度を超えないように断面形状や寸法を決めていく。許容応力度には、材料や部材そのものの破壊基準となる強度*5を所定の安全率で除した値を用いる。

*3
Don't Forget!!
死荷重（dead load）または固定荷重（fixed load）ともいう。

*4
Don't Forget!!
活荷重（live load）または交通荷重（traffic load）ともいう。

*5
+αプラスアルファ
一般的に、鋼では降伏点や座屈強度、コンクリートでは設計基準強度を用いる。

8-1-2 軸応力、軸ひずみとフックの法則

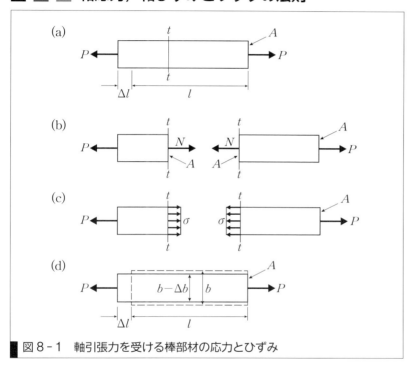

図8-1　軸引張力を受ける棒部材の応力とひずみ

図8-1(a)に示すような、トラス、柱やケーブルの部材などその長さ方向に対し断面が非常に小さな部材（長さ l）に、部材の軸方向に**外力（荷重）** P が引張力として作用するとき、軸方向に Δl だけ一様に伸びるとする。いま、部材内部で軸方向に垂直なある断面 t-t で切断すると、図8-1(b)のようにその断面上には軸方向の**内力（軸力）**（axial force）$N = P$ が生じる。このとき、部材の軸方向に垂直な断面の断面積が A（一定とする）のとき、単位面積当たりの軸力 σ（シグマ）

$$\sigma = \frac{N}{A} = \frac{P}{A} \qquad 8\text{-}2$$

を、**軸応力**（axial stress）、**直応力**または**垂直応力**（normal stress）という。もちろん単位は $[\text{Pa}] = [\text{N/m}^2]$（パスカル）である。この軸応

力は，図8-1(c)のように，この断面上で一様に分布しているものと考える。軸力の符号の定義に合わせて，軸応力も「引張応力を正，圧縮応力を負」と定義する。なお，軸圧縮力（軸圧縮応力）については，荷重偏心や座屈などに関し注意が必要である（第10章参照）。

図8-1(d)に示すように，この棒部材の軸方向の伸びΔlのもとの長さlに対する比（割合）を**軸ひずみ（axial strain）**といい，記号ε（イプシロン）で表す[*6]。

$$\varepsilon = \frac{\Delta l}{l} \qquad 8-3$$

軸ひずみは，明らかに**無次元**（単位なし）である。

さらに厳密には，棒が引張力を受けて軸方向に伸びると同時に，軸方向に直交する断面が細くなる（図8-1(d)：簡単のため棒材の右端は移動しないとする。変形前は破線，変形後は実線）[*7]。軸方向（伸びる方向を正）に生じるひずみ（縦ひずみ）をε_l，軸に直交する方向（縮む方向を負）に対する横ひずみε_bをそれぞれ

$$\varepsilon_l = \frac{\Delta l}{l}, \ \varepsilon_b = \frac{\Delta b}{b} \qquad 8-4$$

とおくと，これらのひずみの比

$$\nu = -\frac{\varepsilon_b}{\varepsilon_l} = \left|\frac{\varepsilon_b}{\varepsilon_l}\right| = \left|\frac{横ひずみ}{縦ひずみ}\right| \qquad 8-5$$

を**ポアソン比（Poisson's ratio）**という[*8]。そして，軸力に直交する方向にも異符号の変形やひずみが生じる現象をポアソン効果と呼ぶ[*9]。

この棒部材の材料が等方等質な弾性材料[*10]で構成されているとし，軸方向にだけ着目すると，式8-2と式8-3で示す応力σとひずみεの間（**応力-ひずみ関係（stress-strain relationship）**）には比例関係が成り立つ。これが**フックの法則（Hooke's law）**[*11]である。

$$\sigma = E\varepsilon \qquad 8-6$$

ここに，比例定数Eを**弾性係数（elastic modulus）**または**ヤング係数・ヤング率（Young's modulus）**と呼び，材料固有の物理量である。軸方向および軸直角方向に対する弾性係数を，それぞれ縦弾性係数，横弾性係数と呼ぶこともある。弾性係数の単位は明らかに応力と同じ単位である。

式8-6に，式8-2と式8-3を代入すると，引張力を受ける棒部材では次の関係が成り立つ。

$$\sigma = \frac{P}{A} = E\varepsilon = E\frac{\Delta l}{l} \qquad 8-7 \ [*12]$$

この応力-ひずみ関係について，代表的な土木建築材料である鋼材を例に挙げてみよう。図8-2は普通鋼材の引張試験[*13]から得られる応力-ひずみ関係である。弾性係数とは，この応力-ひずみ関係にお

[*6] **工学ナビ**
垂直応力に対応して，直ひずみと呼ぶこともある。土木建築材料に生じる変形は構造物のサイズに比べて微小なので，接頭語であるμ（マイクロ：10^{-6}）をつけてひずみの大きさを表すことが多い。

[*7] 圧縮力を受ける場合には，断面は太くなる。

Let's TRY!
消しゴムをケースから出し，机に押しつけてみよう。

[*8] **Don't Forget!!**
設計計算に一般的に使われるポアソン比は鋼材：0.3，コンクリート：1/6（=0.167）であるが，材質によって若干異なる。

[*9] **+α プラスアルファ**
図8-1(d)で，横方向の縮み量Δbによる断面積Aの変化は非常に小さく，$(\Delta b)^2$のオーダーである。

[*10] **Let's TRY!**
材料の「等方性」「等質性」，材料の変形の「弾性」「塑性」について調べよう。
フックの法則は，材料が弾性体とみなせる場合に成立する。なぜか？

[*11] **+α プラスアルファ**
式8-6のフックの法則と，物理学におけるばねの伸びxと力Fの関係$F=kx$と対比して，その変形特性を考えよう。

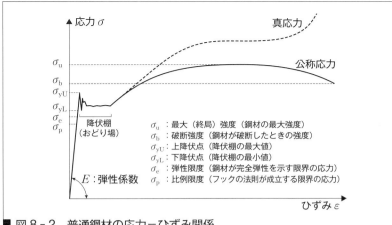

図8-2　普通鋼材の応力－ひずみ関係

ける最初の直線部分（**比例限度（propotional limit）**）σ_pまでの傾きのことである*14。

外力によって生じる応力が**弾性限度**σ_e**（elastic limit）**よりも小さい場合には，外力を取り除くとひずみも消失し変形ももとの状態に戻る。これが**弾性（elastic）**である。しかし，弾性限度よりも大きな応力が作用した場合には，外力を取り除いても変形（ひずみ）が残ってしまう。この性質を**塑性（plastic）**といい，弾性と塑性は弾性限度を境に区別される。鋼材においては**降伏点（yield point）**（下降伏点σ_{yL}，上降伏点σ_{yU}）と弾性限度が比較的近い値となることから，降伏点が**許容応力度（allowable stress）**を計算する際の材料強度の基準に採用されている。作用応力が降伏点を超えると，鋼材はその性質が大きく変わり，急激に変形が進み**最大（終局）応力（maximum strength, ultimate strength）**σ_uに達し，やがて**破断**σ_b**（breaking）**にいたる。なお，図中の実線は，ポアソン効果を考慮しない初期状態の断面積に対する応力（**公称応力（nominal stress）**）で，破線はポアソン効果によって減少していく断面積に対する応力（**真応力（true stress）**）である。通常，応力といえば公称応力のことである。

実験で構造物の応力を直接はかることは難しく，多くの場合はひずみゲージ*15などを用いて部材のひずみを測定し，フックの法則から応力を計算で求めている。

例題 8-1 次の問いに答えよ。

(1) 直径$d = 8$ mm，長さ$l = 1.2$ m，ヤング率$E = 200$ GPaの鋼製丸棒を荷重$P = 12$ kNで引っ張った。丸棒はどれだけΔl [mm]伸びるか。

(2) 断面積$A = 2.5$ cm^2，長さ$l = 2$ m，弾性係数$E = 200$ kN/mm^{2}を，$\Delta l = 0.5$ mm引き伸ばすのに必要な引張力P[kN]

---

*12 **Don't Forget!!**

$P = \dfrac{EA\Delta l}{l}$, $E = \dfrac{Pl}{A\Delta l}$,

$A = \dfrac{Pl}{E\Delta l}$, $\Delta l = \dfrac{Pl}{EA}$,

$l = \dfrac{EA\Delta l}{P}$

*13 **＋α プラスアルファ**

JIS（日本工業規格）の金属材料引張試験方法（JIS Z 2241）など。

*14 **Don't Forget!!**

鋼材：$E_S = 200$ GPa

コンクリート：
$E_C = 25 \sim 33$ GPa

*15 **工学ナビ**

ひずみゲージとは，構造物に貼りつけて使うひずみ測定器具のことである。ゲージ内の導線に電流を流し，構造物と一緒に変形する導線の電気抵抗値をひずみに換算する。ぜひ，覚えておこう！

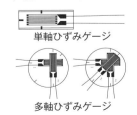

単軸ひずみゲージ

多軸ひずみゲージ

はいくらか。

解答 (1) 丸棒の断面積 $A = \dfrac{\pi}{4}d^2$

伸び
$$\Delta l = \frac{Pl}{EA} = \frac{4Pl}{E\pi d^2} = \frac{4 \times 12 \times 10^3 \times 1.2}{200 \times 10^9 \times \pi \times 8^2 \times 10^{-6}}$$
$$= 1.432 \times 10^{-3}\,\mathrm{m} = 1.432\,\mathrm{mm}$$

(2) 弾性係数
$$E = 200\,\mathrm{kN/mm^2} = \frac{200 \times 10^3}{10^{-6}} = 200 \times 10^9\,[\mathrm{Pa}] = 200\,\mathrm{GPa}$$

引張力
$$P = \frac{EA\Delta l}{l} = \frac{200 \times 10^9 \times 2.5 \times 10^{-4} \times 0.5 \times 10^{-3}}{2} = 12500\,\mathrm{N}$$
$$= 12.5\,\mathrm{kN}$$

　応力やひずみは，構造物に対して物理的に作用する外力によって発生するほか，温度によっても生じる。一般的に，材料は温度が上がれば膨張し，温度が下がれば収縮する性質をもっているが，支持条件などによって部材が自由に伸縮できないように拘束された場合，温度変化による応力やひずみが問題となる。たとえば，図8-3(a)に示すように，両端を固定された棒部材に温度変化 $\Delta T\,℃$（上昇）が生じた場合，棒部材の内部には次式の温度ひずみ ε_T が生じる。

$$\varepsilon_T = \alpha \Delta T \qquad\qquad 8\text{-}8$$

　ここで，α は**線膨張係数**(coefficient of linear thermal expansion)で，温度変化1℃に対して棒部材の材料内部に生じるひずみとも解釈できる。線膨張係数もまた材料固有の定数[*16]である。温度ひずみ ε_T によって棒部材内部に発生する応力を**温度応力**(thermal stress) σ_T という。その大きさは，材料が弾性体のとき式8-8をフックの法則(式8-6)に代入して，

$$\sigma_T = E\varepsilon_T = E\alpha\Delta T \qquad\qquad 8\text{-}9$$

で求まる。図8-3(a)の棒部材に $\Delta T\,[℃]$ の温度上昇があった場合，もし図8-3(b)のようにどちらか一方の拘束がなければ，温度応力は生じない代わりに伸びが発生し，その伸び量は $\Delta l_T = \varepsilon_T l$ となる。つまり，棒部材の両端を固定することは，伸びた状態 $l + \Delta l_T$ からもとの長さ l まで押し縮めることに等しい（図8-3(c)）。このことから，このはりには，圧縮の温度応力 σ_T が発生することが理解できる。この温度応力（押し縮める力）と拘束した左端での壁の反力 $H_A = \sigma_T A$ が釣り合っている。同様に，温度が $\Delta T\,[℃]$ だけ下がった場合には，棒部材の内部には引張の温度応力が生じる[*17, *18]。

[*16] **プラスアルファ**
鋼とコンクリートの線膨張係数は $\alpha = 10 \sim 12 \times 10^{-6}$ とほぼ等しい。RCやSRCでは，外力のみならず温度変化に対しても鋼とコンクリートが一体となって変形する。

[*17] **工学ナビ**
橋梁では，伸縮継手を設けて温度による桁全体の伸び縮みを許容している。

[*18] **工学ナビ**
温度ひび割れ
気温の高い夏場に大量のコンクリートを打設すると，気温の低下とともに引張の温度応力が発生し，ひび割れる原因となる。

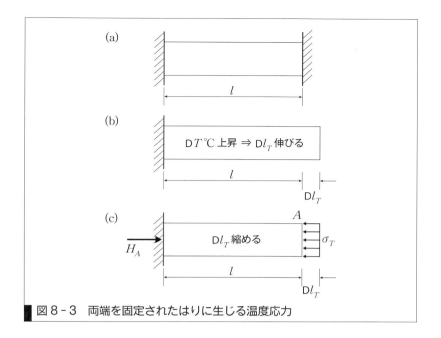

図8-3 両端を固定されたはりに生じる温度応力

例題 8-2 直径 $d = 4\,\text{cm}$ の丸鋼棒を室温 25℃ のときに両端を固定した。その後，室温が 5℃ まで下がったとき，内部に発生する温度応力 σ_T を求めよ。それは圧縮応力か引張応力のどちらか。鋼材の線膨張係数 $\alpha = 12 \times 10^{-6}/℃$，弾性係数 $E = 200\,\text{GPa}$ とする。

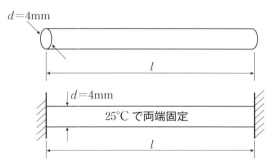

解答

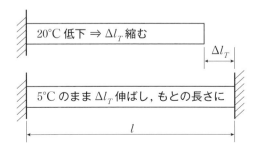

　丸棒を室温 25℃ で一端を固定し，室温が 5℃ まで 20℃ 下がり Δl_T 縮んだとし，そのまま丸棒を Δl_T 伸ばして，もとの長さにしたときの丸棒の内部に働く温度応力を求めればよい。室温の変化 $\Delta T = -20℃$ に対する丸棒の縮み量 Δl_T と対応する温度ひずみ ε_T

は，線膨張係数 α を用いて

$$\Delta l_T = \varepsilon_T l = \alpha \Delta T \times l \quad \rightarrow \quad \varepsilon_T = \frac{\Delta l_T}{l} = \alpha \Delta T$$

この縮み量 Δl_T と同じだけ丸棒を伸ばして，もとの長さ l に戻すために必要な力を N とすると，それに対応する温度応力 σ_T は，丸棒の断面積 $A (= \pi d^2/4)$，弾性係数 E を用いて

$$N = \frac{EA\Delta l_T}{l}$$

よって

$$\sigma_T = \frac{N}{A} = \frac{E\Delta l_T}{l} = E\varepsilon_T = E\alpha\Delta T \ ^{*19}$$

ゆえに

$$\sigma_T = E\alpha\Delta T = 200 \times 10^9 \times 12 \times 10^{-6} \times (-20)$$
$$= -4.8 \times 10^7 \mathrm{Pa} = -48\,\mathrm{MPa} \quad (引張応力)$$

*19
＋α プラスアルファ
丸棒に生じる温度応力が，丸棒の断面積 A や長さ l に無関係であることは興味深い。

8-1-3 平均せん断応力とせん断ひずみ

第 4 章で学習したように，断面力としてのせん断力は，柱部材が地震などの水平力を受ける場合や，鉄筋コンクリートばりのせん断ひび割れ，鋼橋の支承付近のせん断座屈などの問題として，よく知られている。図 8-4(a)は，はりのある断面での断面力（軸力 N，せん断力 Q，曲げモーメント M）を示す。そして図 8-4(b)に示すように，はり断面の微小要素としての自由物体では，断面を右下がり（時計回り）に変形させるせん断力 Q が偶力として鉛直方向（上向き・下向き）に作用していると考える。しかし，この偶力による自由物体の時計回りの回転に対し，反時計回りの回転に対応する水平方向（左向き・右向き）の**共役せん断力 (conjugate shearing forece)** Q が，この自由物体に作用していなければならない[*20]。

*20
この水平方向の共役せん断力により，断面に平行な方向（水平方向）に，水平せん断応力が作用する（8-1-5 項も参照）。

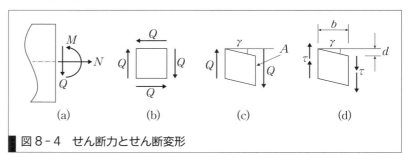

図 8-4　せん断力とせん断変形

いまこの自由物体において鉛直方向のせん断力 Q のみを取り出し，図 8-4(c)のような右下がりの変形状態（**せん断変形 (shearing deformation)** という）によるせん断変形角 γ（ガンマ）（γ は微小）が生じていると考える。このせん断力 Q が作用する面（断面積を A とする）に一

様に分布し，単位面積当たりのせん断力

$$\tau = \frac{Q}{A} \qquad 8-10$$

を，**平均せん断応力**（average shearing stress）という（図 8-4(d)）。

せん断応力 τ による右下がりの微小なせん断変形角 γ に対し，図 8-4(d) のように

$$\gamma \fallingdotseq \tan\gamma = \frac{b}{d} \qquad 8-11$$

で，これを**せん断ひずみ**（shearing stress）γ と定義する。単位はない。

式 8-10 と式 8-11 の間には，フックの法則と同様に次式のような線形関係が成り立つ。

$$\tau = G\gamma \qquad 8-12$$

ここに，比例定数 G を**せん断弾性係数**（elastic shearing modulus）[*21]といい，弾性係数 E と同様に材料固有の物理量である。また，等方性材料[*22]であれば，せん断弾性係数 G と弾性係数 E の間には，次の関係がある。

$$G = \frac{E}{2(1+\nu)} \qquad 8-13$$

[*21] **＋α プラスアルファ**
鋼材
　$G_S = 77\,\mathrm{GPa}$
コンクリート
　$G_C = 11\sim15\,\mathrm{GPa}$

[*22] **＋α プラスアルファ**
どの方向にも同じ力学的性質をもっている材料。鋼やコンクリートは等方性材料とみなすが，木材や竹は繊維方向があるため，異方性材料という。

例題 8-3 図のように，2 枚の鋼製板を $\phi 20$（直径 20 mm）のリベット 4 本で接合し，力 $Q = 200\,\mathrm{kN}$ で引っ張ったときのせん断応力（度）はいくらか。

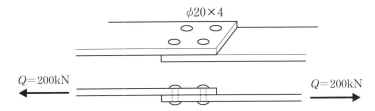

解答 リベット 4 本の総断面積は

$$A = 4 \times \frac{\pi}{4}\phi^2 = \pi\phi^2$$

この 4 本でせん断力 $Q = 200\,\mathrm{kN}$ に抵抗するので，せん断応力 τ は，

$$\tau = \frac{Q}{A} = \frac{Q}{\pi\phi^2} = \frac{200 \times 10^3}{\pi \times 20^2} = 159.2\,\mathrm{N/mm^2} = 159.2\,\mathrm{MPa}$$

8-1-4 曲げ応力と曲げひずみ

一般に軸線が水平方向のはりが，図 8-5 のような集中荷重や分布荷重などによる曲げモーメントを受けるとき，はりはどのような変形をするのだろうか。図 (a) に示す変形前の単純ばり（はりの軸線方向の座標

を x，それに垂直な座標を y，z とする）の曲げ変形を考えよう。はりが荷重を受け曲げ変形をすると，図(b)のように曲げによる変形により，はりには**たわみ(deflection)**が生じる。

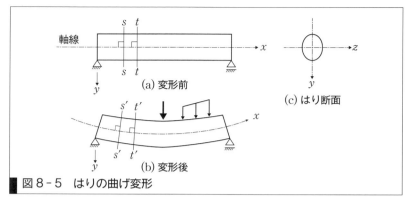

図8-5 はりの曲げ変形

このとき，はり断面では次の仮定が成り立つものと考える。
(i) 平面保持の法則
　変形前にはりの軸線に垂直であった断面（平面）t-t や s-s は，変形後も変形後のはりの軸線に垂直な断面（平面）t'-t' や s'-s' を保つ。
(ii) 中立面・中立軸の存在
　はりの上側（上縁）は軸方向に縮み（圧縮され），はりの下側（下縁）は伸びる（引っ張られる）[*23]。このとき，はり断面の高さ方向（y 軸）に，圧縮（上側）から引張（下側）に(i)の平面保持が成り立つので，その途中でまったく伸び縮みしない面（これを**中立面(neutral plane)**）が存在するはずである。中立面と断面が交わる線を**中立軸(neutral axis)**という。

　図8-5と同様に図8-6(a)のように，はりのある断面 t-t で曲げモーメント M を受けるはりを考えよう。図8-6(b)のように，はり全体が曲げ変形（正の曲げ得変形）し，中立面より上側が圧縮を，下側が引張を受けるとき，はりを軸線（x 軸）方向のある微小間隔 dx（2つの断面 s-s と断面 t-t）で切り出した微小要素（図8-6(c)）において，断面はそれぞれ t'-t' と s'-s' と変形するものとする。これを図8-6(d)に示すようにモデル化（断面 s-s と変形後の s'-s' を一致させるように）すると，微小要素の2断面はある点O（曲率中心という）で必ず交わるように変形すると考えることができる。断面の中立面から曲率中心Oまでの距離を，図8-6(d)のように**曲率半径 ρ（ロー）(radius of curvature)**と呼ぶ。つまり，はりが曲げを受けて変形するとき，はりのある断面 x はこの曲率半径に従って変形すると考える[*24]。

　微小間隔 dx がきわめて小さいと考え，中立面から y の距離[*25]にある断面上の1点を考え，この点を通る軸線に生じるひずみ ε を，Δdx を中立面から距離 y の断面位置での曲げ変形による軸線（x 軸）方向の

*23
Don't Forget!!
はりを鉛直下方に凸形状に変形させる曲げモーメントを正と定義する。つまり，はり断面では，その上縁で圧縮，下縁で引張が生じることになる。

*24
+αプラスアルファ
曲げ変形に対するはり全体のたわみ曲線に対応して，断面位置 x においてそれぞれ曲率半径 ρ が定まる。

*25
+αプラスアルファ
距離 y を中立軸から下側に ＋，上側に − としているのは，引張応力を ＋，圧縮応力を − と定義しているためである。

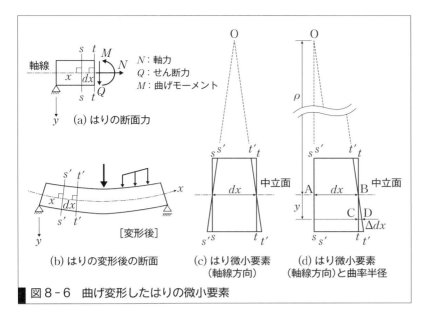

図 8-6 曲げ変形したはりの微小要素

伸びとすれば，曲げ変形に対する三角形の相似条件 △OAB ∝ △BCD より

$$\frac{\Delta dx}{dx} = \frac{y}{\rho} \qquad 8-14$$

となる．一方，この位置での軸方向のひずみ（曲げひずみ）は定義より

$$\varepsilon = \frac{\Delta dx}{dx} \qquad 8-15$$

だから，式 8-14 より結局，曲げひずみは

$$\varepsilon = \frac{\Delta dx}{dx} = \frac{y}{\rho} = y\phi \qquad 8-16$$

となる．ここに，ϕ（ファイ）$= 1/\rho$ は**曲率（curvature）**である．つまり曲げひずみ，はり断面の高さ方向 y に比例することがわかる（比例定数は曲率 ϕ）．曲げひずみの分布は，中立面（$y = 0$）で $\varepsilon = 0$，中立面より下側で引張ひずみ（$\varepsilon > 0$），上側で圧縮ひずみ（$\varepsilon < 0$）となる直線（三角形）分布となる．

この曲げひずみ ε を生じさせるための曲げ応力 σ は，式 8-6 のフックの法則から

$$\sigma = E\varepsilon = \frac{E}{\rho}y = E\phi y \qquad 8-17$$

と求められる．これより，図 8-7(a) のように，曲げ応力も断面の高さ方向 y に比例し直線的に変化し，断面に垂直に軸方向に作用している[26]．

[26]
+α プラスアルファ
曲げ応力は，曲げモーメントによって生じる応力の意味であり，軸方向に垂直な断面に対し垂直に，つまりはりの軸線（x 軸）方向に，圧縮応力または引張応力として作用している．

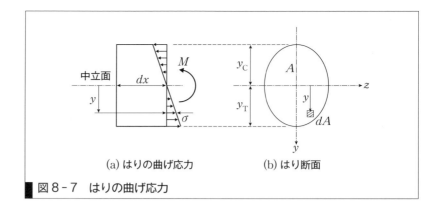

図8-7 はりの曲げ応力

　図8-7(b)に示すように，はりの断面において，中立面からyの距離にある断面内の微小面積dAに，その位置での曲げ応力（式8-17）σが作用しているので，そこには$\sigma \times dA$の力が働き，それが中立面に対してモーメント$\sigma dA \times y$を生じさせる。これを全断面積にわたって積分すると，その断面に作用する曲げモーメントMに等しくなる。

$$M = \int_A (\sigma dA)y = \int_A \sigma y\, dA = \int_A \frac{E}{\rho} y^2\, dA$$
$$= \frac{E}{\rho} \int_A y^2\, dA = \frac{E}{\rho} I_Z \qquad 8-18$$

ここに，$I_Z = \int_A y^2 dA$は中立面に関する断面二次モーメントである。式8-17と式8-16に対し，式8-18の曲率半径ρを代入すると，曲げ応力σと曲げひずみεは，

$$\text{曲げ応力：} \sigma = \frac{M}{I_Z} y \qquad 8-19$$

$$\text{曲げひずみ：} \varepsilon = \frac{M}{EI_Z} y \qquad 8-20$$

となる。曲げ応力も曲げひずみも中立面からの距離に比例し，中立面から最も遠い位置すなわちはりの上縁y_Cと下縁y_Tで最大になることがわかる。この最大応力を縁応力または**縁端応力**（edge stress, fiber stress）といい，一般にはりが鉛直下向きに変形（たわむ）場合のように，はりが正の曲げモーメントを受ける場合には，上端で最大圧縮応力，下端で最大引張応力が生じることを意味している[*27]。

　また，曲げ応力は断面に垂直に軸方向に作用しているので，曲げ応力による軸方向の合力，つまり曲げモーメントによる軸力Nは

$$N = \int_A \sigma dA = \int_A \frac{M}{I_Z} y\, dA = \frac{M}{I_Z} \int_A y\, dA = \frac{M}{I_Z} G_Z \qquad 8-21$$

もし，断面の中立面（Z軸）が図心軸なら，明らかに$G_Z = 0$だから，$N = 0$となる。つまり曲げによる軸力は生じない。

[*27] 工学ナビ
曲げを受けるRC（鉄筋コンクリート）ばりやRC床版において，ひび割れが下端（引張側）から上に向かって生じるのは，このためである。

8-1-5 曲げにともなう水平せん断応力

図8-6ですでに示したように，はりに外力が作用するとき，はりの断面には内力として断面力（軸力 N，せん断力 Q，曲げモーメント M）が働く。このうち，曲げモーメントに対応する曲げ応力については，前項で学んだ。この項では，せん断力 Q に対応するせん断応力 τ について説明する。

図8-8(a)のように，はりの2つの断面 $s-s$（座標 x の位置）と $t-t$（座標 $x+dx$）（ただし dx は微小）で切断し，中立面（中立軸）から y の位置にある微小要素（幅 dx ×高さ dy）では，せん断応力 τ は断面に平行な方向（はりの軸線方向に垂直な方向で垂直せん断応力ともいう）に分布して作用していると考える。この微小要素にはせん断応力 τ と対になって，8-1-3項で述べた共役せん断力による水平せん断力応力 τ（図の微小要素が回転しない条件から，せん断応力と大きさは同じ）が，図のように作用している。

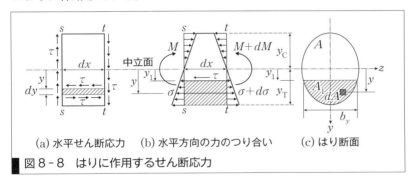

(a) 水平せん断応力　(b) 水平方向の力のつり合い　(c) はり断面

図8-8　はりに作用するせん断応力

図8-8(b)に示すように，はりのある任意断面 x において，水平せん断応力 τ をはりの軸線方向の力のつり合いより求めれば，図8-8(a)の鉛直せん断応力 τ の分布がわかる。

いま，中立面（中立軸）から y_1 より外側の断面（図の斜線部分）に対し，その断面に作用する水平方向の力のつり合いを考えよう。図8-8(b)のように，はりのある断面 $s-s$ に作用する曲げモーメントを M，そこからさらに dx（微小）だけ離れた断面 $t-t$ に作用する曲げモーメントを $M+dM$ とする（dM は曲げモーメントの変化量）。dM は式8-19から

$$\sigma = \frac{M}{I_Z}y, \quad \sigma + d\sigma = \frac{M+dM}{I_Z}y$$

よって

$$d\sigma = \frac{dM}{I_Z}y \qquad 8-22$$

で表せる。図8-8(c)のように断面の奥行き（中立面から距離 y_1 の断面幅）を b_y とすると，図8-8(b)の斜線部分に作用する水平方向の力

のつり合い

$$\begin{cases} -\int_{A_1} \sigma dA + \int_{A_1} (\sigma+d\sigma)dA - \tau b_y dx = 0 \\ \tau b_y dx = \int_{A_1} d\sigma dA = \int_{A_1} \frac{dM}{I_Z} dA \\ \tau = \frac{1}{b_y I_Z} \left(\frac{dM}{dx}\right) \int_{A_1} ydA \end{cases} \quad 8-23$$

よって，ある断面 x でのせん断力 $Q = dM/dx$ に対するせん断応力 τ は次式となる。

$$\tau = \frac{QG_1}{b_y I_Z} \quad 8-24$$

ここに，G_1 は

$$G_1 = \int_{A_1} ydA = \int_{y_1}^{y_T} ydA \quad 8-25$$

で，いま考えている位置 y_1（求めたいせん断応力 τ の位置）から，中立面（中立軸）に対して外側にある部分（図の斜線部分）の断面積 A_1（距離 y_1 から y_T の間の面積）の，中立面（中立軸）に関する断面一次モーメント[*28]である。

*28
Don't Forget!!
断面一次モーメント G_1 については第 7 章，せん断力 Q と曲げモーメント M の関係については 4-2 節を確認しよう。

例題 8-4 図に示す長方形断面（$b \times h = 30\,\text{cm} \times 40\,\text{cm}$）を有するスパン $l = 10\,\text{m}$ の単純ばりに，$q = 8\,\text{kN/m}$ の等分布荷重が作用するとき，最大曲げモーメントと最大せん断力（絶対値）の大きさ，発生位置を求め，その断面位置での曲げ応力分布とせん断応力分布を示せ。

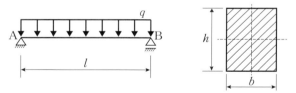

解答 図の断面力図は，このはりに生じるせん断力と曲げモーメントを示す。

最大曲げモーメント

$$M_{\max} = \frac{ql^2}{8} \quad \text{(中央点 C)}$$

最大せん断力

$$Q_{\max} = \frac{ql}{2} \quad \text{(支点 A)}$$

中央点 C 断面での曲げ応力は式 8-19 より

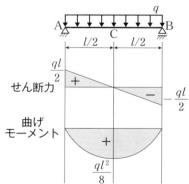

$$\sigma = \frac{M_{\max}}{I_Z} y \quad [直線分布,\ 三角形分布]$$

断面の下縁で最大引張応力 σ_T [*29]

$$\sigma_T = \frac{M}{I_Z} y_T = \frac{M}{Z_T} = \frac{ql^2}{8} \div \frac{bh^2}{6} = \frac{3ql^2}{4bh^2}$$
$$= \frac{3 \times 8 \times 10^3 \times 10^2}{4 \times 0.3 \times 0.4^2} = 12.5\,\text{MPa} = -\sigma_C$$

(ここに,断面の上縁の最大圧縮応力 σ_C)

支点 A での断面内の中立軸より距離 y_1 の位置でのせん断応力は式 8–24 から,$b_y = b$ とおき

$$\tau = \frac{Q_{\max} G_1}{b I_Z}$$

[*29]
+α プラスアルファ
Z_T は,引張縁での断面係数
$$Z_T = \frac{I_Z}{y_T}$$
である(7–1 節表 7–1 参照)。

ここに,

$$G_1 = \int_{A_1} y\,dA = \int_{y_1}^{\frac{h}{2}} y b\,dy = \frac{b}{2}\left(\frac{h^2}{4} - y_1^2\right)$$

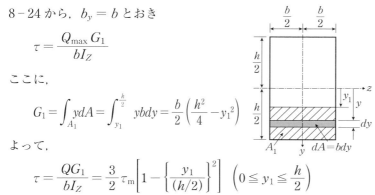

よって,

$$\tau = \frac{Q G_1}{b I_Z} = \frac{3}{2} \tau_m \left[1 - \left\{\frac{y_1}{(h/2)}\right\}^2\right] \quad \left(0 \le y_1 \le \frac{h}{2}\right)$$

[放物線分布]

ここに,平均せん断力 τ_m は

$$\tau_m = \frac{Q}{bh} = \frac{Q}{A} = \left(\frac{ql}{2}\right) \div (bh) = \frac{ql}{2bh} = \frac{8 \times 10^3 \times 10}{2 \times 0.3 \times 0.4} = 0.333\,\text{MPa}$$

長方形断面の最大せん断応力 $\tau_{\max}$ と平均せん断応力 τ_m の間には

$$\tau_{\max} = \tau\Big|_{y_1=0} = \frac{3}{2}\tau_m = 0.5\,\text{MPa}$$

の関係がある[*30]。曲げ応力とせん断応力の分布は図のとおりである。

[*30]
Don't Forget!!
この関係はしっかり覚えておこう。

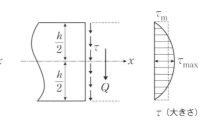

8 2 組み合わせ応力とモールの応力円

構造物を構成する部材には,軸応力,曲げ応力,せん断応力といった単一の応力のみが作用しているわけではなく,多くの場合,複数の応力が同時に作用している。このような応力状態を**組み合わせ応力状態**(**combined stress state**)という。たとえば,鉄筋コンクリートばりの

曲げ実験において，スパン中央付近では，はりの下端からまっすぐ上（垂直方向）にひび割れを生じるため，はりの軸線方向に引張応力（曲げ応力）が卓越していることが予想される。しかし，支点部付近では，載荷点に向かって斜め方向にひび割れが生じることが知られている[*31]。

本節では，部材軸に対して任意の傾斜角を有する断面に生じる応力について考え，さまざまな方向から応力（垂直応力，せん断応力）[*32]が作用した場合に合成される応力の最大値（主応力）やその作用方向を求める方法について学ぶ。

*31 **Let's TRY!!**
こうしたひび割れの方向の違いは，8-2-2項の主応力の方向に関連している。その理由を考えてみよう。

*32 **Don't Forget!!**
断面に垂直に作用する応力が垂直応力であり，曲げ応力や軸応力はこれに相当する。断面に平行に作用する応力はせん断応力と呼ばれる。

8-2-1 一軸応力状態における任意断面上の応力

はじめに，一方向の軸力のみを受ける棒部材について，軸方向に直交する断面から θ だけ傾斜した斜面上（法線方向 n）に生じる応力について考える。図8-9(a)に示す棒部材が，軸方向（x軸）にのみ軸引張力 P_x を受けている。これを**一軸応力状態（uniaxial stress state）**という。この棒部材の x 軸方向に直交する任意断面 t-t に働く軸応力 σ_x は8-1-1項で学んだとおり，次式となる。

$$\sigma_x = \frac{P_x}{A_x} \qquad 8-26$$

これは，図8-9(b)に示すように断面 t-t に垂直に，つまり x 軸方向に垂直応力として作用している。

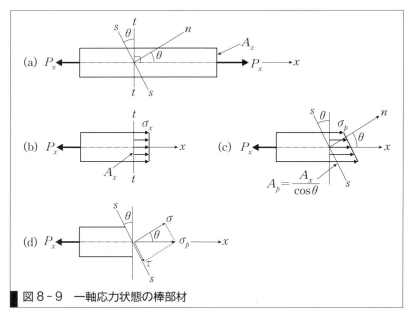

図8-9　一軸応力状態の棒部材

*33 **Don't Forget!!**
断面 s-s はその法線方向 n が x 軸方向に対し反時計回りに角度 θ をなす。反時計回りの角度を正とする。

さて，図8-9(a)と(c)に示すように軸方向に直交した面から反時計回りに θ だけ傾斜した斜面 s-s[*33] 上（法線方向 n）に作用する応力について考えよう。この斜面上には，図8-9(c)に示すように x 軸方向に応力 σ_p が斜面の断面積 A_p にわたり一様に分布し，その大きさは

$$\sigma_p = \frac{P_x}{A_p} = \frac{P_x}{(A_x/\cos\theta)} = \frac{P_x}{A_x}\cos\theta = \sigma_x\cos\theta \qquad 8-27$$

この応力 σ_p は，斜面 s-s に垂直な（法線方向 n の）垂直応力 σ と斜面 s-s と平行なせん断応力 τ に分解できる（図 8-9(d)）。

$$\sigma = \sigma_p\cos\theta = \sigma_x\cos^2\theta = \frac{\sigma_x}{2}(1+\cos 2\theta) \qquad 8-28^{*34}$$

$$\tau = \sigma_p\sin\theta = \sigma_x\sin\theta\cos\theta = \frac{\sigma_x}{2}\sin 2\theta \qquad 8-29^{*34}$$

ここで，垂直応力は引張りを正，せん断応力は傾斜面を右下に変形させる方向（はりのせん断力と同じ）を正とする。

式 8-28 と式 8-29 は，x 軸方向の一軸応力状態において，法線方向が x 軸と反時計回りに角度 θ である断面上の応力状態 (σ, τ) を示す。σ と τ $(0 \leq \theta < \pi)$ が極値となる断面の法線方向とその値は[*35]

$$\begin{cases} \theta=0 & :\sigma\text{は最大で，}(\sigma,\tau)=(\sigma_x,0) \\ \theta=\pi/2 & :\sigma\text{は最小で，}(\sigma,\tau)=(0,0) \end{cases}$$
$$\begin{cases} \theta=\pi/4 & :\text{最大}\tau_{\max}=\dfrac{\sigma_x}{2},\ \sigma=\dfrac{\sigma_x}{2} \\ \theta=3\pi/4 & :\text{最小}\tau_{\min}=-\dfrac{\sigma_x}{2},\ \sigma=\dfrac{\sigma_x}{2} \end{cases}$$

である。せん断応力 $\tau=0$ で垂直応力 σ が最大値および最小値となるとき，この垂直応力を**主応力**（principal stress）と呼び，主応力が作用する断面の法線方向 θ を**主応力面**（plane of principal stress）という[*36]。

8-2-2 平面応力状態における任意断面上の応力

前項では，一軸応力状態における部材の任意断面上の応力状態が，その断面に垂直な応力成分（垂直応力）σ と断面に平行な応力成分（せん断応力）τ によって表されることを示した。

一般に構造物は3次元であるが，ここでは簡単のために土木建築分野において対象とする構造物の厚さがその平面寸法に比べて小さく，厚さ方向の応力を無視できるとする**平面応力**（plane stress）**状態**[*37]について考える。

図 8-10(a) に示すある2次元構造物内部の平面応力状態の微小要素 $dx \times dy$ を考える。微小要素の各面には，図 8-10(a) の x 軸方向と y 軸方向の垂直応力 σ_x，σ_y およびせん断応力 τ_{xy} が作用しているものとする（$\sigma_x > \sigma_y$，$\tau_{xy} > 0$）。微小要素の各面でのせん断応力は，右下がりのせん断変形が生じる方向を正とし，微小要素が回転しないように共役せん断応力の対を考慮して示している[*38]。

このとき，図 8-10(a) と (b) に示すように，x 軸方向と反時計回りに角度 θ をなす任意断面上の垂直応力 σ_n とその断面に平行なせん断応

[*34] **ヒント**
三角関数の公式
$\sin\left(\theta+\dfrac{\pi}{2}\right)=\cos\theta$
$\cos\left(\theta+\dfrac{\pi}{2}\right)=-\sin\theta$
$\sin(\theta+\pi)=-\sin\theta$
$\cos(\theta+\pi)=\cos\theta$
$\sin 2\theta=2\sin\theta\cos\theta$
$\cos 2\theta=2\cos^2\theta-1$
$\qquad=1-2\sin^2\theta$

[*35] **Let's TRY!**
式 8-28，式 8-29 が角度 θ に対して極値（最大値）となる条件
$$\frac{d\sigma}{d\theta}=0,\ \frac{d\tau}{d\theta}=0$$
から求めてみよう。

[*36] **Let's TRY!**
一軸状態は，次項（8-2-2 項）の二軸応力状態に含まれることを確認しよう。

+α プラスアルファ
主応力と主応力面については，次項 8-2-2 も参照。

[*37] **+α プラスアルファ**
より高度で詳細な内容については，「弾性力学」や「固体力学」などの教科書を参照されたい。

[*38] **+α プラスアルファ**
せん断応力の正の向きについては。たとえば τ_{xy} は微小要素が「右下がりにせん断変形する方法を正」としている。しかし，「弾性力学」や「固体力学」では，τ_{xy} は x 軸に垂直な面上の y 軸方向のせん断応力を正と表すことになり，逆向きになっている。詳細は「弾性力学」や「固体力学」などの教科書を参照されたい。

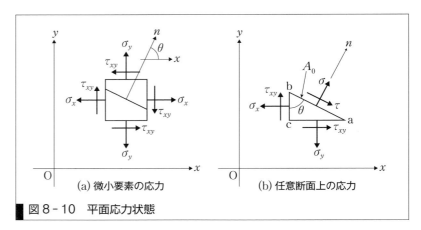

図 8-10 平面応力状態

力 τ を求めよう．図 8-10 (b) の微小要素 abc を考える．任意断面 ab の断面積を A_0 とおくと，断面 ca と cb の断面積はそれぞれ $A_0 \sin\theta$ と $A_0 \cos\theta$ である．このとき，この微小要素全体の力のつり合いは

$$\Sigma H = 0:$$
$$-\sigma_x A_0 \cos\theta + \tau_{xy} A_0 \sin\theta + \sigma \cos\theta \times A_0 + \tau \sin\theta \times A_0 = 0$$
$$8-30$$

$$\Sigma V = 0:$$
$$\tau_{xy} A_0 \cos\theta - \sigma_y A_0 \sin\theta + \sigma \sin\theta \times A_0 - \tau \cos\theta \times A_0 = 0$$
$$8-31$$

となる．これらの式を σ_n と τ について解くと

$$\sigma = \sigma_x \cos^2\theta + \sigma_y \sin^2\theta - 2\tau_{xy}\sin\theta\cos\theta$$
$$= \left(\frac{\sigma_x + \sigma_y}{2}\right) + \left(\frac{\sigma_x - \sigma_y}{2}\right)\cos 2\theta - \tau_{xy}\sin 2\theta \quad 8\text{-}32 \,^{*39}$$

$$\tau = (\sigma_x - \sigma_y)\sin\theta\cos\theta + \tau_{xy}(\cos^2\theta - \sin^2\theta)$$
$$= \left(\frac{\sigma_x - \sigma_y}{2}\right)\sin 2\theta + \tau_{xy}\cos 2\theta \quad 8\text{-}33 \,^{*39}$$

式 8-32 と式 8-33 は，2 次元構造物内部で法線方向が x 軸と反時計回りに角度 θ をなす任意断面上の応力状態 (σ, τ) を表している．

一軸のときと同様に，垂直応力 σ_n が角度 θ に対して極値となる条件[*40] は，$d\sigma/d\theta = 0$ で与えられるので，そのときの角度 θ_m は

$$\tan 2\theta_m = -\frac{\tau_{xy}}{\left(\dfrac{\sigma_x - \sigma_y}{2}\right)} \text{ または } \theta_m = -\frac{1}{2}\tan^{-1}\left(\frac{2\tau_{xy}}{\sigma_x - \sigma_y}\right)$$
$$8-34$$

となる．角度 θ_m はマイナスで「時計回り」を示し，**主応力面 (principal stress)** を与える．この角度で垂直応力 σ は極値（最大値と最小値）となる．

[*39] **Don't Forget!!**
8-2-3 項のモールの応力円を使って，この 2 式を図解的に導く手順を説明できる．

[*40] **Let's TRY!!**
$d\sigma/d\theta = 0$ から，式 8-34 を求めてみよう．

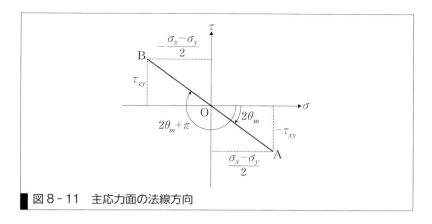

図8-11　主応力面の法線方向

式8-34を横軸σ，縦軸τとした座標に展開すると，図8-11となる。式8-34が成立する解は，図中の2点A，Bで与えられる角度$2\theta_m$と$2\theta_m + \pi$であることがわかる。したがって，この角度θ_mが主応力面の法線方向（**主軸**（principal axis））で，式8-32から結局，垂直応力σ_nの最大値および最小値つまり**最大主応力**（maximum principal stress）σ_1および**最小主応力**（minimum principal stress）σ_2は[*41]

$$\sigma_1 = \frac{\sigma_x + \sigma_y}{2} + \sqrt{\left(\frac{\sigma_x - \sigma_y}{2}\right)^2 + \tau_{xy}^2} \qquad 8-35 \;[*42]$$

$$\sigma_2 = \frac{\sigma_x + \sigma_y}{2} - \sqrt{\left(\frac{\sigma_x - \sigma_y}{2}\right)^2 + \tau_{xy}^2} \qquad 8-36 \;[*42]$$

となる。主応力面上ではもちろんせん断応力はゼロとなる。

したがって，2次元の構造物内部のある断面の応力状態（$\sigma_x, \sigma_y, \tau_{xy}$）が与えられたとき，法線方向が$x$軸と反時計回りに角度$\theta$をなす任意断面上の応力状態は式8-32と式8-33の(σ, τ)で，そのとき最大主応力σ_1と最小主応力σ_2は式8-35と式8-36となり，そして主軸（主応力面）の方向は式8-34を満たすθ_mと$\theta_m + \pi/2$である[*43]。

8-2-3　モールの応力円による図解法

前項で述べた2次元構造物内部のある任意断面上の垂直応力，せん断応力および主応力面の方向，主応力に関する式8-32〜式8-36は，やや複雑である。ドイツの土木技師であったオットー・モール（1835-1918）は，これらの式で表現される応力状態を円の方程式に関連させた図解法を考案した。これが**モールの応力円**（Mohr's stress circle）である[*44]。

[*41] **Let's TRY!!**
図8-11を使って，$\sin 2\theta_m$，$\cos 2\theta_m$を求め，式8-32から主応力σ_1, σ_2を求めてみよう。

[*42] **Don't Forget!!**
8-2-3項のモールの応力円を使って，この2式を図解的に導く手順を説明できる。

[*43] **ヒント**
次項のモールの応力円を用いると，式8-32から式8-36の関係を簡単に求めることができる。

[*44] **プラスアルファ**
モールの応力円の考え方は，構造力学だけでなく，土のせん断強さや破壊基準などを理解する際にも，重要な概念となっている。

Let's TRY!!
断面諸量としての断面二次モーメントや断面相乗モーメントに対する断面の主軸の考え方と同じである（第7章式7-23参照）。調べてみよう。

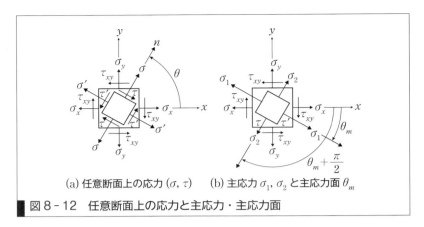

図 8-12 任意断面上の応力と主応力・主応力面

いま，式 8-32 と式 8-33 の両辺を 2 乗してその和を求め，θ を消去すると

$$\left\{\sigma-\left(\frac{\sigma_x+\sigma_y}{2}\right)\right\}^2+\tau^2=\left(\frac{\sigma_x-\sigma_y}{2}\right)^2+\tau_{xy}^2 \qquad 8\text{-}37$$

となる。この式は，直交座標系 σ-τ で

中心の座標：$(\sigma,\ \tau)=\left(\dfrac{\sigma_x+\sigma_y}{2},\ 0\right)$

半径：$\sqrt{\left(\dfrac{\sigma_x-\sigma_y}{2}\right)^2+\tau_{xy}^2}$

となる円を表している。これを**モールの応力円**という。

モールの応力円は，図 8-12(a) のように，2 次元構造物内部の任意点の応力状態 $(\sigma_x,\ \sigma_y,\ \tau_{xy})$ が与えられたとき，法線方向が x 軸と反時計回りに角度 θ をなす任意断面上の応力状態 $(\sigma,\ \tau)$ を表す。また図 8-12(b) のように，その中でせん断応力がゼロとなり垂直応力が極値（最大，最小）となる最大主応力 σ_1 と最小主応力 σ_2 とそれら主軸（主応力面の方向）θ_m を求めることができる。

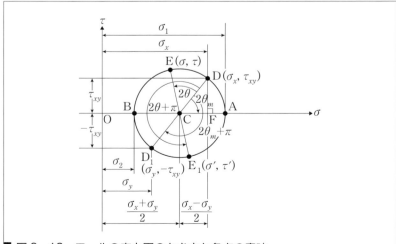

図 8-13 モールの応力円のかき方と各点の意味

直交座標系 σ-τ におけるモールの応力円による解法手順は以下のとおりである（図 8–12 と図 8–13）。

(1) 与えられた応力状態 $(\sigma_x, \sigma_y, \tau_{xy})$ から任意断面上の応力 (σ, τ) を求める。

図 8–10(a) や図 8–12(a) のように，2 次元構造物内部の任意点の応力状態 $(\sigma_x, \sigma_y, \tau_{xy})$ が与えられたとき，法線方向が x 軸と反時計回りに角度 θ をなす任意断面上の応力状態 (σ, τ) を，図 8–13 のモールの応力円を使って求める。

① x 軸に垂直な断面（断面 x）上の応力 (σ_x, τ_{xy}) から点 D をとる。
② y 軸に垂直な断面（断面 y）（断面 x を反時計回りに回転した断面）上の応力 $(\sigma_y, -\tau_{xy})$ から点 D_1 をとる*45。
③ 点 D と点 D_1 を結び，σ 軸との交点 C を求める。点 C の座標は

$$\text{点 C} : \left(\frac{\sigma_x + \sigma_y}{2},\ 0 \right)$$

④ 点 C を中心に，半径 CD の円をかく（モールの応力円）。円の半径は

$$\text{半径} : \text{CD} = \sqrt{\text{CF}^2 + \text{FD}^2} = \sqrt{\left(\frac{\sigma_x + \sigma_y}{2} \right)^2 + \tau_{xy}^2}$$

⑤ 点 D から反時計回りに角度 2θ の点 E をモールの応力円の円周上にとる*46（図 8–13）。この点が，x 軸に垂直な断面（断面 x）から反時計回りに角度 θ の法線をもつ任意断面上の垂直応力とせん断応力 (σ, τ) である（図 8–12(a)）。なお，図 8–12(a) の (σ', τ') は (σ, τ) と $\pi/2$ をなす（直交する）断面上の応力状態（図 8–13 では点 E_1）を示す。

(2) 与えられた応力状態 $(\sigma_x, \sigma_y, \tau_{xy})$ から主応力 σ_1，σ_2 と主応力面 θ_m を求める。

図 8–10(a) や図 8–12(b) のように，2 次元構造物内部の任意点の応力状態 $(\sigma_x, \sigma_y, \tau_{xy})$ が与えられたとき，その点においてせん断応力がゼロとなり垂直応力が極値（最大，最小）となる最大主応力 σ_1 と最小主応力 σ_2 とそれら主応力面の方向 θ_m を，図 8–13 のモールの応力円を使って求める。

①～④は，上記 (1) の手順に同じ。
⑤ モールの応力円と σ 軸との交点 A および B を求める。点 A が最大主応力 σ_1，点 B が最小主応力 σ_2 である*47。それぞれの主応力面の方向は図 8–13 のモールの応力円上では時計回りに角度 $2\theta_m$ と $2\theta_m + \pi$ である*48。もちろん，最大主応力 σ_1 と最小主応力 σ_2 はそれぞれ式 8–35 と式 8–36 で図からも求められる（図 8–12(b) と図 8–13）。

*45
🔔ヒント
断面 x の (σ_x, τ_{xy}) の方向を「正」とすると，それを反時計回りに $\pi/2$ 回転した断面 y ではせん断応力 τ_{xy} の向きは逆方向になるので，$-\tau_{xy}$ として，応力面上に点をとる。マイナスに注意する。

*46
Let's TRY!!
点 E の値 (σ, τ) は，式 8–32 と式 8–33 で与えられる。確かめよう。

*47
Don't Forget!!
モールの応力円は任意断面上の応力状態を表すので，せん断力がゼロとなり，垂直応力の大きさが最大および最小となるのは，モールの応力円と σ 軸との交点である。

*48
Don't Forget!!
主応力面（の法線）の方向は，図 8–12 の応力状態では，x 軸から時計回りに角度 θ_m と $\theta_m + \pi/2$ である。モールの応力円では角度が 2 倍となることに注意する。

例題 8-5 図の一辺 20 cm の正方形断面の角棒の軸（x 軸）方向に引張力 $P_x = 8\,\text{kN}$ が作用している。x 軸から反時計回りに $\theta = 30°$，$\theta = 45°$ の法線を有する断面上の垂直応力 σ とせん断応力 τ を求めよ。

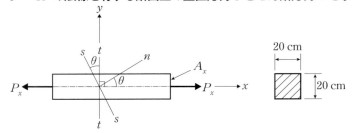

解答 x 軸方向のみの一軸応力状態で考える。その引張応力

$$\sigma_x = \frac{P_x}{A} = \frac{8 \times 10^3}{20 \times 20 \times 10^{-4}} = 2 \times 10^5 \,\text{Pa} = 200\,\text{MPa}$$

座標軸 σ-τ をとり，モールの応力円をかく。

① 一軸状態と考え，点 A $(\sigma_x, \tau) = (200, 0)$ と点 B $(\sigma_y, \tau) = (0, 0)$ をとる。

この 2 点を通るモールの応力円は

　　中心 C：$(100, 0)$，半径 AC $= 100$

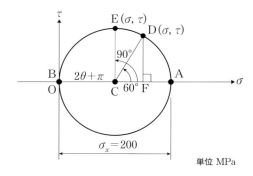

モールの応力円を使って，x 軸から反時計回りに $\theta = 30°$，$\theta = 45°$ の法線を有する断面上の垂直応力 σ とせん断応力 τ は，

(i) x 軸から反時計回りに $\theta = 30°$

σ 軸から反時計回りに $2\theta = 60°$ の点 D をモールの応力円上にとり，この点の座標 (σ, τ) を求める。

$$\sigma = \text{OC} + \text{CF} = \text{OC} + \text{DC} \cos 60° = 100 + 100 \cos 60°$$
$$= 150\,\text{MPa}$$
$$\tau = \text{DC} \sin 60° = 100 \sin 60° = 86.6\,\text{MPa}$$

(ii) x 軸から反時計回りに $\theta = 45°$

σ 軸から反時計回りに $2\theta = 90°$ の点 E をモールの応力円上にとり，この点の座標 (σ, τ) を求める。

$$\sigma = \text{OC} = 100\,\text{MPa}$$
$$\tau = \text{DC} = 100\,\text{MPa}$$

例題 8-6 構造物内部のある点の微小要素が，$\sigma_x = 80 \text{ N/mm}^2$，$\sigma_y = 20 \text{ N/mm}^2$，$\tau_{xy} = 30 \text{ N/mm}^2$ を受けている。この点で生じる主応力と主応力面を求めよ。

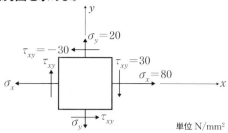

解答 直交座標系 σ-τ において，モールの応力円をかく。

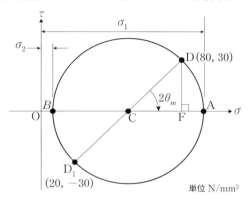

① 点 D (80, 30) をとる。
② 点 D_1 (20, -30) をとる。
③ 点 D と点 D_1 を結び，σ 軸との交点 C を求める。点 C の座標は
点 C：(50, 0)
④ 点 C を中心に，半径 CD の円をかく（モールの応力円）。円の半径は
半径：$CD = \sqrt{CF^2 + FD^2} = \sqrt{30^2 + 30^2} = 30\sqrt{2}$
⑤ モールの応力円と σ 軸との交点 A および B を求める。
点 A（最大主応力）$\sigma_1 = OC + CD = 72.426 \text{ N/mm}^2$
最大主応力面（時計回り）$2\theta_m = 45°$ → $\theta_m = 22.5°$
点 B（最小主応力）$\sigma_2 = OC - CD = 7.574 \text{ N/mm}^2$
最小主応力面（時計回り）$2\theta_m = 45° + 180°$ → $\theta_m = 112.5°$

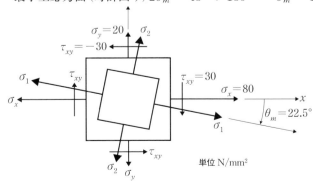

演習問題　A　基本の確認をしましょう

8-A1 次の問いに答えよ．

(1) 断面積 $A = 4\,\text{cm}^2$，長さ $l = 1.4\,\text{m}$ の鋼材を $P = 44\,\text{kN}$ の力で引っ張ったとき，$\Delta l = 0.872\,\text{mm}$ 伸びた．鋼材を弾性材料として，弾性係数 E [GPa] を求めよ．

(2) 直径 $d = 20\,\text{cm}$，長さ $l = 2\,\text{m}$ の弾性棒材を材軸方向に圧縮したら，直径は $0.3\,\text{mm}$ 拡がり，長さは $1\,\text{cm}$ 短くなった．ポアソン比 ν を求めよ．

(3) 円形断面の鋼棒がその軸方向に $P = 70\,\text{kN}$ の引張力を受けている．鋼の許容応力度を $\sigma_a = 12.5\,\text{N/cm}^2$ とすると，棒の直径 d は何 mm 以上あればよいか．

8-A2 (1) 図のような軸方向荷重 P，$2P$ が作用し，両端で固定されている棒材（断面積 A，ヤング係数 E は一様）がある．図の両端での反力 H_A，H_D を求めよ．

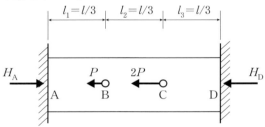

(2) 2種材料部材が密着し一体として挙動するように，図のように両端で鋼板に固定し，その後この合成部材を全体として荷重 P で引っ張る．引張力 P のうち各材料部材の分担する力 P_1 と P_2，全体の伸び Δl を求めよ．ただし，材料の弾性係数，断面積，全体のもとの長さは図のとおりとする．

(3) 点 O で 3 本の鋼製ワイヤー OA，OB，OC をヒンジ結合し，点 A，B，C で水平な天井にそれぞれでつった構造物がある．点 O を鉛直下方に荷重 P で引っ張ったとき，各ワイヤーに生じる軸力はいくらか．また，各ワイヤーの伸びも求めよ．ただし，ワイヤーは曲がらずまっすぐに伸縮するものとし，それぞれのヤング係数，断面積と長さは図のとおりとする．

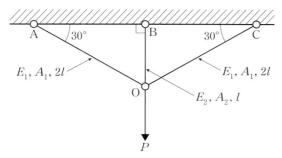

8-A3 図のような荷重を受ける片持ばりに矩形断面（幅 240 mm × 高さ 360 mm）を用いるとき，はりに生じる最大曲げ応力 σ_{max} が $\sigma = 15$ N/mm² 以下となるためには，はりの長さ l は何 m（0.1 m 単位）まで許されるか。ただし，はりの自重は無視するものとする。

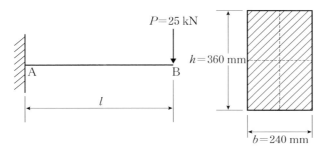

演習問題　B　もっと使えるようになりましょう

WebにLink
演習問題の解答

8-B1 図の対称 I 型断面はりが，曲げモーメント $M = 40$ kNm，せん断力 $Q = 38$ kN を受けるとき，断面に生じる最大曲げ応力 σ_{max} [N/cm²] と最大せん断応力 τ_{max} [N/cm²] を求めよ。

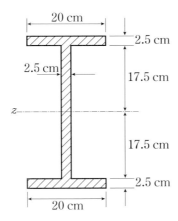

8-B2 矩形断面（$b \times h = 30$ cm × 40 cm）の単純ばり（スパン長 $l = 8$ m に，図のような集中荷重 $P = 20$ kN と等分布荷重 $q = 4$ kN/m が作用している。はりに生じる最大曲げモーメント M_{max} [kNm]，最大せん断力 Q_{max} [kN] を求めよ。また，それらに対応する最大曲げ応力 σ_{max} [MPa] と最大せん断応力 τ_{max} [MPa] も求めよ。ただし，はりの自重は無視する。

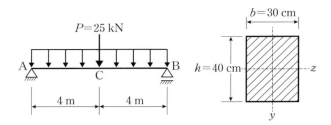

8-B3 弾性材料から成る構造物の内部の微小要素が，図のように垂直応力 $\sigma_x = 25\text{ kN/cm}^2$, $\sigma_y = -5\text{ kN/cm}^2$ とせん断応力 $\tau = 15\text{ kN/cm}^2$ を受けている．モールの応力円を使って，次の問いに答えよ．

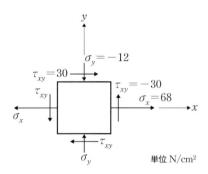

(1) 最大主応力 σ_1，最小主応力 σ_2 とそれらが生じる断面（主軸）の方向 θ_1, θ_2 を求めよ．

(2) 最大せん断応力 $\tau_{\max}$ とそれが生じる断面の方向 φ を求めよ．

(3) 法線が x 軸と時計回りに角度 $\theta = 30°$ をなす断面上の垂直応力 σ_{30} とせん断応力 τ_{30} を求めよ．

あなたがここで学んだこと

この章であなたが到達したのは

- □ 断面力に応じた応力とひずみの種類を説明できる
- □ 弾性域における応力とひずみの関係（フックの法則）を説明できる
- □ 軸力に対する応力とひずみの説明ができる
- □ せん断力に対する応力とひずみの説明ができる
- □ 曲げモーメントに対する応力とひずみの説明ができる
- □ 垂直応力とせん断応力について説明できる
- □ 主応力（最大主応力，最小主応力），主軸と主応力面を説明できる
- □ モールの応力円を使って部材内部の応力状態を説明できる

本章では，構造物に外力として荷重が作用するとき，構造物内部に生じる単位面積当たりの内力の強さ（応力）について学んだ。一般に部材内部に生じる断面力（軸力，せん断力，曲げモーメント）に対応して，それぞれ軸応力，せん断応力，曲げ応力が分布して存在している。どのような応力がどのような方向にどのように分布しながら作用しているのかよく知ることは，部材を設計するうえで非常に重要である。

9章

はりのたわみ

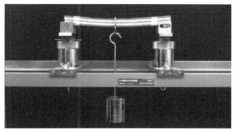

長さ 300 mm,高さ 25 mm のはり

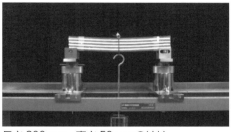

長さ 300 mm,高さ 50 mm のはり

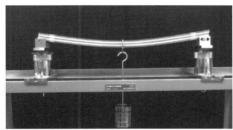

長さ 600 mm,高さ 25 mm のはり

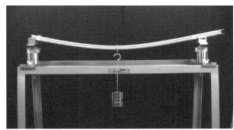

長さ 900 mm,高さ 25 mm のはり

　　りに荷重が作用すると,曲がることによる変形が生じる。変形量が大きいと,はりが折れるかもしれないと,不安を感じる。

　上の4枚の写真は長さと高さが異なる4種類のはりの変形を示している。上の2枚の写真ははりの高さが違い,下の2枚の写真ははりの長さが違っているが,はりに載荷したおもりは,みな同じ重さである。長さが短いほど変形が小さく,高さが高いほど変形が小さくなっている。このことは,生活のなかで感じていることでもある。では,実際どれほどの変形があるか,計算することができるので,その解法を学ぼう。

● この章で学ぶことの概要

　単純ばりに,荷重が作用するとどのような変形が生じるかを考えてみよう。いま,右の図に示すように,はりに荷重が作用し,はりが下向き

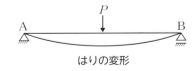

はりの変形

に変形する場合,この変形量を**たわみ**という。また,変形したはりの曲線を**たわみ曲線**という。本章ではたわみを求める2種類の解法である,① たわみ曲線の式を求める「たわみの微分方程式」による解法と ② 特定点のたわみを求める「弾性荷重法」による解法を紹介する。

予習 授業の前にやっておこう!!

たわみを求めるためには，不定積分を用いる解法がある．また，曲げモーメントを求めることが必須である．

WebにLink
予習の解答

1. 次の不定積分を求めよ．
   (1) $\int (2x+3)dx$
   (2) $\int (2x^2 - 5x^3)dx$
   (3) $\int (x+1)(x-2x)dx$

2. 右の図のはりの曲げモーメント図を求めよ．
   (1) 集中荷重が載荷された単純ばり
   (2) 等分布荷重が載荷された単純ばり
   (3) 集中荷重が載荷された片持ばり
   (4) 等分布荷重が載荷された片持ばり

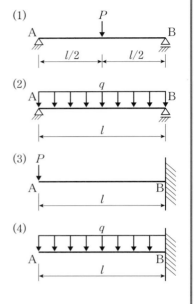

9.1 たわみの微分方程式

*1
Don't Forget!!
はりに荷重が作用したとき，生じる変位のことを「たわみ」という．たわみを求めることは，構造物の設計を行う際，とても重要である．

工学ナビ
橋梁のたわみは，「道路橋示方書」で制限されている．
調べてみよう．

*2
曲率は，たわみ角 θ の変化率である．

はりに荷重が作用し，はりが下向きに変形する量 v を**たわみ (deflection)** *1 という．図9-1(a)の変形したはりの軸線の向きを考えると，荷重は下向きに作用し，下向きに生じるたわみが正となるようにするため，y軸は下向きを正とする．

図9-1(b)に示すようにはりの軸線の微小区間を ds，微小区間の水平距離を dx，角度を $d\theta$，曲率半径を ρ とする．微小区間 ds は

$$ds = \rho d\theta \qquad 9\text{-}1$$

で表せる．**曲率 (curvature)** $1/\rho$ *2 は

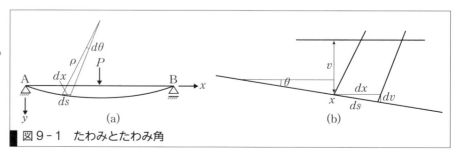

図9-1 たわみとたわみ角

$$\frac{1}{\rho} = \frac{d\theta}{ds} \qquad 9-2$$

となるが，$ds \fallingdotseq dx$（微小）より

$$\frac{1}{\rho} = \frac{d\theta}{dx} \qquad 9-3$$

となる。また，点 x のはりの接線と x 軸のなす角 θ を，**たわみ角** θ [*3] (angle of deflection, slope) と呼び

$$\tan\theta = \frac{dv}{dx} \qquad 9-4$$

の関係となる。はりのたわみ v は微小であるから，はりのたわみ角 θ は

$$\theta \fallingdotseq \tan\theta = \frac{dv}{dx} \qquad 9-5$$

で表せる。曲率 $1/\rho > 0$ より

$$\frac{1}{\rho} = \frac{d\theta}{dx} = \frac{d}{dx}\left(\frac{dv}{dx}\right) = \left|\frac{d^2v}{dx^2}\right| \qquad 9-6$$

となる。一方，前章より曲率と応力度に関しては**曲げ剛性 (flexural rigidity)** EI [*4] を用いて，次のように表せる。

$$\frac{1}{\rho} = \frac{M_x}{EI} \qquad 9-7$$

したがって，式 9-6 と式 9-7 から

$$\frac{d^2v}{dx^2} = \pm \frac{M_x}{EI} \qquad 9-8$$

となる。

図 9-1 (a) のように座標軸をとれば，$M_x > 0$ の作用によって生じるたわみ角 θ (dv/dx) は x について減少関数であるから $d^2v/dx^2 < 0$ であり，また，$EI > 0$ であるから

$$\frac{d^2v}{dx^2} = -\frac{M_x}{EI} \qquad 9-9\,[*5]$$

となる。これが，曲げモーメントを受けた場合の**たわみの微分方程式** [*6] (differential equation of deflection) である。

式 9-9 を積分して，任意の断面のたわみ角 θ とたわみ v は，次のようになる。

$$\theta = \frac{dv}{dx} = -\int \frac{M_x}{EI} dx + C_1 \qquad 9-10$$

$$v = -\iint \frac{M_x}{EI} dxdx + C_1 x + C_2 \qquad 9-11$$

ここに，C_1 と C_2 は積分定義である。この式を境界条件が満足するように解くことにより，はりのたわみ角 θ とたわみ v を求めることが

[*3] **Don't Forget!!**
たわみ角は，時計回りが正，反時計回りが負になる。
また，たわみ角は単純ばりに発生する最大変位地点ではゼロとなる。

[*4] **＋α プラスアルファ**
曲げ剛性は，ヤング係数と断面二次モーメントの積で，はりの曲がりにくさを示す指標である。

[*5] **Don't Forget!!**
式 9-9 は 2 階の微分方程式である。

[*6] **＋α プラスアルファ**
「たわみの微分方程式」のことを「弾性曲線の微分方程式」，「たわみ曲線の微分方程式」ともいう。

できる。**境界条件**[*7]（boundary condition）は，以下のとおりである。

固定端：たわみ $v = 0$，たわみ角 $\theta = \dfrac{dv}{dx} = 0$

自由端：曲げモーメント $\dfrac{d^2 v}{dx^2} = 0$，せん断力 $\dfrac{d^3 v}{dx^3} = 0$

単純支持端：たわみ $v = 0$，$\dfrac{d^2 v}{dx^2} = 0$

また，変形後のたわみ曲線では，たわみ角 θ とたわみ v が滑らかに変化しないといけない条件があり，それを，**はりの連続条件**[*8]（continuous conditions of beam）という。たとえば集中荷重 P の作用している点の左右では，左右のたわみ v，たわみ角 θ に下添字 1，2 を用いると，以下の条件が成立する。

たわみの連続性：$v_1 = v_2$

たわみ角の連続性：$\theta_1 = \theta_2$

曲げモーメントが等しい：$\dfrac{d^2 v_1}{dx^2} = \dfrac{d^2 v_2}{dx^2}$

[*7] Don't Forget!!
たわみの微分方程式を解く場合，境界条件が必要となる。境界条件とは，支点に関する変位の条件を表す。

[*8] Don't Forget!!
微分方程式の積分定数が 4 つある場合，境界条件だけでは問題を解くことができない。荷重の作用している左右の曲げモーメントから，たわみとたわみ角を求めて，荷重が作用している点でおたがいが等しいとする条件である。

9・2　2階の微分方程式による解法

9-2-1　片持ばり

図 9-2 に示すように，片持ばりの自由端 B に集中荷重 P を受ける場合のたわみ角 θ とたわみ v を求める。

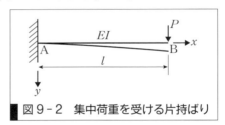

図 9-2　集中荷重を受ける片持ばり

固定端 A から x の断面における曲げモーメント[*9]は，$M_x = -P(l-x)$ であるから

$$\dfrac{d^2 v}{dx^2} = -\dfrac{M_x}{EI} = \dfrac{P}{EI}(l-x) \qquad 9-12$$

となる。これを積分すると

$$\theta = \dfrac{dv}{dx} = \dfrac{P}{EI}\left(lx - \dfrac{1}{2}x^2\right) + C_1 \qquad 9-13$$

$$v = \dfrac{P}{EI}\left(\dfrac{l}{2}x^2 - \dfrac{1}{6}x^3\right) + C_1 x + C_2 \qquad 9-14$$

固定端の境界条件は，$x = 0$ で $dv/dx = 0$，$v = 0$ である。これを式 9-13，式 9-14 に代入すると，積分定数 $C_1 = C_2 = 0$ を得る。し

[*9] Let's TRY!!
曲げモーメントを求めるには，支点反力 V_A と固定端モーメント M_A を最初に求める必要がある。

たがって，たわみ角 θ とたわみ v は

$$\theta = \frac{dv}{dx} = \frac{P}{EI}\left(lx - \frac{1}{2}x^2\right) \qquad 9-15$$

$$v = \frac{P}{EI}\left(\frac{l}{2}x^2 - \frac{1}{6}x^3\right) \qquad 9-16$$

となる。自由端 B のたわみ角 θ_B とたわみ v_B は，$x = l$ を代入して

$$\theta_B = \frac{Pl^2}{2EI}, \quad v_B = \frac{Pl^3}{3EI} \qquad 9-17$$

となる。

例題 9-1 図に示すように，片持ばりに等分布荷重 q がはりの全長に作用する場合のたわみ角 θ とたわみ v を求めよ。

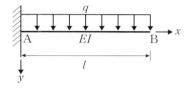

解答 固定端 A から x の断面における曲げモーメント[*10]は，$M_x = -q(l-x)^2/2$ であるから

$$\frac{d^2v}{dx^2} = -\frac{M_x}{EI} = \frac{q}{2EI}(l-x)^2$$

これを積分すると

$$\theta = \frac{dv}{dx} = \frac{q}{2EI}\left(l^2x - lx^2 + \frac{1}{3}x^3\right) + C_1 \qquad ①$$

$$v = \frac{q}{2EI}\left(\frac{l^2}{2}x^2 - \frac{l}{3}x^3 + \frac{1}{12}x^4\right) + C_1 x + C_2 \qquad ②$$

固定端の境界条件は，$x = 0$ で $d\delta/dx = 0$，$v = 0$ である。これを上の式①と②に代入すると，積分定数 $C_1 = C_2 = 0$ を得る。したがって，たわみ角 θ とたわみ v は

$$\theta = \frac{dv}{dx} = \frac{q}{2EI}\left(l^2x - lx^2 + \frac{1}{3}x^3\right)$$

$$v = \frac{q}{2EI}\left(\frac{l^2}{2}x^2 - \frac{l}{3}x^3 + \frac{1}{12}x^4\right)$$

となる。自由端 B のたわみ角 θ_B とたわみ v_B は，$x = l$ を代入して

$$\theta_B = \frac{ql^3}{6EI}, \quad v_B = \frac{ql^4}{8EI}$$

となる。

[*10] **Let's TRY!**
この例題も，曲げモーメントを求めるには，支点反力 V_A と固定端モーメント M_A を最初に求める必要がある。

9-2-2 単純ばり

図 9-3 に示すように，単純ばりの中央 C に集中荷重 P が作用する場合，曲げモーメント[*11] は荷重点 C の左右で異なり，$x \leq l/2$ では，$M_x = Px/2$，$x \geq l/2$ では，$M_x = Px/2 - P(x - l/2) = Pl/2 - Px/2$ であるから，AC 間と CB 間のたわみを v_1, v_2 とおくと，

$$x \leq l/2 \text{ では，} \frac{d^2 v_1}{dx^2} = -\frac{P}{2EI}x \qquad 9-18$$

$$x \geq l/2 \text{ では，} \frac{d^2 v_2}{dx^2} = -\frac{1}{EI}\left(\frac{Pl}{2} - \frac{P}{2}x\right) \qquad 9-19$$

*11
Let's TRY!!
荷重点の左右の曲げモーメントを求めてみよう。

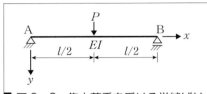

図 9-3 集中荷重を受ける単純ばり

これを積分すると

$$x \leq l/2 \text{ では，} \theta_1 = \frac{dv_1}{dx} = -\frac{P}{4EI}x^2 + C_1 \qquad 9-20$$

$$v_1 = -\frac{P}{12EI}x^3 + C_1 x + C_2 \qquad 9-21$$

$$x \geq l/2 \text{ では，} \theta_2 = \frac{dv_2}{dx} = -\frac{1}{EI}\left(\frac{Pl}{2}x - \frac{P}{4}x^2\right) + D_1 \qquad 9-22$$

$$v_2 = -\frac{1}{EI}\left(\frac{Pl}{4}x^2 - \frac{P}{12}x^3\right) + D_1 x + D_2 \qquad 9-23$$

単純支持の境界条件[*12] は，$x = 0$ で $v_1 = 0$，$x = l$ で $v_2 = 0$ である。これを式 9-21，式 9-23 に代入すると，$C_2 = 0$，$D_1 l + D_2 = Pl^3/6EI$ を得る。

はりの連続条件として，$x = l/2$ で $v_1 = v_2$ であるから，式 9-21，式 9-23 から，$(D_1 - C_1)l/2 + D_2 = Pl^3/24EI$ となる。

さらに，はりの連続条件として，$x = l/2$ で $\theta_1 = \theta_2 = 0$ であるから，式 9-20 と式 9-22 から，$C_1 = Pl^2/16EI$，$D_1 = 3Pl^2/16EI$，$D_2 = -Pl^3/48EI$ を得る。

したがって，AC 間，CB 間のたわみ v_1, v_2 とたわみ角 θ_1, θ_2 は，

$$x \leq l/2 \text{ では，} \theta_1 = \frac{dv_1}{dx} = -\frac{P}{4EI}x^2 + \frac{Pl^2}{16EI} \qquad 9-24$$

$$v_1 = -\frac{P}{12EI}x^3 + \frac{Pl^2}{16EI}x \qquad 9-25$$

$x \geq l/2$ では

*12
Don't Forget!!
微分方程式の積分定数が 4 つある場合，境界条件とはりの連続条件が必要になる。

$$\theta_2 = \frac{d\delta_2}{dx} = -\frac{1}{EI}\left(\frac{Pl}{2}x - \frac{P}{4}x^2\right) + \frac{3Pl^2}{16EI} \qquad 9-26$$

$$v_2 = -\frac{1}{EI}\left(\frac{Pl}{4}x^2 - \frac{P}{12}x^3\right) + \frac{3Pl^2}{16EI}x - \frac{Pl^3}{48EI} \qquad 9-27$$

はりの中央のたわみ v_C は

$$v_C = -\frac{1}{EI} \cdot \frac{P}{12}\left(\frac{l}{2}\right)^3 + \frac{Pl^2}{16EI}\left(\frac{l}{2}\right) = \frac{Pl^3}{48EI} \qquad 9-28$$

になる。

また，支点 A のたわみ角 θ_A と支点 B のたわみ角 θ_B は

$$\theta_A = \frac{dv_1}{dx} = \frac{Pl^2}{16EI} \qquad 9-29$$

$$\theta_B = \frac{dv_2}{dx} = -\frac{1}{EI}\left(\frac{Pl^2}{2} - \frac{Pl^2}{4}\right) + \frac{3Pl^2}{16EI} = -\frac{Pl^2}{16EI} \qquad 9-30$$

になる。ここに，マイナスは反時計回りの角度である。

例題 9-2 図に示すように，単純ばりに等分布荷重 q が全長に作用する場合のたわみ角 θ とたわみ v を求めよ。

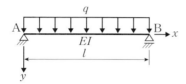

解答 支点 A から x の断面における曲げモーメント[*13] は，$M_x = qlx/2 - qx^2/2$ であるから

$$\frac{d^2v}{dx^2} = -\frac{q}{2EI}(lx - x^2)$$

これを積分すると

$$\theta = \frac{dv}{dx} = -\frac{q}{2EI}\left(\frac{l}{2}x^2 - \frac{1}{3}x^3\right) + C_1$$

$$v = -\frac{q}{12EI}\left(lx^3 - \frac{1}{2}x^4\right) + C_1 x + C_2 \qquad ①$$

単純支持の境界条件は，$x = 0$ で $\delta = 0$，$x = l$ で $v = 0$ である。これを上の式①に代入すると，$C_1 = ql^3/24EI$，積分定数 $C_2 = 0$ を得る。したがって

$$\theta = \frac{dv}{dx} = -\frac{q}{2EI}\left(\frac{l}{2}x^2 - \frac{1}{3}x^3\right) + \frac{ql^3}{24EI}$$

$$v = -\frac{q}{12EI}\left(lx^3 - \frac{1}{2}x^4\right) + \frac{ql^3}{24EI}x$$

[*13] **Let's TRY!!**
等分布荷重を受けた場合の曲げモーメントを求めてみよう。

*14
＋α プラスアルファ
1. 集中荷重が載荷された単純ばりのはり中央のたわみ
2. 等分布荷重が載荷された単純ばりのはり中央のたわみ
3. 集中荷重が載荷された片持ばりの自由端のたわみ
4. 等分布荷重が載荷された片持ばりの自由端のたわみ
の値は覚えよう。

はりの中央のたわみ v*14 は

$$v = -\frac{q}{12EI}\left\{l\left(\frac{l}{2}\right)^3 - \frac{1}{2}\left(\frac{l}{2}\right)^4\right\} + \frac{ql^3}{24EI}\left(\frac{l}{2}\right) = \frac{5ql^4}{384EI}$$

になる。

また，支点 A のたわみ角 θ_A と支点 B のたわみ角 θ_B は

$$\theta_A = \frac{dv_1}{dx} = \frac{ql^3}{24EI}$$

$$\theta_B = \frac{dv_2}{dx} = -\frac{q}{EI}\left(\frac{l^2}{4} - \frac{l^3}{6}\right) + \frac{ql^3}{24EI} = -\frac{ql^2}{24EI}$$

になる。

9・3 4階の微分方程式による解法

9-3-1 4階の微分方程式

式 9-9 を x について 1 回および 2 回微分すると

$$\frac{d^3v}{dx^3} = -\frac{1}{EI}\frac{dM_x}{dx} \qquad 9\text{-}31$$

$$\frac{d^4v}{dx^4} = -\frac{1}{EI}\frac{d^2M_x}{dx^2} \qquad 9\text{-}32$$

となる。これに，曲げを受けるはりの荷重，せん断力と曲げモーメントの関係式 $dM_x/dx = Q_x$，$d^2M_x/dx^2 = -q$ を代入すると*15

*15
4-2節*31を参照すること。

$$\frac{d^3v}{dx^3} = -\frac{Q_x}{EI} \qquad 9\text{-}33$$

$$\frac{d^4v}{dx^4} = \frac{q}{EI} \qquad 9\text{-}34 \text{ *16}$$

*16
Don't Forget!!
式 9-34 は 4 階の微分方程式である。

が得られる。

はりのたわみ角 θ とたわみ v は，式 9-34 の 4 階微分方程式を解くことによって求めることができるが，支点の境界条件とはりの連続条件を用いて 4 個の積分定数を定める必要がある。

9-3-2 片持ばり

図 9-4 に示すように，片持ばりの自由端に集中荷重 P を受ける場合，$q = 0$ であるから，式 9-34 は

$$\frac{d^4v}{dx^4} = 0 \qquad 9\text{-}35$$

となる。これを積分すると

$$\frac{d^3v}{dx^3} = -\frac{Q_x}{EI} = C_1 \qquad 9\text{-}36$$

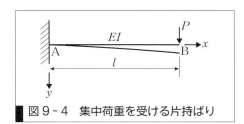

図9-4 集中荷重を受ける片持ばり

$$\frac{d^2v}{dx^2} = -\frac{M_x}{EI} = C_1 x + C_2 \qquad 9-37$$

$$\theta = \frac{dv}{dx} = \frac{C_1}{2}x^2 + C_2 x + C_3 \qquad 9-38$$

$$v = \frac{C_1}{6}x^3 + \frac{C_2}{2}x^2 + C_3 x + C_4 \qquad 9-39$$

となる。ここに，$C_1 \sim C_4$ は積分定数である。

固定端の境界条件[*17]は，$x = 0$ で $d\delta/dx = 0$, $v = 0$ である。これを式9-38，式9-39に代入すると，$C_3 = C_4 = 0$ を得る。

また，$x = l$ でせん断力 $Q_x = P$ より

$$\frac{d^3v}{dx^3} = C_1 = -\frac{Q_x}{EI} = -\frac{P}{EI} \qquad 9-40$$

さらに，$x = l$ で曲げモーメント $M_x = 0$ より

$$\frac{d^2v}{dx^2} = -\frac{P}{EI}l + C_2 = 0 \qquad 9-41$$

$$C_2 = \frac{P}{EI}l \qquad 9-42$$

したがって

$$\theta = \frac{dv}{dx} = -\frac{P}{2EI}x^2 + \frac{Pl}{EI}x = \frac{P}{EI}\left(lx - \frac{1}{2}x^2\right) \qquad 9-43$$

$$v = -\frac{P}{6EI}x^3 + \frac{Pl}{2EI}x^2 = \frac{P}{2EI}\left(lx^2 - \frac{1}{3}x^3\right) \qquad 9-44$$

となる。

[*17] **Let's TRY!**
境界条件を使って，解いてみよう。

9-3-3 単純ばり

図9-5に示すように，単純ばりに等分布荷重 q が全長に作用する場合，$q = $ **一定** であるから，式9-34は

$$\frac{d^4v}{dx^4} = \frac{q}{EI} \qquad 9-45$$

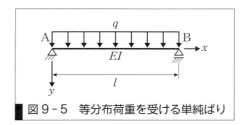

図9-5 等分布荷重を受ける単純ばり

となる。これを積分すると

$$\frac{d^3v}{dx^3} = \frac{q}{EI}x + C_1 \qquad 9\text{-}46$$

$$\frac{d^2v}{dx^2} = \frac{q}{2EI}x^2 + C_1 x + C_2 \qquad 9\text{-}47$$

$$\theta = \frac{dv}{dx} = \frac{q}{6EI}x^3 + \frac{C_1}{2}x^2 + C_2 x + C_3 \qquad 9\text{-}48$$

$$v = \frac{q}{24EI}x^4 + \frac{C_1}{6}x^3 + \frac{C_2}{2}x^2 + C_3 x + C_4 \qquad 9\text{-}49$$

ここに，$C_1 \sim C_4$ は積分定数である。

単純支持の境界条件は，$x = 0$ で $v = 0$，曲げモーメント $M_x = 0$ である。これを式9-47，式9-49に代入すると $C_2 = C_4 = 0$ を得る。

また，$x = l$ で $v = 0$，曲げモーメント $M_x = 0$ より

$$\frac{d^2v}{dx^2} = \frac{ql^2}{2EI} + C_1 l = 0 \quad \text{より，} \quad C_1 = -\frac{ql}{2EI} \qquad 9\text{-}50$$

$$v = \frac{ql^4}{24EI} - \frac{ql^4}{12EI} + C_3 l = 0 \quad \text{より，} \quad C_3 = \frac{ql^3}{24EI} \qquad 9\text{-}51$$

となる。したがって

$$\theta = \frac{dv}{dx} = \frac{q}{2EI}\left(\frac{1}{3}x^3 - \frac{l}{2}x^2 + \frac{l^3}{12}\right) \qquad 9\text{-}52$$

$$v = \frac{qx}{12EI}\left(\frac{1}{2}x^3 - lx^2 + \frac{l^3}{2}\right) \qquad 9\text{-}53$$

となる。

9 4 弾性荷重法による解法

9-4-1 弾性荷重法

分布荷重 q とせん断力 Q_x の関係式は $dQ_x/dx = -q$ であり，分布荷重 q と曲げモーメント M_x の関係式 $d^2M_x/dx^2 = -q$ である。それぞれの式を1回および2回積分すると

$$M_x = -\iint q\,dx\,dx + C_1 x + C_2 \qquad 9\text{-}54$$

$$Q_x = -\int q\,dx + C_1 \qquad 9\text{-}55$$

となる。ここに，C_1，C_2 は積分定数である。一方，曲げモーメント M_x とたわみ角 θ とたわみ v の関係は，式 9-10 と式 9-11 によって与えられる。

式 9-54，式 9-55 と式 9-10，式 9-11 を比較すると，M_x/EI を q，v を M_x，θ を Q_x とみなせば，両式はまったく同じ形式をしている。

積分定数は，それぞれの境界条件によって求める必要がある。

たとえば，長さ l の単純ばりの場合，単純支持の境界条件は

式 9-54 では，$x=0$ と $x=l$ で，$M_x=0$ となり，

式 9-11 では，$x=0$ と $x=l$ で，$v=0$ となる。

したがって，v が M_x に対応すると考えると，式 9-54 と式 9-11 の境界条件は同じである。

また，長さ l で，$x=0$ が固定端，$x=l$ が自由端の片持ばりの場合，境界条件は

式 9-54，式 9-55 では，$x=l$ で $M_x=0$，$Q_x=0$ となり，

式 9-10，式 9-11 では，$x=0$ で $v=0$，$\theta=0$ となる。

したがって，v が M_x に，θ が Q_x に対応すると考え，さらに，固定端と自由端が逆側にあると考えると，式 9-54，式 9-55 と式 9-10，式 9-11 の境界条件は同じである。

以上のことから，たわみ v とたわみ角 θ を，以下の手順で求めることができる。この方法を**弾性荷重法**[*18] (elastic-load method) という。

(1) 与えられた荷重から曲げモーメント M_x を求める。

(2-1) 単純ばりでは，荷重 M_x/EI の分布荷重を作用させ，これに対する曲げモーメント M_x^* とせん断力 Q_x^* を求めると，それが与えられた荷重に対する単純ばりのたわみ v とたわみ角 θ である。

(2-2) 片持ばりでは，固定端，自由端を反対にした片持ばりに，荷重 M_x/EI の分布荷重を作用させ，これに対する曲げモーメント M_x^*，せん断力 Q_x^* を求めると，それが与えられた荷重に対する片持ばりのたわみ v，たわみ角 θ を与える。

このように M_x/EI は**弾性荷重** (elastic load) と呼ばれ，弾性荷重を作用させるはりのことを**共役ばり**(conjugated beam) と呼び，実際のはりとは区別する[*19]。

実際のはりの支点は，以下のように共役ばりの支点に置き換える。

実際のはり		共役ばり
固定端	→	自由端
自由端	→	固定端
中間支点	→	中間ヒンジ

[*18] +α プラスアルファ
弾性荷重法とは，弾性荷重を作用させた共役ばりに生じる曲げモーメントやせん断力から，たわみやたわみ角を求める解法で，**モールの定理** (Mohr's theorem)，共役ばり法ともいう。

[*19] 弾性荷重を作用させた共役ばりに生じる曲げモーメント M_x やせん断力 Q_x は，実際にはりに生じる断面力ではないので，ここでは M_x^*，Q_x^* のように＊印をつけて区別する。

中間ヒンジ → 中間支点

9-4-2 片持ばり

図9-6に示すように，片持ばりの自由端に集中荷重Pを受ける場合の自由端Bのたわみ角θ_Bとたわみv_Bを求める。

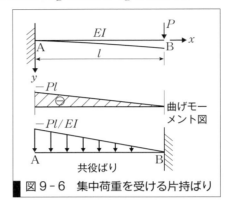

図9-6 集中荷重を受ける片持ばり

まず，曲げモーメント分布を求め，M_x/EIを固定端と自由端を置き換えた共役ばりに作用させる。点Aの曲げモーメントは$M_A = -Pl$であるから，点Aの弾性荷重の値は$-Pl/EI$である。曲げモーメントの符号に注意して，共役ばりの固定端Bのせん断力Q_B^*と曲げモーメントM_B^*を求める[20]。

[20] **Let's TRY!!**
共役ばりのせん断力と曲げモーメントを求めてみよう。

$$\theta_B = Q_B^* = -V_B^* = -\left(\frac{1}{2} \times l \times \frac{-Pl}{EI}\right) = \frac{Pl^2}{2EI} \qquad 9-56$$

$$v_B = M_B^* = -\left(\frac{1}{2} \times l \times \frac{-Pl}{EI}\right) \times \frac{2}{3}l = \frac{Pl^3}{3EI} \qquad 9-57$$

以上より，実際のはりの自由端Bのたわみ角θ_B，たわみv_Bが求まる。

9-4-3 単純ばり

図9-7に示すように，単純ばりに中央に集中荷重Pが作用する場合の単純支持点A，Bのたわみ角θ_A，θ_Bとはり中央の点Cのたわみv_Cを求める。

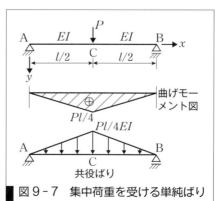

図9-7 集中荷重を受ける単純ばり

まず，曲げモーメント分布は，はり中央で最大となり，$M_C = Pl/4$ である．共役ばりに弾性荷重を作用させると，点 C の弾性荷重の値は $Pl/4EI$ である．共役ばりの単純支持点 A，B のせん断力 Q_A^*, Q_B^* とはり中央の曲げモーメント M_C^* を求める[*21]．

$$\theta_A = Q_A^* = V_A^* = \frac{1}{2} \times \frac{l}{2} \times \frac{Pl}{4EI} = \frac{Pl^2}{16EI} \quad 9-58$$

$$\theta_B = Q_B^* = -V_B^* = -\left(\frac{1}{2} \times \frac{l}{2} \times \frac{Pl}{4EI}\right) = -\frac{Pl^2}{16EI} \quad 9-59$$

$$v_C = M_C^* = V_A^* \times \frac{l}{2} - \frac{1}{2} \times \frac{l}{2} \times \frac{Pl}{4EI} - \left(\frac{l}{2} \times \frac{1}{3}\right)$$

$$= \frac{Pl^3}{32EI} - \frac{Pl^3}{96EI} = \frac{Pl^3}{48EI} \quad 9-60$$

以上より，実際のはりの単純支持点 A，B のたわみ角 θ_A, θ_B と点 C のたわみ v_C が求まる．

[*21] **Let's TRY!**
共役ばりのせん断力と曲げモーメントを求めてみよう．

演習問題 A 基本の確認をしましょう

9-A1 たわみの微分方程式を用いて，次に示すはりのたわみ角とたわみを求めよ．（2 階の微分方程式）

(1) 片持ばり

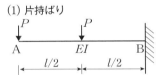

(2) 単純ばり

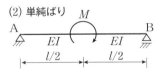

9-A2 たわみの微分方程式を用いて，次に示すはりのたわみ角とたわみを求めよ．（4 階の微分方程式）

(1) 片持ばり

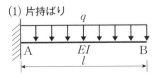

(2) 単純ばり

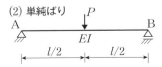

9-A3 弾性荷重法を用いて，次に示すはりの指定する点のたわみ角とたわみを求めよ．

WebにLink
演習問題の解答

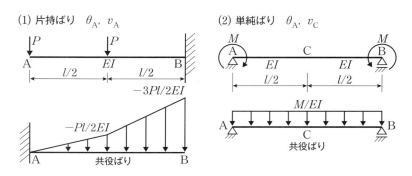

(1) 片持ばり θ_A, v_A

(2) 単純ばり θ_A, v_C

演習問題 B　もっと使えるようになりましょう

9-B1 たわみの微分方程式を用いて，次に示すはりのたわみ角とたわみを求めよ．（2階の微分方程式）

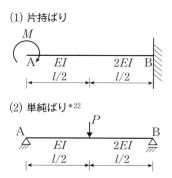

(1) 片持ばり

(2) 単純ばり*22

*22 **ヒント**
単純ばりは支点反力を求めてから，曲げモーメントを求める．
単純支持の境界条件とはりの連続条件が必要になる．

9-B2 弾性荷重法を用いて，次に示すはりの指定する点のたわみ角とたわみを求めよ*23．

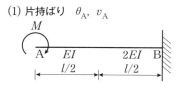

(1) 片持ばり θ_A, v_A

(2) 単純ばり θ_A, v_C

(3) 張出しばり θ_A, θ_B, θ_C および v_C

*23 **ヒント**
共役ばりでは，中間支点は，中間ヒンジ，自由端は固定端に置き換わる．実際の張出しばりは，共役ばりでは，ゲルバーばりになる．

WebにLink
演習問題の解答

あなたがここで学んだこと

この章であなたが到達したのは
- □ はりのたわみの微分方程式を説明できる
- □ はりのたわみの微分方程式に関して，支点の境界条件とはりの連続条件を用いて，微分方程式を解き，たわみやたわみ角を計算することができる
- □ 弾性荷重法を用いて，はりのたわみやたわみ角を計算することができる

本章では，はりに荷重が作用した場合のはりの**たわみ**と**たわみ角**を求める2種類の解法について学び，はりのたわみとたわみ角を求めることができるようになった。構造物の変形を把握することは，構造物を設計するうえでとても重要な項目である。

10 章

柱

H形鋼

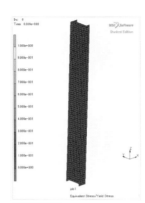
解析モデル

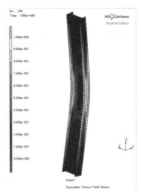
座屈変形

　プラスチック製の長い定規を手のひらで支え，軽く押してみてほしい。いとも簡単に「ガクッ」と曲がってしまうだろう。その力を抜くともとの形に戻り，まるでばねのように感じられるかもしれない。このようにある圧縮の力を受けた部材が，力を受けている方向とは別の方向に突然変形をしてしまう現象が座屈と呼ばれる現象である。しかし，大きな圧縮力が作用しているときこうした変形が構造部材で生じると，急激に支える力が失われ，構造全体の崩壊を引き起こす原因となることがある。また，同様のことを空き缶で試すと，空き缶の表面がグシャグシャに変形して長さが小さくなってしまう。これも同様の座屈であるが，定規のときとは取り扱いが異なる。

　ここでは定規のように断面に対してその長さが比較的長い柱（長柱）に発生する座屈を中心に説明をする。通常の構造設計では，このような座屈を生じさせないように設計計算を行い，断面を決定する。そのため，普段は見かけることは少ない現象ではあるが，圧縮力が常に作用しているトラス部材や柱部材では安全な構造設計を考えるうえで知っておかねばならない重要な現象である。

●この章で学ぶことの概要

　本章では，柱の座屈について力学の側面から基礎式の誘導を行い，座屈するときの荷重の計算を解説している。さらに，この座屈現象から設定されている設計基準式について解説している。じつは座屈現象はさまざまな要因が関係する複雑な現象であり，より詳しい知識を必要とするが，その範囲については鋼構造などの専門書を参照されるとよい。よって本章では，現象の理解と設計計算で必要となる知識とその計算方法について学んでもらいたい。

予習 授業の前にやっておこう!!

1. 断面形状に関する定数の復習をしておこう。長方形断面を例に，次の諸量の計算方法を復習しておこう。
   - 断面二次モーメント（強軸と弱軸）
   - 断面係数
   - 断面二次半径

2. 次の荷重が作用している部材がある。部材の断面に作用している応力と断面の応力分布図を計算せよ。弾性係数を E，断面二次モーメントを I として計算せよ。

   (1)

   (2)

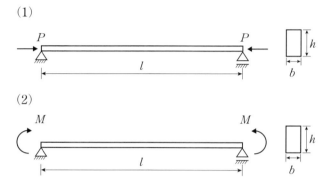

10.1 圧縮部材と座屈

　　　　　　土木構造物や建築構造物では，比較的細長い部材が多数用いられて構造物を形作っている。これらの部材には，圧縮力や引張力，曲げモーメント，せん断力などが作用しており，これらの部材力に耐える，すなわち部材力が作用しても大きな変形や破壊にいたらないように断面を決定しなければならない。本章では，この圧縮力が作用している部材に注目する。圧縮力が作用している部材のことを圧縮部材と呼ぶ。

　　図 10-1(a) に示す部材を考えてみよう。部材の両端は単純支持されており，圧縮の軸方向力 P のみが作用している。この圧縮力 P が小さいときは，部材は微小な変位を軸方向に発生させ，部材自体は縮んでいる。ところが，荷重 P がある荷重値を超えると，部材は図 10-1(b) のように変形をしてしまう。このように，「部材に圧縮力が作用しているとき，部材が面内方向に縮むという変形から面外方向へ急激に変形をしてしまう現象」のことを **座屈**（buckling）と呼んでいる。まずは，部材断面の図心軸（部材軸）に沿って圧縮力が作用する中心圧縮材を取り上げ，座屈現象で重要な変形形状と座屈するときの荷重について学習してみよう。

10　2　中心軸圧縮部材の座屈

10-2-1　座屈の基礎式と座屈荷重

　図10-1(a)のように，両端がヒンジで支持された柱があり，両端から部材軸方向に圧縮力 P が作用している。このとき，部材は軸方向に縮んでいるが，圧縮力 P を徐々に大きくしていくと，ある荷重 (P_{cr}) に達した瞬間，図10-1(b)のように外側にはらみ出すような変形に移行する。これ以降，さらに荷重を大きくしていくと，部材自身はこの形（モード）が大きくなるように変形が進み，もはや荷重を支えることはできなくなる。そこで，図10-1(a)から(b)に移行するときの荷重とたわみ曲線を求めてみよう。

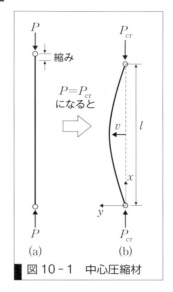

図10-1　中心圧縮材

　図10-1(b)において座標軸を図のようにとり，つり合い状態を考える。原点から x だけ離れた地点でのたわみ v と，曲げモーメント Mx のつり合いを考えると，次式のようになる。

$$Mx = Pv \qquad 10-1$$

　また，すでに学習したように，曲げモーメントを受けた場合のたわみの微分方程式は次式のようになる。

$$\frac{d^2v}{dx^2} = -\frac{M}{EI} \qquad 10-2$$

この式に式10-1を代入すると

$$\frac{d^2v}{dx^2} = -\frac{Pv}{EI} \qquad 10-3$$

$$\frac{d^2v}{dx^2} + \frac{Pv}{EI} = 0 \qquad 10-4$$

となり，この式が中心圧縮材の座屈のつり合いから求めた微分方程式である。ここで $k = \sqrt{P/EI}$ とおくと式10-4は

$$\frac{d^2v}{dx^2} + k^2 v = 0 \qquad 10-5$$

となり，この式の一般解は

$$v = A\sin kx + B\cos kx \qquad 10-6$$

となることが知られている。ここで，積分定数 A, B を求めるために境界条件を考えてみよう。図10-1(b)より，$x = 0$ の点ではたわみは

$v = 0$ となり，式 10-6 に代入すると，$B = 0$ が得られる．次に，$x = l$ のときにも $v = 0$ となるため，式 10-6 にこの条件と $B = 0$ を代入すると

$$A \sin kl = 0 \qquad 10\text{-}7$$

が得られる．ここで，式 10-7 を満足する条件を考えると，$A = 0$ のときは式 10-6 そのものがゼロとなるため座屈が発生していないことになり

$$\sin kl = 0 \qquad 10\text{-}8$$

でなければならない．すなわち

$$kl = n\pi \quad (n = 1, 2, 3, \cdots) \qquad 10\text{-}9$$

となる．ここで，k をもとに戻すと

$$\begin{cases} k = \dfrac{n\pi}{l} = \sqrt{\dfrac{P}{EI}} & (n = 1, 2, 3, \cdots) \\ P = \dfrac{n^2 \pi^2 EI}{l^2} & (n = 1, 2, 3, \cdots) \end{cases} \qquad 10\text{-}10$$

となる．実際に問題となるのは最小値である $n = 1$ のときに注目し，

$$P_{\mathrm{cr}} = \dfrac{\pi^2 EI}{l^2} \qquad 10\text{-}11$$

が得られる．式 10-11 で与えられる座屈荷重を**オイラー (Euler) 荷重**と呼ぶ[*1]．また，これまで決定した係数である $n = 1$，$B = 0$，$k = \pi/l$ を式 10-6 に代入すると，座屈変形のときのたわみの式

$$v = A \sin \dfrac{\pi}{l} x \qquad 10\text{-}12$$

が得られる．式 10-12 は，たわみ形状が sin 関数で表されることを表しており，これも重要な意味をもつ式となる．ただし，係数 A は最大たわみを表すが，その値は不定である．

10-2-2 有効座屈長

　両端がヒンジ支持の中心圧縮材の変形状態が sin 関数で表されることは学んだ．ここで図 10-2 を見てもらいたい．図 (a) は図 10-1 と同じ状態を示しており，(b) と (c) の図も sin 関数で表した変形図である．このように sin 関数で表した座屈時の変形状態を**座屈モード (buckling mode)** と呼ぶ．(b) と (c) の場合は，(a) のモードを 2 つ，3 つ含んでおり，それぞれの波長は図中に示すとおりである．たとえば (b) の図は，部材の中央点の変形を拘束すると現れる座屈モードであり，その座屈荷重は式 10-10 より

$$P = \dfrac{n^2 \pi^2 EI}{l^2} = 2^2 \dfrac{\pi^2 EI}{l^2} = 4 \cdot P_{\mathrm{cr}} \qquad 10\text{-}13$$

[*1]
長方形断面を有する細長い棒に中心軸圧縮負荷を作用させると，棒は断面のどの方向にたわむか確かめよう．

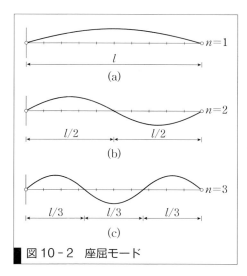

図 10−2　座屈モード

となり，オイラーの座屈荷重の 4 倍の荷重が作用したときに座屈することがわかる。同様に (c) の場合は $n = 3$ より 3^2，すなわち，9 倍の荷重となる。よって，部材の変形を拘束することで座屈するときの荷重を大きくできることがわかる。

　また，図 10−2 において，図 (b) の 1 波の sin 波が発生する長さが $l/2$ となり，図 (c) の場合は $l/3$ となる。このような場合，計算時に着目することは図 (a) のような基本となる sin 波形の長さであり「$l/2$ の部材長での座屈荷重」が注目される点である。そこで，式 10−11 より，分母に $l/2$ を代入すると，座屈荷重は

$$P_{\mathrm{cr}} = \frac{\pi^2 EI}{\left(\dfrac{l}{2}\right)^2} = 4 \cdot \frac{\pi^2 EI}{l^2} \qquad 10-14$$

と計算できる。このように座屈荷重の計算では sin 波の節どうしの間の長さが重要で，この部分の長さを座屈長さ l_k と呼び，式 10−11 を座屈長さ l_k を用いて一般化して表すと

$$P_{\mathrm{cr}} = \frac{\pi^2 EI}{l_k^2} \qquad 10-15$$

と書き直すことができる[*2]。

　これまでは両端の支持条件がヒンジ支持の中心圧縮材を考えてきた。この両端の支持条件は部材の座屈モードに影響を与える重要な境界条件で，いくつかの支持条件を知っておかなければならない。表 10−1 は両端の支持条件を変えたときの座屈モードと座屈長さを示した表である。固定端とした場合は，境界条件としてたわみ角がゼロという条件が発生するため，実質的な座屈長さが短くなっていくことがわかる。式 10−15 も含めて，表 10−1 の l_k を**有効座屈長 (effective buckling length)** という。

[*2] **Let's TRY!!**
断面が等しく，長さが異なる棒をいくつか準備し，それぞれの棒の中心に圧縮負荷を作用させ，長さの違いや，片方を万力などで固定した場合での，棒がたわみ始める荷重の大きさの変化を実際に体験してみよう。

表 10-1　支持条件と座屈長さ

座屈モード				
支持条件	両端ヒンジ	両端固定	一端固定 他端ヒンジ	一端固定 他端自由
l_k	$l_k = l$	$l_k = 0.5l$	$l_k ≒ 0.7l$	$l_k = 2l$

次に図10-1の中心圧縮材の座屈荷重である式10-15を応力で表現することを考えてみる。圧縮力が作用しているため，部材の断面積をAとすると，座屈応力度σ_{cr}は

$$\sigma_{cr} = \frac{P_{cr}}{A} = \frac{\pi^2 E}{l_k^2} \cdot \frac{I}{A} = \frac{\pi^2 E}{l_k^2} \cdot r^2 = \frac{\pi^2 E}{\left(\frac{l_k}{r}\right)^2} = \frac{\pi^2 E}{\lambda^2} \quad 10-16$$

ここに，λ：部材の**細長比**($= l_k/r$) (slenderness ratio)，r：断面二次半径($= \sqrt{I/A}$) で表される。この式中のλとは部材の断面と長さとの比を表している細長比であり，たとえば竹ひごのように断面に対して非常に長さが長い部材は細長比が大きくなり，逆に断面に対して部材長が短いものは細長比が小さくなる。細長比が大きい部材では，式10-16から座屈応力度は小さくなることがわかるが，竹ひごの両端を押したときにどのように変形をするのかを考えると一目瞭然である。このように，細長比が比較的大きな柱のことを**長柱** (long column) と呼び，小さな柱のことを**短柱** (stub column) と呼んでいる。短柱の場合，座屈応力度を計算すると，使用している材料の降伏応力度よりもはるかに大きな応力となる場合がある。このような場合，部材が座屈するよりも早く部材断面が降伏してしまうため，非弾性座屈と分類される現象になる[*3]。非弾性座屈についての詳細は別の専門書を参照されたい。

*3 **Let's TRY!!**
圧縮力を受けるある部材断面が降伏するときの応力と座屈応力度を実際に計算してみよう。

10-2-3 偏心載荷の場合

これまでは部材軸に沿って圧縮荷重が作用する部材を対象にしてきたが，実際の構造物では図10-3(a)のように，部材軸から偏心量eだけ離れた箇所に荷重が作用することが多い。これを**偏心載荷** (eccentric loading) といい，モデル化すると図(b)のようになる。ここで，図(c)のように左端からxだけ離れた地点のたわみをvとすると，その位置

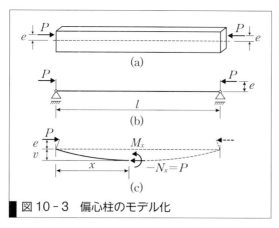

図10-3　偏心柱のモデル化

での曲げモーメントは $Mx = P(e+v)$ となり式10-2から

$$\frac{d^2v}{dx^2} + \frac{P}{EI}(e+v) = 0 \qquad 10-17$$

これまでと同様に $k = \sqrt{P/EI}$ とおくと式10-17は

$$\frac{d^2v}{dx^2} + k^2v = -k^2e \qquad 10-18$$

となる。この式の一般解は

$$v = A\sin kx + B\cos kx - e \qquad 10-19$$

となるため，境界条件を考えて積分定数を決める。

$x = 0$ で $v = 0$ より　　$B = e$

$x = l$ で $v = 0$ より　　$A = \dfrac{e(1-\cos kl)}{\sin kl} = e \cdot \tan\dfrac{kl}{2}$

これらの式を式10-19に代入すると，たわみ v は次式のようになる。

$$v = e\left(\tan\frac{kl}{2}\sin kx + \cos kx - 1\right) \qquad 10-20$$

最大たわみは柱の中央点 $(x = l/2)$ で発生するため

$$v_{\max} = v_{x=\frac{l}{2}} = e\left(\tan\frac{kl}{2}\sin\frac{kl}{2} + \cos\frac{kl}{2} - 1\right)$$

$$= e\left(\sec\frac{kl}{2} - 1\right) \qquad 10-21$$

このときの最大曲げモーメントは

$$M_{\max} = P(e + v_{\max}) = Pe\sec\frac{kl}{2}$$

となる。

　さらに断面に作用する応力を調べてみると，図10-3(c)より，軸力 P と曲げモーメント M を同時に受けるため，図10-4に示すように応力分布はそれぞれによって生じる応力 σ_P と σ_M の和で表される。断面積を A，断面二次モーメントを I，中立軸から最外縁までの距離を y と

すると

$$\sigma_{\max} = \sigma_P + \sigma_M = \frac{P}{A} + \frac{M_{\max}}{I}y = \frac{P}{A} + \frac{Pey}{I}\sec\frac{kl}{2}$$

この式を断面二次半径 $r = \sqrt{I/A}$ を用いて書き直すと

$$\sigma_{\max} = \frac{P}{A}\left\{1 + \frac{ey}{r^2}\sec\left(\frac{l}{2r}\sqrt{\frac{P}{EA}}\right)\right\} \quad 10\text{-}22$$

となり，この式は**セカント公式**（secant formula）と呼ばれる式である。

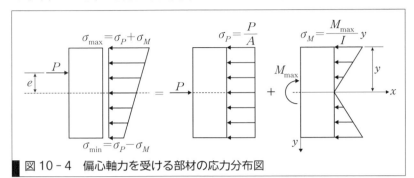

図10-4　偏心軸力を受ける部材の応力分布図

10.3　初期不整と局部座屈

実際の圧縮部材は，溶接や圧延過程などの原因で**初期不整**（initial imperfection）が存在している。これらは残留応力，初期たわみと呼ばれるもので，部材の強度に関係する重要な要素で，計算上の座屈荷重よりも小さな荷重で座屈することがある。また，これまで扱ってきた柱は細長比が比較的大きい部材について説明をしてきたが，細長比が小さくなるにつれて大きな座屈変形よりも柱中央部付近で構成板要素が変形する局部座屈が先に発生することもある（図10-5）。そのため，現在の設計では，柱の細長比によって設計基準式[*4]を定めている。詳しくは土木，建築の設計に関する専門書で学習してもらいたい。

図10-5　短柱の局部座屈

[*4] 工学ナビ
土木なら道路教示方書，建築ならば鋼構造設計規準を参照する。

演習問題 A 基本の確認をしましょう

10-A1 次の図に示す中心圧縮荷重のみを受ける一様な正方形断面を有する柱の座屈荷重 P_{cr} を求めよ。ただし，柱を構成する材料のヤング係数は E とする。

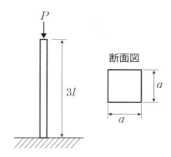

10-A2 10-A1 において柱断面が次の図に示すような長方形の場合の座屈荷重 P_{cr} を求めよ。ここで，座屈荷重 P_{cr} は，その断面に作用する最小の荷重とする。

演習問題 B もっと使えるようになりましょう

10-B1 長さ l [m] の両端固定された中心圧縮部材について，次の図に示すような一様断面を有する形状で，座屈応力 σ_{cr} が降伏応力 σ_y ($= 235\,\mathrm{MPa}$) を超えるように設計したい。この場合，圧縮材の長さ l をどのようにすればよいか。ただし，断面二次モーメントは $I_x = 3.1 \times 10^8\,\mathrm{mm}^4$, $I_y = 2 \times 10^7\,\mathrm{mm}^4$, 断面積 A は $1.0 \times 10^5\,\mathrm{mm}^2$, ヤング係数 E は $206\,\mathrm{GPa}$ とする。

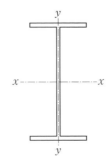

> **あなたがここで学んだこと**
>
> この章であなたが到達したのは
> - □圧縮力のみを受ける柱の分類（長柱，短柱）の違いが説明できる
> - □長柱の座屈現象について説明できる
> - □さまざまな支持条件を有する圧縮部材についてオイラーの座屈荷重を計算できる
> - □軸圧縮応力を受ける短柱の応力計算ができる
> - □偏心載荷について説明できる
> - □偏心載荷の場合の短柱の応力計算ができる
>
> 本章では大きな軸圧縮力を受けたときに発生する座屈現象について学習した．圧縮部材では必ず座屈に関する検討が必要となるため，設計の専門書のほうで深く学習をしてもらいたい．

11章

影響線

単純ばり

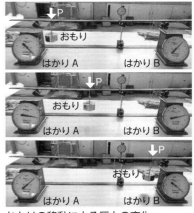
おもりの移動による反力の変化

　　左上の写真は単純けたの橋である。構造力学で計算するには自由物体図にモデル化することはすでに学習している。構造設計では，橋の上に「移動する」荷重が作用したとき，支点反力や曲げモーメントがどのように変化するのかを考えなければならない。そこで右の写真のような実験をしてみる。荷重Pが少しずつはりの上を動いていくにともない，支点であるはかりAとBの針が変化していることがわかる。荷重の載荷点が変わると支点反力が変わることはすでに学習済みであるが，はかりAの読みに着目して整理してみると，「荷重が支点Aから離れるにつれて点Aの反力は徐々に小さくなっていく」といえるだろう。ここで改めて荷重を考えると，これは自動車や列車など動く荷重であり，荷重が動くことによって支点反力も刻々と変化する。構造設計ではこのような検討をするために，影響線を用いて計算する。このように変化する値は，ほかにも断面力や変位，応力などがある。本章では，この影響線の考え方について学ぶこととする。なお，建築分野では影響線を用いるような設計は少ないかもしれないが，考え方の基本を学んでおくと役に立つ。

●この章で学ぶことの概要

　本章では，まず影響線の考え方について，支点反力の影響線で学習をする。次に影響線の実際の設計での活用方法について学習し，影響線の有利な点を理解する。そして，間接荷重やトラスの部材力の影響線の求め方について学習をする。

予習 授業の前にやっておこう!!

1. 単純ばりについて，反力，断面力を求めるときのつり合い条件式を確認しておこう。下の図に示す単純ばりについて，点 A から x だけ離れた場所に荷重 P と分布荷重 q が作用しているとして，各支点反力，および部材中央点 $x(x = l/2)$ について断面力の計算をし，せん断力図，および曲げモーメント図をかけ（荷重状態は自分でかいてみよう）。

   (1) $x = l/3$ 点に集中荷重 P が作用しているとき
   (2) $x = l/2$ 点から支点 B まで分布荷重 q が作用しているとき
   (3) 上の (1) と (2) の荷重が同時に作用しているとき

WebにLink
予習の解答

11・1 影響線とは

橋梁などの構造物では自動車やトラック，列車や歩行者など，移動する荷重を支えている。たとえば，図 11-1 は橋梁でバスを用いた載荷試験の様子であるが，バスの重量はタイヤを介して橋梁に作用しており，バスが移動するごとに荷重点も移動していき，支点反力も徐々に変化する。また，このバスのように前輪と後輪の間隔が一定のまま移動する荷重は **連行荷重**(travelling load, moving load) と呼ばれ，設計上での関心としては，バスがどの位置に着いたときに反力が大きく

図 11-1　移動荷重

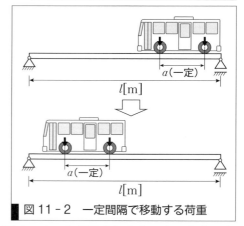

図 11-2　一定間隔で移動する荷重

なるのか，あるいははりの曲げモーメントが最大になるのか，などである。その際に用いられるのが **影響線**(influence line) であり，荷重の場所にともない支点反力やある断面の断面力がどのように変化していくの

かを表した図である。

11　2　さまざまな影響線

11-2-1 影響線の種類

影響線は「点Aの支点反力の影響線」のように表すが、点Aを着目点、反力を着目量と呼ぶ。この着目点は支点や部材のある点を指し、着目量とは、反力、断面力、たわみ、応力などの量を指す。まずは反力の影響線の求め方について学習しよう。

11-2-2 支点反力の影響線

図11-3(a)に示す単純ばりについて考えてみる。点Aからxの位置の点に集中荷重が作用している状態で考える。影響線を求めるときのルールとして、作用させる集中荷重Pは単位荷重($P = 1$)として考える。このときの点Aの支点反力を求めると

$\Sigma M_{(B)} = 0 : V_A \cdot l - 1 \cdot (l - x) = 0$

$V_A = \dfrac{l - x}{l} = 1 - \dfrac{x}{l}$　　　　　11-1 [*1]

となる。これを図示すると図11-3(c)のようになる。これが反力V_Aの影響線となる。同様に反力V_Bの影響線を求めると

$\Sigma M_{(A)} = 0 : 1 \cdot x - V_B \cdot l = 0$

$V_B = \dfrac{x}{l}$　　　　　11-2 [*1]

となり、図11-3(d)のようになる。単位荷重Pが支点Aから移動している荷重と考えると、荷重が支点Aの真上から作用しているとき、$V_A = 1$となり、$V_B = 0$となる。さらに、はりの中間点($x = l/2$)では$V_A = V_B = 1/2$となり、支点Bの真上に作用すると、$V_A = 0$、$V_B = 1$となることがわかる。このように荷重の移動にともなう着目点における着目量の変化を表した図が影響線となる[*2]。

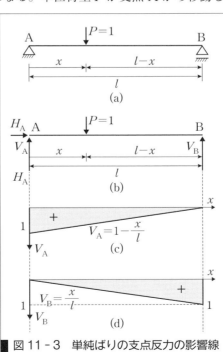

図11-3　単純ばりの支点反力の影響線

[*1] **Don't Forget!!**
支点反力の影響線は、結局、それぞれについて、当該支点上で単位(1)となり、他の支点上でゼロとなるような直線である。

[*2] **工学ナビ**
影響の表示で座標軸を用いなくてもよいが、正負の記号は表示したほうがよい。

11-2-3 せん断力の影響線

次に図 11-4(a) の単純ばりのように，点 A から a だけ離れた点 C のせん断力の影響線を求めてみる．つまり，着目点は点 C，着目量はせん断力 Q となる*3．

まず，V_A，V_B の影響線を求めておく．次に図 11-4(b)(c) のように，点 C で切断したときの自由物体図をかき，それぞれのつり合いを考える．

（ⅰ）$0 \leq x < a$ のとき

$$\Sigma V = 0 : V_A - 1 - Q_C = 0$$

$$Q_C = V_A - 1 = -V_B = -\frac{x}{l} \qquad 11\text{-}3 *4$$

（ⅱ）$a \leq x < l$ のとき

$$\Sigma V = 0 : Q_C - 1 + V_B = 0$$

$$Q_C = 1 - V_B = 1 - \frac{x}{l} \qquad 11\text{-}4 *4$$

したがって，図 11-4(d) が点 C におけるせん断力 Q_C 影響線となる．この図，および式 11-3 と式 11-4 より，傾きが同じだが，1 だけ動かした 2 本の直線をかき，着目点に注目すると図がかけることがわかる*5．

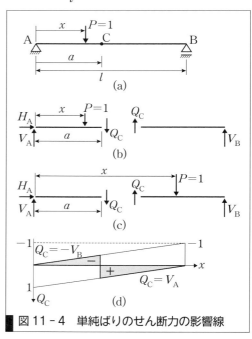

図 11-4 単純ばりのせん断力の影響線

11-2-4 曲げモーメントの影響線

点 C における曲げモーメント M_C の影響線を求めてみる．せん断力と同様，図 11-5(b)(c) のように，着目点 C で切断した自由物体図をかく．

（ⅰ）$0 \leq x < a$ のとき

$$\Sigma M_{(C)} = 0 : -M_C - 1 \cdot (a - x) + V_A \cdot a = 0$$

$$M_C = V_A \cdot a - (a - x)$$

$$= \left(1 - \frac{a}{l}\right)x = V_B \cdot b = \left(\frac{x}{l}\right)b \qquad 11\text{-}5 *6$$

---

*3 **Don't Forget!!**
単純ばりのせん断力と曲げモーメントの断面力図を復習しておこう．

*4 **Don't Forget!!**
Q_C の影響線は，AC 間では V_B の影響線の (-1) 倍，CB 間では V_A の影響と同じとなる平行な 2 直線である．

*5 **Let's TRY!!**
着目点を変えて影響線を求めてみよう．

*6 **Don't Forget!!**
M_C の影響線は，結局，AC 間では V_B の影響の b 倍，CB 間では V_A の影響の a 倍となる三角形の形状である．

（ⅱ）$a \leq x \leq l$ のとき

$$\Sigma M_{(C)} = 0 : -M_C + V_A \cdot a = 0$$

$$M_C = V_A \cdot a = \left(1 - \frac{x}{l}\right)a \qquad 11\text{-}6$$

となるため，図11-5(d)が点Cでの曲げモーメント M_C の影響線となる。単純ばりで集中荷重に関する影響線では，支点A，Bから点Cまでの距離を縦距にとり，2つの三角形が合わさった部分が影響線となるため，容易にかくことができる。

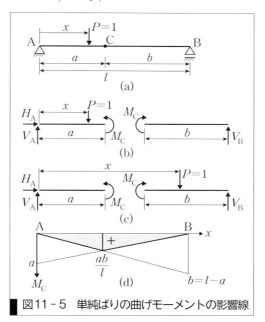

図11-5 単純ばりの曲げモーメントの影響線

11-2-5 便利な影響線

ここまで単位荷重を用いて単純ばりの影響線を求めてきたが，実際に影響線の活用方法について解説する。

点Aの反力の影響線は図11-6(a)のようになる。このとき，ある集中荷重 P が単純ばりに作用しているとき，その場所での影響線の縦距 y [7] を用いると

$$V_A = P \cdot y \qquad 11\text{-}7$$

で実際の反力の計算ができる。ここで，縦距のことを影響線値と呼ぶ。また，図11-6(b)のような分布荷重の場合は，分布荷重が作用する範囲の

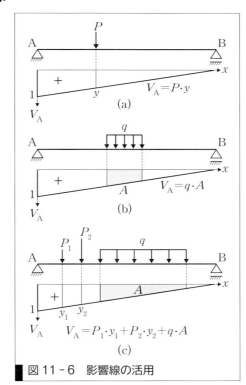

図11-6 影響線の活用

[7] **+α プラスアルファ**
縦距の単位は影響線によって変わることに注意しよう。

*8
+α プラスアルファ
面積の単位は影響線によって変わることに注意しよう。

*9
工学ナビ
橋梁の設計では，複数の分布荷重を重ねて載荷することもある。

面積 A*8 を計算し

$$V_A = q \cdot A \qquad 11-8$$

で反力が計算できる。橋梁の設計計算などでは複数の荷重を作用させることがあるが，このような場合に影響線は便利である。図11-6(c)のような荷重状態の場合の点Aの支点反力は

$$V_A = P_1 \cdot y_1 + P_2 \cdot y_2 + q \cdot A \qquad 11-9$$

で求めることができる。これらの考え方は，反力以外の影響線でも同様であり，複数の荷重が同時に作用する場合は影響線が有効であることがわかる*9。

11-3 トラスの影響線

11-3-1 トラスの考え方

第5章ではトラスの学習をした。トラスの計算では，支点反力を求めたあと，断面法か節点法を用いて各部材力を計算し*10，その部材力が圧縮か引張りになることを学習している。ここで改めて図11-7のトラスを見てみよう。図11-7(a)と(b)の違いは荷重の位置であるが，斜材 D_3

*10
Don't Forget!!
節点法，断面法を復習しておこう。

*11
Let's TRY!!
図11-7の(a)(b)の2つのトラスの部材力を求めて比較してみよう。

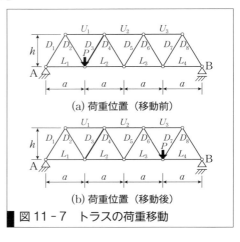

図11-7 トラスの荷重移動

は圧縮力か引張力が作用することはわかるが，(a)と(b)の荷重状態では部材力はもちろんのこと，符号が違う，すなわち荷重の載荷場所によっては圧縮部材にも引張部材にもなることがわかる*11。本章で学んでいるように，荷重には移動する荷重も考えねばならず，圧縮力と引張力のどちらが作用しており，さらにどこに荷重が載荷されたときにその部材力が最大となるのか，など，トラス形式でも影響線を利用する意義は大きい。

また，実際のトラス橋は2つのトラスが節点どうしを横げたでつなげており，横げたの上にけたや線路を配置する形式となるため，間接的に節点に荷重が載荷されることになり，節点の間の部材上に載荷されることは少ない。したがって，トラスの各部材の部材力の影響線を考えるときは，節点に着目して変化を調べることになる。このように間接的に作用する荷重のことを間接荷重*12 と呼んでいる。

*12
Webにlink

11-3-2 支点反力の影響線

トラスの支点反力は，はりの影響線で求めた方法と同様に考えてよい。図11-8のトラスで考えてみよう。部材の長さがすべてaであるトラスにおいて，点Aと点Bの支点反力の影響線を求めてみる。はりの

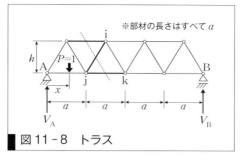

図11-8 トラス

場合と同様に，まず点Bまわりの曲げモーメントのつり合いから支点反力V_Aの影響線を求めると

$$\Sigma M_{(B)} = 0 : V_A \cdot 4a - 1 \cdot (4a - x) = 0$$

$$V_A = \frac{4a - x}{4a} = 1 - \frac{x}{4a} \qquad 11-10$$

となる。同様に，支点反力V_Bの影響線を求めると

$$\Sigma M_{(A)} = 0 : -V_B \cdot 4a + 1 \cdot x = 0$$

$$V_B = \frac{x}{4a} \qquad 11-11$$

となる。図で示すと図11-9のようになり，はりの支点反力の影響線と同じになることがわかる。影響線値の最大値は1となる。

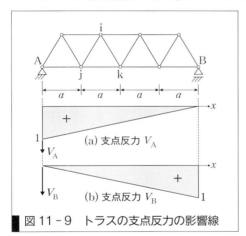

図11-9 トラスの支点反力の影響線

11-3-3 部材力の影響線

図11-8のトラスについて，太線で示した部材の影響線を求めてみる。部材力の影響線を計算するためには，断面法を用いて計算することにする[*13]。求めた

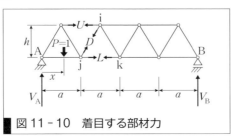

図11-10 着目する部材力

*13
ヒント
断面法を用いるとき，曲げモーメントのつり合い式を求めるときのモーメント中心点のとり方に注意しよう。

い部材を含む断面で切断し，図11-10のように各部材力をかき出しておく。荷重は下弦材の節点に作用することにするため，注意する点として，図11-10中の点j-点kの間の荷重の取り扱いには気をつける。

まず上弦材の部材力 U の影響線を計算する。図11-10中の切断面で考え，A-j間，j-B間で場合分けをしてつり合い式を計算し，支点反力の関数として表現する[*14]。

*14
+α プラスアルファ
反力の関数を用いなくてもよい。そのときは式11-10, 式11-11からxの関数として表す。

（i）$0 \leq x < a$ のとき（点jより左側に荷重がある場合）

荷重が載荷されていない右側で考える。

$$\Sigma M_{(j)} = 0 : -U \cdot h - 3a \cdot V_B = 0$$

$$U = -\frac{3a}{h} \cdot V_B \qquad 11-12$$

（ii）$x \geq a$ のとき（点jより右側に荷重がある場合）

荷重が載荷されていない左側で考える。

$$\Sigma M_{(j)} = 0 : V_B \cdot a + U \cdot h = 0$$

$$U = -\frac{a}{h} \cdot V_A \qquad 11-13$$

以上の式11-12と式11-13から影響線をかくと図11-11のようになる。ここで，図に注目すると，荷重位置にかかわらず，常に圧縮力が作用することがわかる[*15]。

*15
ヒント
荷重が下弦材に作用するとき，荷重の位置とセットで理解しよう。

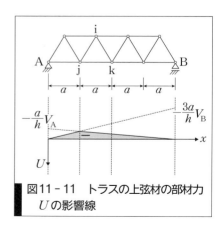

図11-11 トラスの上弦材の部材力 U の影響線

次に下弦材の部材力 L の影響線を計算してみる。図11-10中の切断面で考え，次のように考える。

（i）$0 \leq x < a$ のとき（点jより左側に荷重がある場合）

荷重が載荷されていない右側で考える。

$$\Sigma M_{(i)} = 0 : L \cdot h - \frac{5}{2}a \cdot V_B = 0$$

$$L = \frac{5a}{2h} \cdot V_B \qquad 11-14$$

（ii）$x \geq 2a$ のとき（点kより右側に荷重がある場合）

荷重が載荷されていない左側で考える。

$$\Sigma M_{(i)} = 0 : -L \cdot h + \frac{3}{2}a \cdot V_A = 0$$

$$L = \frac{3a}{2h} \cdot V_A \qquad 11-15$$

ここで,点jと点kの間の場合については,次のように考える。図11-12に示すように,点jに荷重を載荷した場合,点kに荷重を載荷した値どうしを直線で結ぶ[*16]。その結果,図11-12のような影響線図をかくことができる。この点が上弦材の影響線と違う点である。なお,図11-10のトラスは,荷重が下弦材上を移動すると考えるため,下弦材は常に引張力が作用することになることも確認できる。

*16
💡ヒント
間接荷重の考え方と同じである。

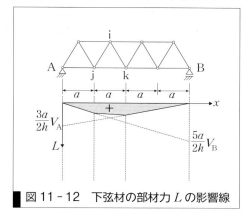
図11-12 下弦材の部材力Lの影響線

次に,斜材Dの影響線を計算してみる。図11-10中の切断面で考え,次のように考える。

（ⅰ）$0 \leq x < a$のとき（点jより左側に荷重がある場合）

荷重が載荷されていない右側で考える。

$$\Sigma V = 0 : -\frac{\sqrt{3}}{2}D + V_B = 0$$

$$D = \frac{2}{\sqrt{3}}V_B \qquad 11-16$$

（ⅱ）$x \geq 2a$のとき（点kより右側に荷重がある場合）

荷重が載荷されていない左側で考える。

$$\Sigma V = 0 : \frac{\sqrt{3}}{2}D + V_A = 0$$

$$D = -\frac{2}{\sqrt{3}}V_A \qquad 11-17$$

点jと点kの間については,下弦材の影響線と同様に,点jと点kの間を直線で結ぶことで図11-13のようにかける。この図から,荷重が点jに作用しているときは引張力が作用し,点kより右側に作用すると圧縮力が作用し,点kに荷重が作用したときに最大の圧縮力が作用することになる。このように影響線をかくことで,荷重の載荷場所によって部材力がどのように変わるのかが確認でき,橋梁の設計でよく用いられる。

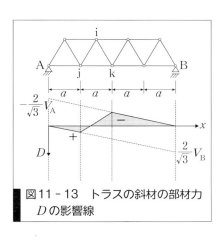
図11-13 トラスの斜材の部材力Dの影響線

演習問題　A　基本の確認をしましょう

11-A1　図に示す単純ばりについて，次の計算をせよ．

(1) 点Aと点Bの支点反力（V_A, V_B），および点iのせん断力（Q_i）と曲げモーメント（M_i）の影響線を求めよ．

(2) 図のように集中荷重Pと分布荷重qを載荷するとき，点Aと点Bの支点反力（V_A, V_B），および点iのせん断力（Q_i）と曲げモーメント（M_i）の値を影響線値から計算せよ．

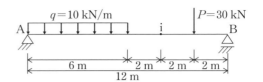

11-A2　図に示す片持ばりについて，次の計算をせよ．

(1) 点Aの支点反力（V_A, M_A），および点iのせん断力（Q_i）と曲げモーメント（M_i）の影響線を求めよ．

(2) 図のように集中荷重（P_1, P_2, P_3）を載荷するとき，点Aの支点反力（V_A, M_A），および点iのせん断力（Q_i）と曲げモーメント（M_i）の値を影響線値から計算せよ．

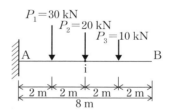

11-A3　図に示すトラスについて，次の計算をせよ．

(1) 点Aと点Bの支点反力（V_A, V_B），および部材力（U, D, L）の影響線を求めよ．

(2) 図のように分布荷重（q）を載荷するとき，点Aと点Bの支点反力（V_A, V_B），および部材力（U, D, L）の値を影響線値から計算せよ．

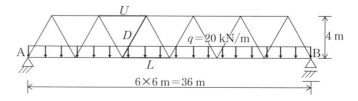

演習問題　B　もっと使えるようになりましょう

11-B1 図に示す片張出しばりについて，次の計算をせよ．

(1) 点Aと点Bの支点反力（V_A, V_B），および点iのせん断力（Q_i）と曲げモーメント（M_i）の影響線を求めよ．

(2) 図のように分布荷重qを載荷するとき，点Aと点Bの支点反力（V_A, V_B），および点iのせん断力（Q_i）と曲げモーメント（M_i）の値を影響線値から計算せよ．

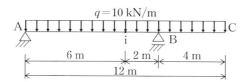

11-B2 図に示す両張出しばりについて，次の計算をせよ．

(1) 点Bと点Cの支点反力（V_B, V_C），および点iのせん断力（Q_i）と曲げモーメント（M_i）の影響線を求めよ．

(2) 図のように2 mの間隔を保持した連行荷重が点Dから点Aに向かって進入する．支点反力（V_B, V_C），および点iのせん断力（Q_i）と曲げモーメント（M_i）がそれぞれ最大となるのは，連行荷重をどこに載荷したときか，検討せよ．

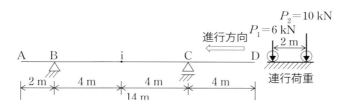

11-B3 図に示すゲルバーばりについて，点A，点B，点Dの支点反力（V_A, V_B, V_D），および点iと点jのせん断力（Q_i, Q_j）と曲げモーメント（M_i, M_j）の影響線を求めよ．

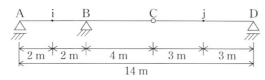

あなたがここで学んだこと

この章であなたが到達したのは
　□影響線を求めることができる
　□影響線を使って，反力と断面力の計算ができる
　□影響線を使う利点を説明できる
　□トラスの部材力の影響線を求めることができる

　本章では影響線の求め方と使い方を学習した。これまでは，固定された載荷状態について，断面力や支点反力を求めてきたが，影響線では荷重の載荷位置にともなう支点反力や断面力の変化に注目している。さらに，1つの影響線から複雑な荷重下での支点反力や断面力，部材力を求めることができることもわかった。橋梁の構造設計ではよく用いられるため，復習をしっかりとしてもらいたい。

12章 仕事とエネルギー法

(a)　　　　(b)　　　　(c)　　　　(d)

ボールを落としたときの連続写真

図 (a)〜(d)はボールを床に鉛直に落下させたときの連続写真で，右の図のように物理で学んだエネルギー保存の法則の実験である。高さ h から質量 m の物体（ボール）を自然落下させると，地表面への落下寸前の物体の速度 v はエネルギーのつり合い条件式から，

$$mgh = \frac{1}{2}mv^2 \quad より \quad v = \sqrt{2gh}$$

物体の落下

が得られる。しかしエネルギーの概念を使わなくても，力と運動の関係を表すニュートンの第2法則である $F = ma$ の関係を使うことで求めることもできるが，境界条件や積分定数を求める必要があり，手間がかかってしまう（実際の求め方は考えてみよう）。構造力学でも，「エネルギーは保存される」という考え方を用いることでさまざまな計算が可能になる。

● この章で学ぶことの概要

力と変形の関係を表すフックの法則 $\sigma = E\varepsilon$ から，ある棒が引っ張られたときの伸びの量 Δl を求めることはできる。それでは，下の図に示すような荷重が作用しているトラスの変位 δ を求める場合，どのようにして求めればよいだろうか。なかなか難しい問題であるが，エネルギーに注目する方法で考えてみる。本章で学ぶ仕事とエネルギー法は，「外力による仕事」と「構造部材に蓄積されるエネルギー」の関係から，未知の変位や力を求める方法である。

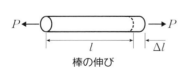

棒の伸び

トラスの変位

予習 授業の前にやっておこう!!

エネルギー法では，部材の軸力や曲げモーメントを求め，これらを使って問題を解くことになる。授業を始める前に，断面力の復習をしておこう。

1. 図に示すトラスの部材力 N_{AB}, N_{AC}, N_{BC} を求めよ。

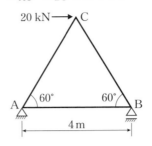

2. 図に示す片持ばりの曲げモーメント図をかけ。

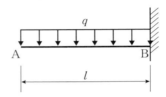

3. 図に示すラーメンの曲げモーメント図をかけ。

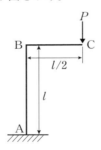

12.1 ひずみエネルギー

弾性体に外力が作用すると徐々に変形する。このとき，外力は弾性体に対して**仕事**（work）をしていることになる。また，弾性体内にはエネルギーが蓄積される。これが**ひずみエネルギー**（strain energy）である。

外力が弾性体に対してなした仕事とひずみエネルギーをそれぞれ**外力仕事**（external work）と**内力仕事**（internal work）という[1],[2]。

*1
+α プラスアルファ
仕事やエネルギーの単位はジュール［J］が使われる。1 ジュールは 1 ニュートンの力がその方向に物体を 1 メートル動かすときの仕事である。したがって 1［J］＝ 1［N·m］である。

12-1-1 外力仕事

一般に仕事は（力）×（距離）で表される。図12-1に示すように質量mのバケツを高さhだけ持ち上げたときの外力仕事は次式で表される。

$$W_0 = mgh$$

このときの力と距離の関係は図12-2で表される。上式の外力仕事は薄く塗りつぶした長方形の面積に相当することがわかる。

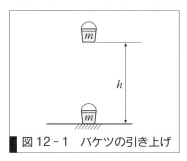
図12-1 バケツの引き上げ

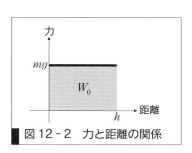
図12-2 力と距離の関係

一方，弾性体に作用する力の場合は，ばねに作用する力のようにその変位とともに徐々に大きくなるので，一定の力でバケツを持ち上げる場合とは異なる。図12-3に示すように，弾性体（棒材）を引っ張ったとき，弾性体の変位がuとなったときの力がPである。したがって，荷重と変位との関係は図12-4で表される。変位がu_xのときの力P_xが微小変位du_xの間は一定と考えると，P_xによる外力仕事は$P_x du_x$であり，これを以下のように積分することで外力仕事が得られる。

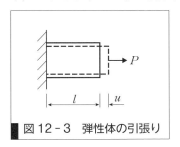
図12-3 弾性体の引張り

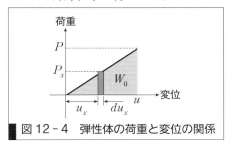
図12-4 弾性体の荷重と変位の関係

$$W_0 = \int_0^u P_x du_x = \int_0^u \frac{u_x}{u} P du_x = \frac{P}{u} \int_0^u u_x du_x = \frac{P}{u} \left[\frac{1}{2} u_x^2 \right]_0^u$$
$$= \frac{1}{2} Pu \qquad 12-1$$

外力の大きさは図12-4の薄く塗りつぶした三角形の面積に相当することがわかる[*3]。

同様に，モーメント荷重Mが作用する場合，その点において，同じ向きに角度θだけ変位したときの外力仕事は以下のように表される[*4]。

$$W_0 = \frac{1}{2} M\theta \qquad 12-2$$

[*2] **工学ナビ**
地震のエネルギー$E[J]$はマグニチュードと次の関係がある。
$$\log_{10} E = 4.8 + 1.5M$$

[*3] **Don't Forget!!**
一定の力が作用している場合の仕事は（力）×（動いた距離）で得られる。ばねに作用する力のように，伸びに比例して力が大きくなる場合の仕事は$(1/2)$×（力）×（動いた距離）で得られる。

[*4] **Don't Forget!!**
外力仕事は外力が作用した方向の変位を ＋ として考える。

12-1-2 内力仕事

1. 軸方向の力によるひずみエネルギー 図12-5に示すように，外力を受けてxの位置に作用する軸力をN_xとする。応力とひずみをそれぞれσ_xとε_xとし，微小長さdxの間は一定であるとする。断面積がdAの断面に作用する力は$\sigma_x dA$である。また長さがdxの部分の伸びは$\varepsilon_x dx$で表され，微小部分に作用する仕事dUは次式で表される。

$$dU = \frac{1}{2}(\sigma_x dA)(\varepsilon_x dx)$$

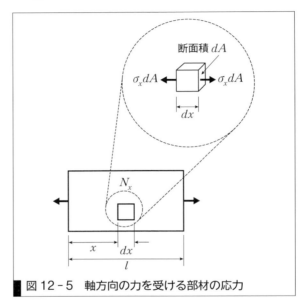

図12-5 軸方向の力を受ける部材の応力

これを部材全体にわたって積分すると，内力による仕事，すなわち内力仕事Uは次式で表される。

$$U = \int_0^l \int_A \frac{1}{2}(\sigma_x dA)(\varepsilon_x dx) = \int_0^l \int_A \frac{1}{2}(\sigma_x \varepsilon_x) dA dx \quad 12-3$$

ここで，部材の断面積がA，ヤング係数がEで全長にわたって一様であるとき，σ_x, ε_xは次式で表される。

$$\sigma_x = \frac{N_x}{A}$$

$$\varepsilon_x = \frac{\sigma_x}{E} = \frac{N_x}{EA}$$

これらを式12-3に代入すると次の式が得られる。

$$U = \int_0^l \left(\frac{N_x^2}{2EA^2}\right) \int_A dA dx$$

$\int_A dA = A$であるから，Uは次式となる。

$$U = \int_0^l \frac{N_x^2}{2EA} dx \quad 12-4$$

軸力が部材全長にわたって一定の場合 $(N_x = N)$，内力仕事は次式で与

えられる。

$$U = \frac{N^2 l}{2EA} \quad 12\text{-}5\ ^{*5}$$

*5 **Don't Forget!!** この式はしっかり覚えておこう。

このような内力仕事をひずみエネルギーという。

例題 12-1 図に示すトラス部材の部材力から，ひずみエネルギーを求めよ。

解答 支点 A，B の鉛直反力を V_A，V_B とすると

$$V_A = V_B = \frac{P}{2}$$

以下では節点法で部材力を求める。節点 A における鉛直力のつり合いより

$$\Sigma V = 0 : V_A + N_{AC} \sin 60° = 0$$

$$N_{AC} = -\frac{P}{2} \cdot \frac{2}{\sqrt{3}} = -\frac{\sqrt{3}\,P}{3} = N_{BC}$$

次に，節点 A における水平力のつり合いより

$$\Sigma H = 0 : N_{AC} \cos 60° + N_{AD} = 0$$

$$N_{AD} = -N_{AC} \cos 60° = -\left(-\frac{\sqrt{3}\,P}{3}\right) \cdot \frac{1}{2} = \frac{\sqrt{3}}{6}P$$
$$= N_{BD}$$

節点 D における鉛直力のつり合いより

$$N_{CD} = 0$$

ひずみエネルギーは式 12-5 より以下の表を用いて計算できる。

部材	N	l	$N^2 l$	$N^2 l/(2EA)$
AC	$-\sqrt{3}\,P/3$	l	$P^2 l/3$	$P^2 l/6EA$
BC	$-\sqrt{3}\,P/3$	l	$P^2 l/3$	$P^2 l/6EA$
AD	$\sqrt{3}\,P/6$	$l/2$	$P^2 l/24$	$P^2 l/48EA$
BD	$\sqrt{3}\,P/6$	$l/2$	$P^2 l/24$	$P^2 l/48EA$
CD	0	$\sqrt{3}\,l/2$	0	0
			合計	$3P^2 l/8EA$

よって，$U = \dfrac{3P^2 l}{8EA}$

2. 曲げモーメントによるひずみエネルギー 図 12-6 に示すような曲げモーメントを受ける部材において，中立軸から y の位置の曲げモーメントによる垂直応力は次式で表される。

$$\sigma_x = \frac{M_x}{I} y$$

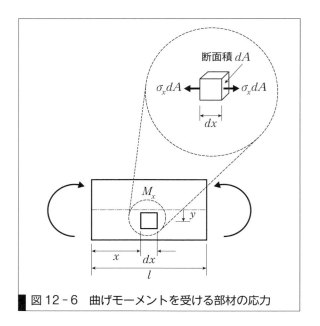

図12-6 曲げモーメントを受ける部材の応力

ここに，I は断面二次モーメントである。上式を式12-3に代入すると次式が得られる。

$$U = \int_0^l \int_A \frac{1}{2}(\sigma_x \varepsilon_x) dA dx = \int_0^l \int_A \frac{1}{2}\left(\frac{M_x}{I}y\right)\left(\frac{M_x}{EI}y\right) dA dx$$
$$= \int_0^l \left(\frac{M_x^2}{2EI^2}\right) \int_A y^2 dA dx$$

$\int_A y^2 dA = I$ であるから，U は次式となる。

$$U = \int_0^l \frac{M_x^2}{2EI} dx \qquad\qquad 12-6\ ^{*6}$$

*6
Don't Forget!!
この式はしっかり覚えておこう。

例題 12-2 図に示す片持ばりのひずみエネルギーを求めよ。ただし，はりの曲げ剛性 EI は一定とする。

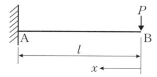

解答 支点Bからxの点におけるはりの曲げモーメントM_xは次式で表される。

$$M_x = -Px$$

ひずみエネルギーは以下のように得られる。

$$U = \frac{1}{2EI}\int_0^l (-Px)^2 dx = \frac{P^2}{2EI}\left[\frac{1}{3}x^3\right]_0^l$$

よって，$U = \dfrac{P^2 l^3}{6EI}$

3. せん断力によるひずみエネルギー　部材にせん断力 Q_x が作用しているとき，せん断力によるひずみエネルギーは次式で表される*7。

$$U = \kappa \int_0^l \frac{Q_x^2}{2GA} dx \qquad 12-7$$

ここに，G はせん断弾性係数である。また，κ は断面の形状によって決まる係数であり次式で表される。

$$\kappa = A \int_A \frac{G_x^2}{I^2 b_y} dy \qquad 12-8$$

ここに，G_x^2 は図 12-7 において，y から上端までの中立軸に関する断面一次モーメントである。長方形断面では $\kappa = 1.20$ となる*8。

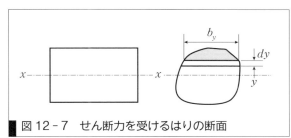

図 12-7　せん断力を受けるはりの断面

12-1-3 外力仕事と内力仕事の関係

弾性体において外力がなした仕事はすべてひずみエネルギーとして蓄えられる。したがって，外力仕事は内力仕事に等しいというエネルギー保存則が成り立つ*9。この関係より，軸力を受ける部材の伸びや，トラスやラーメンの変位，はりのたわみなどを求めることができる。

例題 12-3　例題 12-1 において，節点 C の鉛直変位を求めよ。

解答　例題 12-1 より，トラス全体のひずみエネルギーが以下のように得られている。

$$U = \frac{3P^2 l}{8EA}$$

節点 C の鉛直変位を u とすると，外力仕事は内力仕事に等しいことから，

$$\frac{1}{2} Pu = \frac{3P^2 l}{8EA}$$

の関係が成り立つ。これより u が次のように得られる。

---

*7 Webにlink

+α プラスアルファ
はりにおいては，せん断力によるひずみエネルギーは曲げモーメントのそれに比較して小さく実用上無視されることが多い。

Let's TRY!!
幅 25 mm 高さ 2 mm の長方形断面をもつ長さ 1000 mm の単純ばりの中点に大きさ 20 N の集中荷重が作用するときの，曲げモーメントとせん断力によるひずみエネルギーをそれぞれ求めて，その大きさを比較しなさい。ただし，部材のヤング係数とせん断弾性係数はそれぞれ
$E = 2.0 \times 10^5 \text{ N/mm}^2$
$G = 8.0 \times 10^4 \text{ N/mm}^2$
とする。

*8 **Let's TRY!!**
長方形断面では $\kappa = 1.20$ となることを確かめてみよう。

*9 **工学ナビ**
本章の冒頭で扱った物体の落下の問題では，位置エネルギーと運動エネルギーの代数和が一定というエネルギー保存則を適用した。

$$u = \frac{3Pl}{4EA}$$

例題 12-4 例題12-2において，自由端Bのたわみを求めよ。

解答 例題12-2より，はりのひずみエネルギーが以下のように得られている。

$$U = \frac{P^2 l^3}{6EI}$$

自由端Bのたわみをuとすると，外力仕事は内力仕事に等しいことから

$$\frac{1}{2}Pu = \frac{P^2 l^3}{6EI}$$

の関係が成り立つ。これよりuが次のように得られる。

$$u = \frac{Pl^3}{3EI}$$

12・2 仮想仕事の原理

12-2-1 剛体における仮想仕事

図12-8に示すように剛体ABCDが荷重P_1, P_2, P_3を受けてつり合いの状態にある。剛体に仮想の水平変位$\bar{\delta}$を与えたとき，各荷重のなす仕事の合計（仮想仕事）$\bar{W}$は次のようになる。ただし，仮想変位$\bar{\delta}$は荷重のつり合いを乱さない程度の小さいものとする。

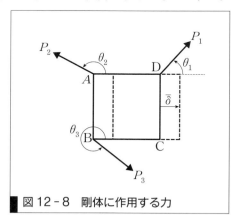

図12-8 剛体に作用する力

$$\begin{aligned}\bar{W} &= P_1\cos\theta_1\bar{\delta} + P_2\cos\theta_2\bar{\delta} + P_3\cos\theta_3\bar{\delta}\\&= (P_1\cos\theta_1 + P_2\cos\theta_2 + P_3\cos\theta_3)\bar{\delta}\\&= R_H \cdot \bar{\delta}\end{aligned}$$

上式において，R_Hは作用している荷重の水平分力の合力であり，P_1, P_2, P_3がつり合っていることから，$R_H = 0$であり$\bar{W} = 0$となる。

このように，つり合いの状態にある剛体において，仮想変位に対して作用している荷重のなす仕事（仮想仕事）の合計は0になることを**仮想変位の原理**（principle of virtual displacement）という。

仮想変位の原理は，次の例題に示すような静定構造の支点反力を求めることにも応用できる。

例題 12-5 図に示す単純ばりの支点反力を仮想変位の原理から求めよ。

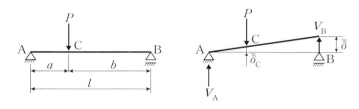

解答 はりの右端に仮想の鉛直変位 $\overline{\delta}$ を与えた。このとき，支点反力 V_B と荷重 P が仮想変位に対してなす仕事の合計を $\overline{W}$ とすると，仮想変位の原理から次式が得られる。

$$\overline{W} = V_B \cdot \overline{\delta} - P\overline{\delta}_C = 0$$

はりを剛体とみて，$\overline{\delta}_C = (a/l) \cdot \overline{\delta}$ を上式に代入すると $V_B = (a/l)P$ が得られる。同様に，はりの右端に仮想の鉛直変位 $\overline{\delta}$ を与えれば，$V_A = (b/l)P$ が得られる[*10]。

*10 じつはこの解 V_A, V_B は，$P = 1$ とし，はり上を移動する（つまり，a と b が変化する）と考えたときの V_A, V_B の影響を表している（第11章11-2節参照）。

12-2-2 弾性体における仮想仕事

弾性体は剛体とは異なり，外力が作用することで変形が生じる。弾性体に作用する外力がつり合っているとき，外力が仮想変位に対してなす仮想仕事は，内力すなわち断面力が仮想の変形に対してなす仮想仕事に等しくなる。また，仮想変位ではなく仮想外力を与えた場合でも，同様の関係が成り立つ。つまり，仮想外力が実際の変位に対してなす仮想仕事は，仮想外力によって生じる仮想断面力が実際の変形に対してなす仮想仕事に等しい。これらを**仮想仕事の原理**（principle of virtual work）という。以下では，軸方向の力を受ける部材と曲げモーメントを受ける部材について，仮想仕事の原理を説明する。

1. 軸方向の力を受ける部材 剛性が EA で一定の棒が荷重 P を受けて断面力（軸力）N が発生しているものとする。この棒が仮想荷重 $\overline{P}$ を受け，仮想の軸力 $\overline{N}$ が生じたものとする。仮想仕事の原理より次式が得られる。

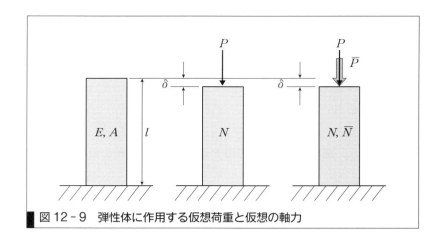

図12-9 弾性体に作用する仮想荷重と仮想の軸力

$$\overline{P} \cdot \delta = \overline{N} \cdot (\varepsilon \cdot l)$$

ここに，δ，ε はそれぞれ，実荷重による棒の変位とひずみを表す．仮想荷重と，これを受けて発生する仮想の軸力の大きさに変化はないため，$1/2$ はつかない．上式に $\varepsilon = N/(EA)$ を代入すると，次のようになる．

$$\overline{P} \cdot \delta = \frac{N\overline{N}}{EA} \cdot l \qquad 12\text{-}9$$

2. 曲げモーメントを受ける部材 曲げモーメントを受けるはりの仮想仕事について考える．図12-10において，x の位置に作用する実荷重による曲げモーメントを M_x とすると，中立軸から y の位置に次の垂直ひずみが生じる．

$$\varepsilon_x = \frac{M_x}{EI} y$$

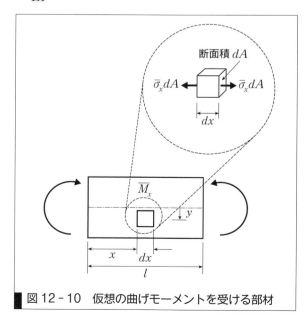

図12-10 仮想の曲げモーメントを受ける部材

図12-10に示すように，仮想荷重による曲げモーメント $\overline{M}_x$ から生じた仮想の垂直応力 $\overline{\sigma}_x$ は次式で表される。

$$\overline{\sigma}_x = \frac{\overline{M}_x}{I}y$$

$\overline{\sigma}_x, \varepsilon_x$ は微小長さ dx の間は一定であるとする。微小要素の断面積が dA の断面に作用する力は $\overline{\sigma}_x dA$ である。また長さが dx の部分の伸びは $\varepsilon_x dx$ で表され，微小要素について仮想の断面力によって生じた応力が部材内部の実際の変形に対してなす仮想仕事を $d\overline{U}$ とすると次式で表される。

$$d\overline{U} = (\overline{\sigma}_x dA)(\varepsilon_x dx)$$

これを部材全体にわたって積分することで，仮想仕事 $\overline{U}$ は次のように求められる。

$$\overline{U} = \int_0^l \int_A (\overline{\sigma}_x dA)(\varepsilon_x dx) = \int_0^l \int_A (\overline{\sigma}_x \varepsilon_x) dA dx$$
$$= \int_0^l \int_A \left(\frac{\overline{M}_x}{I}y\right)\left(\frac{M_x}{EI}y\right) dA dx = \int_0^l \frac{M_x \overline{M}_x}{EI^2} dx \int_A y^2 dA$$

$\int_A y^2 dA = I$ であるから次式が得られる。

$$\overline{U} = \int_0^l \frac{M_x \overline{M}_x}{EI} dx$$

一方，仮想荷重 $\overline{P}$ が実際の変位 δ に対してなす仮想仕事は $\overline{P}\cdot\delta$ であり，これと上式の $\overline{U}$ は等しいため次式が成り立つ。

$$\overline{P}\cdot\delta = \int_0^l \frac{M_x \overline{M}_x}{EI} dx \qquad 12-10$$

12-2-3 単位荷重法

1. 軸方向の力を受ける部材　式12-9において，仮想荷重を単位の大きさ，すなわち $\overline{P} = 1$ とすると次式となる。

$$1\cdot\delta = \frac{N\overline{N}}{EA}\cdot l$$
$$\delta = \frac{N\overline{N}}{EA}\cdot l \qquad 12-11$$

上式の $\overline{N}$ は単位の大きさの仮想荷重が作用したときに発生する仮想の軸力である。式12-11から，弾性体に荷重が作用したときの実際の変位 δ が求められる。このように，仮想の単位荷重（大きさが1の集中荷重）を作用させて仮想仕事の原理を適用し，弾性体の変位を求める方法を**単位荷重法**（unit load method）という[*11]。

*11
Don't Forget!!
単位荷重法は，仮想仕事の原理で，はり，トラス，ラーメンなどの変位を求めるときに，よく用いられる。

例題 12-6 単位荷重法によりトラスの点Cの鉛直変位δを求めよ[*12]。ただし，剛性は$EA = 3.0 \times 10^3$ [kN]で全部材一定とする。

> **ヒント**[*12]
> トラスの場合は，各部材について，N, $\overline{N}$, l(部材長), $N\overline{N}l$の一覧表を作成するとわかりやすい。

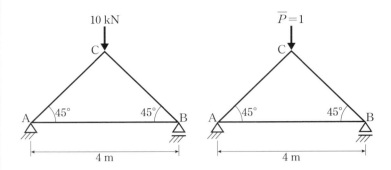

解答

部材	N[kN]	$\overline{N}$(無次元)	l[m]	$N\overline{N}l$ [kN·m]
AB	5	0.5	4	10
AC	$-5\sqrt{2}$	$-0.5\sqrt{2}$	$2\sqrt{2}$	$10\sqrt{2}$
BC	$-5\sqrt{2}$	$-0.5\sqrt{2}$	$2\sqrt{2}$	$10\sqrt{2}$
			合計	$10 + 20\sqrt{2}$

単位荷重法より，
$$1 \times \delta = \Sigma \frac{N\overline{N}l}{EA} = \frac{10 + 20\sqrt{2}}{3 \times 10^3}$$
$$\delta = 0.0128 \text{ m}$$
$$= 1.28 \text{ cm}$$

2. 曲げモーメントを受ける部材 式12-10において，仮想荷重を単位の大きさ，すなわち$\overline{P} = 1$とすると次式となる。

$$1 \cdot \delta = \delta = \int_0^l \frac{M_x \overline{M}_x}{EI} dx \qquad 12\text{-}12$$

上式の$\overline{M}_x$は，仮想の単位荷重が作用したときに発生する仮想の曲げモーメントの式である。したがって，単位荷重法を適用してはりのたわみを求める場合は，たわみを求めたい点に仮想の単位集中荷重$\overline{P} = 1$を作用させ，式12-12を用いることになる。

たわみ角を求めたい場合は，その点に仮想単位のモーメント荷重$\overline{M} = 1$を作用させ，次式を用いることになる。

$$\overline{M} \cdot \theta = 1 \cdot \theta = \int_0^l \frac{M_x \overline{M}_x}{EI} dx \qquad 12\text{-}13$$

例題 12-7 図に示す片持ばりの自由端のたわみ δ を単位荷重法によって求めよ。ただし，はりの曲げ剛性は EI で一定とする[*13]。

*13
Don't Forget!!
仮想荷重は，変位を求めたい点と方向に作用させる。

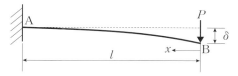

解答 実荷重による曲げモーメント $M_x = -Px$
仮想荷重による曲げモーメント $\overline{M}_x = -x$
単位荷重法より

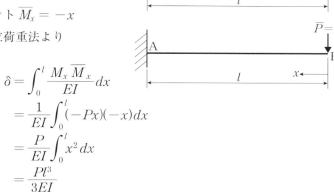

$$\delta = \int_0^l \frac{M_x \overline{M}_x}{EI} dx$$
$$= \frac{1}{EI} \int_0^l (-Px)(-x) dx$$
$$= \frac{P}{EI} \int_0^l x^2 dx$$
$$= \frac{Pl^3}{3EI}$$

例題 12-8 図に示す片持ばりの自由端のたわみ角 θ を単位荷重法によって求めよ。ただし，はりの曲げ剛性は EI で一定とする[*14]。

*14
＋α プラスアルファ
単位荷重法によって，はりのたわみ角を求める場合，単位荷重をなぜ時計回りに作用させるのか。これは，たわみ角の定義が，水平軸から時計回りに測った角度であることによる。この場合は，式 12-13 で得られた値をもってたわみ角としてよい。
単位荷重を反時計回りに作用させた場合，式 12-13 で得られた値に -1 を乗じたものがたわみ角となる。

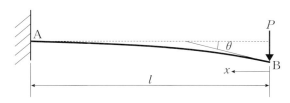

解答

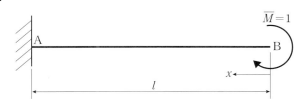

実荷重による曲げモーメント $M_x = -Px$
仮想荷重による曲げモーメント $\overline{M}_x = -1$
単位荷重法より

$$\theta = \int_0^l \frac{M_x \overline{M}_x}{EI} dx = \frac{1}{EI} \int_0^l (-Px)(-1) dx$$
$$= \frac{P}{EI} \int_0^l x dx = \frac{Pl^2}{2EI}$$

例題 12-9 図に示す片持ばりの中点Cのたわみδを単位荷重法によって求めよ。ただし，はりの曲げ剛性はEIで一定とする[*15]。

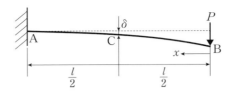

[解答] 実荷重と仮想荷重による曲げモーメント図を以下に示す。

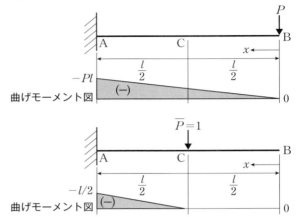

単位荷重法より，

$$\delta = \int_0^{\frac{l}{2}} \frac{M_x \overline{M}_x}{EI} dx + \int_{\frac{l}{2}}^{l} \frac{M_x \overline{M}_x}{EI} dx \int_0^{l} \frac{M_x \overline{M}_x}{EI} dx$$

$$= \frac{1}{EI} \left\{ \int_0^{\frac{l}{2}} (-Px)(0) dx + \int_{\frac{l}{2}}^{l} (-Px)\left(-x + \frac{l}{2}\right) dx \right\}$$

$$= \frac{P}{EI} \int_{\frac{l}{2}}^{l} \left(x^2 - \frac{l}{2}x\right) dx = \frac{P}{EI} \left[\frac{1}{3}x^3 - \frac{l}{4}x^2 \right]_{\frac{l}{2}}^{l} = \frac{5Pl^3}{48EI}$$

---

*15 **Let's TRY!!**
例題 12-9 において，BC間の曲げモーメント図が0であることから，xを点Cから左向きにとり，以下のようにAC間のみの計算でよい。

$$\delta = \int_0^{\frac{l}{2}} \frac{M_x \overline{M}_x}{EI} dx$$

この方法で同じ答えが得られえるか，試してみよう。計算量は解答例よりも少なくなるはずである。

12・3 カスティリアノの定理

曲げモーメントを受けるはりのひずみエネルギーの式12-6を荷重Pで偏微分すると次式となる。

$$\frac{\partial U}{\partial P} = \int \frac{M_x}{EI} \frac{\partial M_x}{\partial P} dx$$

ここで，$\partial M_x / \partial P$は，$P$が1だけ変化したときの$M_x$の変化である。これは，荷重$P$が作用する点に仮想荷重$\overline{P} = 1$が作用したときの曲げモーメント$\overline{M}_x$とみることができる。そこで，上式に$\partial M_x / \partial P = \overline{M}_x$を代入すると

$$\frac{\partial U}{\partial P} = \int \frac{M_x \overline{M}_x}{EI} dx$$

となる。上式の右辺は仮想仕事の原理の式12-10と同じになる。

このように，ひずみエネルギーを力で偏微分すると，その力の作用している点における力の作用方向の変位 δ を求めることができる。これを**カスティリアノの第2定理**（Castigliano's second theorem）という。

$$\delta = \frac{\partial U}{\partial P} \qquad 12-14$$

たわみ角 θ を求めたい場合は，ひずみエネルギーをそこに作用するモーメント荷重で偏微分することで求めることができる。

$$\theta = \frac{\partial U}{\partial M} \qquad 12-15$$

例題 12-10 図に示す単純ばりの中点 C におけるたわみをカスティリアノの定理によって求めよ。ただし，はりの曲げ剛性は EI で一定とする[*16]。

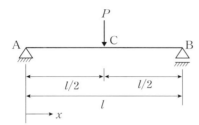

解答 はりの曲げモーメントは中点 C で左右対称で，その式は，$0 \leq x \leq l/2$ において

$$M_x = \frac{P}{2}x$$

はりのひずみエネルギーは

$$U = 2\int_0^{\frac{l}{2}} \frac{M_x^2}{2EI}dx$$

したがって，点 C のたわみは次のように求めることができる。

$$\delta = \frac{\partial U}{\partial P} = 2\int_0^{\frac{l}{2}} \frac{M_x}{EI}\frac{\partial M_x}{\partial P}dx = 2\frac{1}{EI}\int_0^{\frac{l}{2}}\left(\frac{P}{2}x\right)\left(\frac{1}{2}x\right)dx$$
$$= \frac{P}{2EI}\int_0^{\frac{l}{2}} x^2 dx = \frac{Pl^3}{48EI}$$

カスティリアノの定理は，仮想仕事の原理のように別途仮想系を考えなくてもよいというメリットがある。

また，カスティリアノの定理には次式に示す第1定理があり，任意の外力の作用点の変位でひずみエネルギーを偏微分すると，その点における変位の方向に作用する力を求めることができる。

$$P = \frac{\partial U}{\partial \delta}$$

[*16] **Let's TRY!**
実荷重が作用していない点におけるたわみやたわみ角をカスティリアノの定理で求めることができるだろうか。この例題で支点 A のたわみ角を求めてみよう。

ヒント
支点 A に，実際には作用していないが，モーメント荷重 M を作用させ，実荷重 P とモーメント荷重 M が作用している単純ばりの M_x を求める。そして，カスティリアノの定理を適用し，最後に $M = 0$ とおけばよい。

12.4 最小仕事の原理

不静定構造（第13章参照）において，不静定力はひずみエネルギー U が最小となるように作用する。すなわち，不静定力を X とすると，次式が成り立つ[17]。

$$\frac{\partial U}{\partial X} = 0 \qquad 12-16$$

これを**最小仕事の原理**（principle of the minimum work）または**ひずみエネルギー最小の原理**（principle of the minimum strain energy）という。最小仕事の原理 $\frac{\partial U}{\partial X} = 0$ が成り立つ理由について，次の例を用いて考えてみよう。

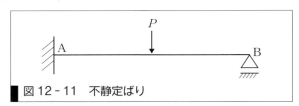

図12-11　不静定ばり

図12-11は一次不静定のはりであり，図12-12の片持ばりを静定基本形とする[18]。

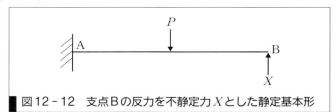

図12-12　支点Bの反力を不静定力Xとした静定基本形

Xは不静定力である。カスティリアノの定理より，自由端の鉛直上向きの変位 δ_B は次式で表される。

$$\delta_\mathrm{B} = \frac{\partial U}{\partial X}$$

ここに U は，はりのひずみエネルギーである。静定基本形において，自由端は本来支点であり，支点の上下方向の変位は0であることから最小仕事の原理である

$$\frac{\partial U}{\partial X} = \delta_\mathrm{B} = 0$$

は成り立つ。同様に，静定基本形を単純ばりとして，不静定力としてモ

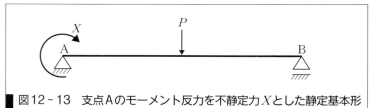

図12-13　支点Aのモーメント反力を不静定力Xとした静定基本形

---

[17] 不静定力の大きさによってひずみエネルギーの大きさも変わる。ひずみエネルギーと不静定力が下図の関係にあるとすると，ひずみエネルギーが最小値となるのは，以下の関係が成り立つときである。

$$\frac{\partial U}{\partial X} = 0$$

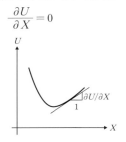

[18] 図12-11は一次不静定の構造である。これを図12-12に示すような片持ばりの自由端Bに未知の反力Xが作用しているものとして表すことができる。このXを不静定力といい，片持ばりを静定基本形という。
また，静定基本形を下図のような単純ばりとしてもよい。この場合，不静定力は支点Aのモーメント反力になる。

不静定構造の詳細については第13章を参照されたい。

ーメント荷重をとった場合でも，本来支点 A が固定端であり，たわみ角 θ_A が0であることから

$$\frac{\partial U}{\partial X} = \delta_A = 0$$

が成り立つ。

例題 12-11 図に示す不静定ばりの支点反力を最小仕事の原理より求めよ。ただし，はりの曲げ剛性は EI で一定とする。

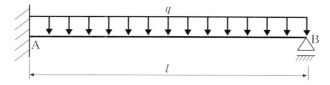

解答 支点 B の反力を不静定力 X とする。

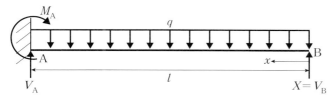

$$U = \int_0^l \frac{M_x^2}{2EI} dx$$

ここに

$$M_x = X \cdot x - \frac{1}{2}qx^2$$

最小仕事の原理より

$$\frac{\partial U}{\partial X} = \frac{1}{EI}\int_0^l M_x \frac{\partial M_x}{\partial X} dx = \frac{1}{EI}\left[\frac{X}{3}x^3 - \frac{q}{8}x^4\right]_0^l$$
$$= \frac{1}{EI}\left(\frac{X}{3}l^3 - \frac{q}{8}l^4\right) = 0$$

したがって

$$X = \frac{3}{8}ql = V_B$$

$\Sigma V = 0$ より

$$V_A = \frac{5}{8}ql$$

$\Sigma M_B = 0$ より

$$V_A \cdot l + M_A - ql \cdot \frac{l}{2} = 0$$

$$M_A = \frac{q}{2}l^2 - V_A \cdot l = -\frac{q}{8}l^2$$

例題 12-12 図に示すように，片持ばりの自由端をばね定数 k のばねで支持している。ばねに作用する力を最小仕事の原理より求めよ。ただし，はりの曲げ剛性は EI で一定とする。

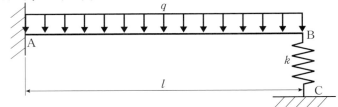

解答

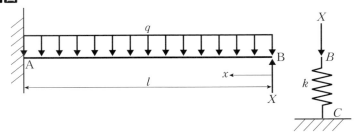

片持ばりとばねについて，それぞれのひずみエネルギーを考える。はりの自由端がばねから受ける力を不静定力 X とする。

はりのひずみエネルギーは次式で得られる。

$$U_1 = \int_0^l \frac{M_x^2}{2EI} dx$$

ここに，

$$M_x = X \cdot x - \frac{1}{2} q x^2$$

ばねのひずみエネルギーは次式で得られる[19]。

$$U_2 = \frac{1}{2} \frac{X^2}{k}$$

全ひずみエネルギーを U とすると

$$U = U_1 + U_2$$

最小仕事の原理より

$$\frac{\partial U}{\partial X} = \frac{1}{EI} \int_0^l M_x \frac{\partial M_x}{\partial X} dx + \frac{X}{k}$$
$$= \frac{1}{EI} \left(\frac{X}{3} l^3 - \frac{q}{8} l^4 \right) + \frac{X}{k} = 0$$

よって，$X = \dfrac{q}{8EI} l^4 \left/ \left(\dfrac{l^3}{3EI} + \dfrac{1}{k} \right) \right.$

一次不静定の問題の場合は，以上のように $\partial U/\partial X = 0$ とおいて，この式を満足するような不静定力 X を求めることができる。

高次不静定の問題に最小仕事の原理は適用できるだろうか。図 12-14 に示す問題を例に考えてみよう。

---

[19]
ばねの変位 δ は荷重 X と比例する。

$X = k\delta$

荷重 X による外力仕事

$W = \dfrac{1}{2} X \delta$

外力仕事はひずみエネルギーと等しく，また $\delta = X/k$ より，ばねのひずみエネルギーは次式で表される。

$U = \dfrac{1}{2} \dfrac{X^2}{k}$

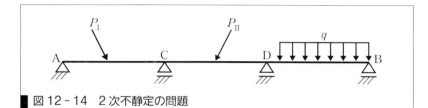

図 12-14　2 次不静定の問題

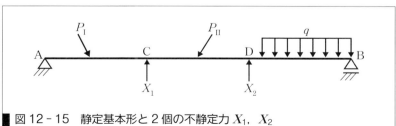

図 12-15　静定基本形と 2 個の不静定力 X_1, X_2

　最小仕事の原理より，$\partial U/\partial X_1 = 0$，$\partial U/\partial X_2 = 0$ が成り立つため，これらを連立して，次の連立方程式を解くことで，不静定力 X_1，X_2（図 12-15）を求めることができる。

$$\begin{cases} \dfrac{\partial U}{\partial X_1} = 0 \\ \dfrac{\partial U}{\partial X_2} = 0 \end{cases}$$

　仮想仕事の原理を応用すると，高次不静定構造の解き方を以下のように簡潔に表すことができる。図 12-16 において，実荷重による点 C，D のたわみは単位荷重法より次式で表される。

$$\delta_{10} = \int \frac{M_0 \overline{M}_1}{EI} dx, \ \delta_{20} = \int \frac{M_0 \overline{M}_2}{EI} dx$$

ここに，M_0 は実荷重により曲げモーメントの式を表す。$\overline{M}_1$ は点 C に対して鉛直下向きに仮想の単位荷重が作用したときの曲げモーメントの式を表す。$\overline{M}_2$ も同様に点 D に対して鉛直下向きに仮想の単位荷重 $\overline{P} = 1$ が作用したとき（図 12-17 と同様の仮想系）の曲げモーメントを表す。

　一方，図 12-17 および図 12-18 において，点 C，D にそれぞれ単位荷重 $P_1 = 1$，$P_2 = 1$ が作用したときのたわみは単位荷重法より次式で得られる。

$$\delta_{11} = \int \frac{M_1 \overline{M}_1}{EI} dx, \ \delta_{21} = \int \frac{M_1 \overline{M}_2}{EI} dx$$

$$\delta_{12} = \int \frac{M_2 \overline{M}_1}{EI} dx, \ \delta_{22} = \int \frac{M_2 \overline{M}_2}{EI} dx$$

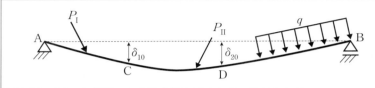

図 12-16　実荷重による静定基本形の点 C, D のたわみ

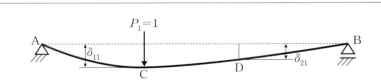

図 12-17　点 C に単位荷重が作用しているときの C, D のたわみ

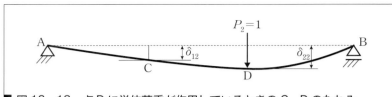

図 12-18　点 D に単位荷重が作用しているときの C, D のたわみ

ここに，$P_1 = 1$ が作用したときの点 C, D のたわみがそれぞれ δ_{11}, δ_{21} であり，$P_2 = 1$ が作用したときの点 C, D のたわみがそれぞれ δ_{12}, δ_{22} である。P_1, P_2 は単位荷重であるから，$M_1 = \overline{M}_1$, $M_2 = \overline{M}_2$ となるため，次式が得られる。

$$\begin{cases} \delta_{11} = \int \dfrac{\overline{M}_1\,\overline{M}_1}{EI} dx, \ \delta_{21} = \int \dfrac{\overline{M}_1\,\overline{M}_2}{EI} dx \\ \delta_{12} = \int \dfrac{\overline{M}_2\,\overline{M}_1}{EI} dx, \ \delta_{22} = \int \dfrac{\overline{M}_2\,\overline{M}_2}{EI} dx \end{cases} \quad 12\text{-}17$$

図 12-14 に示したように点 C, D は支点であり，それぞれの点において，鉛直変位は 0 である。したがって，図 12-15 に示した静定基本形において，実荷重による点 C, D の鉛直変位と不静定力による同じ点の鉛直変位は，その大きさが同じでなければならない。式で表せば以下のようになり，この連立方程式を解くことで不静定力が得られる[20]。

$$\begin{cases} \delta_{10} = \delta_{11} X_1 + \delta_{12} X_2 \\ \delta_{20} = \delta_{21} X_1 + \delta_{22} X_2 \end{cases} \quad 12\text{-}18\,[21]$$

n 次不静定の問題の場合は，次式を解くことになる。

$$\begin{cases} \delta_{10} = \delta_{11} X_1 + \delta_{12} X_2 + \cdots + \delta_{1n} X_n \\ \delta_{20} = \delta_{21} X_1 + \delta_{22} X_2 + \cdots + \delta_{2n} X_n \\ \vdots \\ \delta_{n0} = \delta_{n1} X_1 + \delta_{n2} X_2 + \cdots + \delta_{nn} X_n \end{cases} \quad 12\text{-}19\,[21]$$

式 12-19 において，$\delta_{ij} = \delta_{ji}$ であることに注目しよう。たとえば図

[20]
図 12-17 において $P_1 = 1$ の代わりに X_1 を載荷したときの点 C と D のたわみはそれぞれ $\delta_{11} X_1$ と $\delta_{21} X_1$ で表される。また，図 12-18 において $P_2 = 1$ の代わりに X_2 を載荷したときの点 C と D のたわみはそれぞれ $\delta_{12} X_2$ と $\delta_{22} X_2$ で表される。

[21] **＋α プラスアルファ**
この式において不静定力 X_1, X_2 と仮想の単位荷重 P_1, P_2 の向きが逆であることを考慮すると，式 12-18 および式 12-19 は，第 13 章の式 13-6 で，$\delta_1 = 0$ とおき，δ_{k0} ($k = 1, 2, \cdots, n$) の符号を逆にしたものと等しくなる。つまり，最小仕事の原理と第 13 章の余力法は等しい。

12–17 と図 12–18 で点 C に単位荷重が作用したときの点 D のたわみは，点 D に単位荷重が作用したときの点 C のたわみに等しいことを表している。これを**相反作用の定理（reciprocal theorem）**（Maxwell の定理）という。

演習問題　A　基本の確認をしましょう

12-A1　図に示すようなヤング係数，断面積，長さがそれぞれ E, A, h と $2E$, A, $2h$ の棒に圧縮荷重 P が作用している。棒のひずみエネルギー U を求め，またエネルギー保存則より棒の縮み u を求めよ。

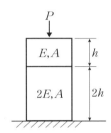

12-A2　図に示すトラスのひずみエネルギー U を求め，またエネルギー保存則から節点 C の鉛直変位 δ_C を求めよ。ただし，部材の剛性は $EA = 5.0 \times 10^3$ kN で一定とする。

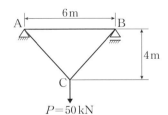

12-A3　図に示す単純ばりの点 C におけるたわみ δ_C を仮想仕事の原理から求めよ。ただし，はりの曲げ剛性は EI とする。

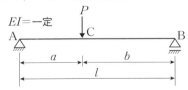

12-A4　図に示す張出しばりにおいて，点 C のたわみ δ_C をカスティリアノの定理を用いて求めよ。ただし，はりの曲げ剛性は EI で一定とする。なお，AB 間 $(0 \leqq x_1 \leqq l)$ と CB 間 $(0 \leqq x_2 \leqq a)$ の曲げモーメントはそれぞれ，$M_{x_1} = -(a/l)Px_1$, $M_{x_2} = -Px_2$ で表される。

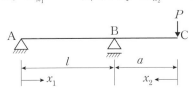

12-A5　図に示す曲げ剛性が EI の不静定ばりにおいて，支点 B の鉛直反力 V_B を最小仕事の原理から求めよ。

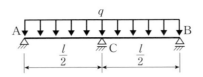

演習問題　B　　もっと使えるようになりましょう

12-B1　図に示すように，円錐の部材を逆さにつるしたとき，自重によるひずみエネルギー U を求めよ。ただし，部材の密度とヤング係数をそれぞれ ρ と E とする。また重力加速度を g とする。

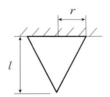

12-B2　図に示すトラスにおいて，点 C の鉛直変位 δ_C を仮想仕事の原理によって求めよ。ただし，部材の剛性は EA で一定とする。

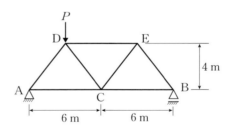

12-B3　図に示すラーメンにおいて，支点 B の水平変位 δ_B（右向きを正とする）を仮想仕事の原理によって求めよ。ただし，部材の曲げ剛性は EI で一定とする。

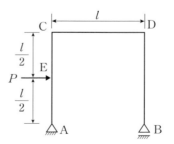

12-B4　図に示す単純ばりにおいて，支点 B のたわみ δ_B をカスティリアノの定理を用いて求めよ。ただし，はりの曲げ剛性は EI で一定とする。

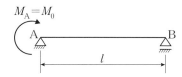

12-B5 曲げ剛性がそれぞれ EI と $3EI$ で，ともに長さが l の単純ばりが中点 E で交わっている．点 E に鉛直荷重 P が作用するときのたわみ δ_E を最小仕事の原理から求めよ．

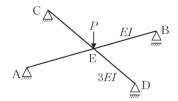

あなたがここで学んだこと

この章であなたが到達したのは

- □ 構造力学における仕事やひずみエネルギーの概念を説明できる
- □ エネルギー法として，仮想仕事の原理，カスティリアノの定理，最小仕事の原理の概念を説明できる
- □ エネルギー法で静定構造の変位やたわみを計算することができる
- □ エネルギー法で不静定構造の支点反力を求めることができる

　本章では，仕事やひずみエネルギーから，はりのたわみや，トラスやラーメンなどの変位を求める方法，また不静定構造の支点反力を求める方法などについて学習した．これまでの知識では問題を解くのが困難であった，あるいは解くことはできるが大変手間がかかった問題に対して，エネルギー法を適用することで比較的簡単に解くことができる．エネルギー法でも，エネルギー保存則，仮想仕事の原理，カスティリアノの定理，最小仕事の定理がある．問題の特徴をみきわめ，効率的な方法を適用できるようにしよう．

13章 不静定構造

図A 雷電廿六木橋（埼玉県秩父市）

図Aは，埼玉県秩父市大滝の荒川水系中津川にある滝沢ダムの下流側に建設された雷電廿六木橋である。この橋は，ダム建設に先立ち，国道140号のつけ替えとして高低差約125 mを美しいループで接続し，1995年（平成7年）から1998年（平成10年）の3年の工事で完成した。この橋は，1998年度に土木学会田中賞，プレストレストコンクリート技術協会賞，日本コンクリート工学協会作品賞，1999年度（平成11年度）に日本デザイン振興会グッドデザイン賞を，2010年度（平成22年度）に土木学会デザイン賞最優秀賞を受賞している。

この橋は，2つの橋と山の斜面を貫いた直線と曲線から成り，ループ形状と細身の橋脚群の美しさは，中津川の谷間に溶け込んでいる。「自分で自分の姿が見える橋」というデザイン設計がされ，周辺環境との融合がはかられている。橋脚に近づいてみると，そそり立つ橋脚の側面は下見板のような凹凸模様でコンクリート施工されている（図B）。これは，橋脚の陰影を協調し，それをすっきり細く見せたり，その表面上のコンクリートの汚れや劣化を目立たなくする工夫だそうである。

図B 雷電廿六木橋の下見板模様の橋脚

ループを構成する2つの橋は「大滝大橋」「廿六木大橋」で，いずれもプレストレストコンクリート5径間連続ラーメン橋である。大滝大橋は全長345 m×幅員10.15 m，廿六木大橋は全長270 m×幅員9.15 mで，ともに片側1車線と歩道をもつコンクリート中空箱形断面である。歩いても車でも渡ることができる。

5径間連続ラーメン構造なので，本章で対象とする不静定構造として，道路橋に対する設計荷重に対し本章の解法によりコンピュータで簡単に解くことができるであろう。手計算ではちょっと大変だが…。

● この章で学ぶことの概要

本章では，構造物に荷重が作用するとき，その構造物を支える反力や構造物内部の内力（断面力や部材力など）が，力のつり合い式だけでは求めることができない不静定構造物の構造解析法のうち，① 力やモーメントを未知数として解く方法（応力法），② たわみ角を未知数として解く方法（変位法）について，詳しく説明する。

> **予習** 授業の前にやっておこう!!
>
> 1. 構造物の静定，不静定，安定，不安定とは何か。
>
> 2. 構造物を点（たとえば，はりの支点）で支えるとき，構造物に対しては支点で反力としての力（支点反力）が働く。その理由を説明せよ。

WebにLink
予習の解答

13.1 不静定次数

13-1-1 不静定次数

第3章で述べたように，構造力学における**静定構造 (statically determinate structure)** とは，第2章の3つのつり合い条件式

$$\Sigma H = 0, \ \Sigma V = 0, \ \Sigma M_{(O)} = 0 \quad (\text{O は任意点}) \qquad 13-1$$

から，未知量として対象とする構造物を支えるすべての支点反力やその構造物内部に生じる内力（断面力や部材力など）を求めることができる構造系である。

それに対して，**不静定構造 (statically indeterminate structure)** とは，支点反力や断面力などの未知数の数が一般につり合い条件式より多く，つり合い条件式だけではそれらすべての未知数を決定することができない構造系である。そのため，未知数とつり合い条件式の差だけの数の変位の**適合条件式 (compatibility condition of displacement)** を付加し，すべての未知数を決定することになる。

3-3節で述べたように，構造物の安定・不安定やそれが静定であるか不静定であるかを判定するために，はり，ラーメンやトラスに対する**不静定次数 (degree of indeterminacy)** を以下に示す。

1. はりの不静定次数 はり，1層 (1階) ラーメン，アーチの不静定次数は

$$n = r - 3 - h \qquad 13-2^{*1}$$

で求められる。ここに，r：反力数，3：つり合い条件式数，h：はりを連結するヒンジ数（中間ヒンジ数，つまり中間ヒンジでのモーメントのつり合い式の数）である。ただし，この式は多層（多階）ラーメンには適用できない[*2]。

この式を使って，はりの安定・不安定や静定・不静定は次のように分類できる。

*1 **Don't Forget!!**
この関係はよく使うので覚えておこう。

*2 **Let's TRY!!**
多層ラーメンに対する不静定次数について調べ，それと式13-2との関係を考えてみよう。

$$\begin{cases} n < 0 \,(\text{一般に}\, h = 0 \,\text{で},\ r < 3):\text{不安定} \\ n \geqq 0 \,(\text{一般に}\, h = 0 \,\text{で},\ r \geqq 3):\text{安定} \\ n = 0 \,(\text{一般に}\, h = 0 \,\text{で},\ r = 3):\text{静定} \\ n > 0 \,(\text{一般に}\, h = 0 \,\text{で},\ r > 3):\text{不静定} \end{cases} \quad 13\text{-}3$$

なお,この不静定次数は,次節で述べるトラスの外的不静定次数に対応する。

典型的なはりと1層ラーメンの不静定次数を,それぞれ図13-1(a)〜(f)と図13-2(a)〜(c)に示す。

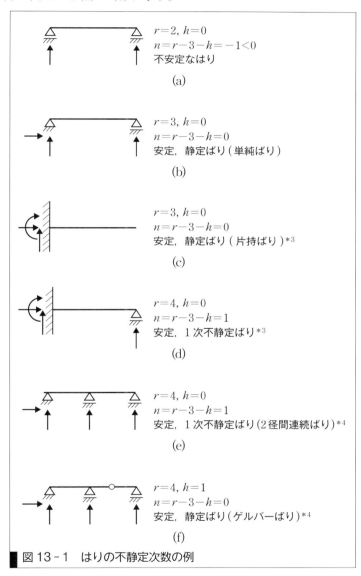

図13-1 はりの不静定次数の例

*3
Let's TRY!
図13-1(c)と(d)の違いを考えてみよう。

*4
Let's TRY!
連続ばりと対応するゲルバーばりについて,不静定次数の意味を考えてみよう。

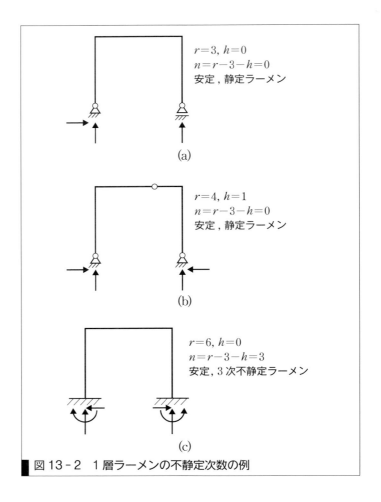

図13-2 1層ラーメンの不静定次数の例

2. トラスの不静定次数 5-4節で述べたように，2次元平面トラス構造の不静定次数は，次のように示される。

(1) 外的不静定次数：トラスのはりとしての不静定次数 n_e

$$n_e = r - 3 - h \qquad 13\text{-}4\,^{*5}$$

ここに，式13-2と同様に，r：反力数，3：つり合い条件式数，h：はりを連結するヒンジ数（中間ヒンジ数，つまり中間ヒンジでのモーメントのつり合い式の数）である。

(2) 内的不静定次数：トラスとしての不静定次数

$$n_i = r + m - 2j \qquad 13\text{-}5\,^{*6}$$

ここに，r：反力数，m：部材数（部材力数），j：節点数（各節点で，2つのつり合い式 $\Sigma H = 0$, $\Sigma V = 0$）である。

代表的なトラスに対する不静定次数を図13-3(a)〜(c)に示す。

*5
本章では，不静定次数 n の下添字 e と i で，「外的」「内的」を区別している（5-4節参照）。

*6
＋α プラスアルファ
この式で $r=3$ とおくと，第5章の式5-3となる。

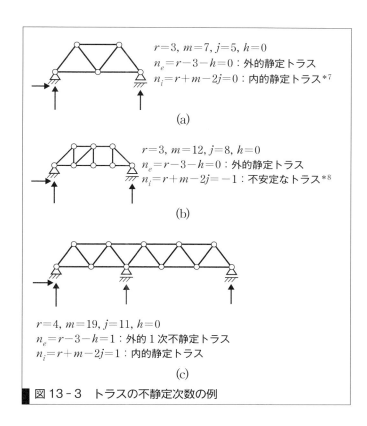

図13-3 トラスの不静定次数の例

*7 **Don't Forget!!**
通常は，内的にも外的にも静定なトラスを，「静定トラス」と呼ぶ。

*8 **+αプラスアルファ**
このような長方形部分の「滑節四辺形」をもつトラス構造物を設計することは，その部分の変形がまるで台形や平行四辺形となるように生じる可能性があることから許されない。

13-1-2 不静定構造の解法

構造物の支点反力や内力を求める解析方法は次のようにまとめられる。

1. 応力法 (force method)

(1) 余力法（弾性方程式法）（13-2節）

静定基本系をもとに仮想仕事の原理に基づく単位荷重法により，不静定力（余力）に関する連立1次方程式（弾性方程式）を立て，不静定力を未知数として求める解法で，エネルギー法における「最小仕事の原理」(12-4節) と等価である。

(2) 三連モーメント法（13-3節）

連続ばり，固定ばりの中間支点（ラーメンに対しては節点）上の支点（節点）曲げモーメントに関する連立1次方程式（三連モーメント式）を立て，支点曲げモーメントを未知数として求める解法である。なお，ラーメンに対しては，必要に応じて連立方程式の構成にあたり，部材端のせん断力のつり合い式（層方程式）を付加する。

2. 変位法 (displacement method)

(1) たわみ角法（13-4節）

ラーメンなど剛結骨組構造物の各部材両端の節点での変形量（たわみ角・部材回転角）の連続条件（たわみ角の基本式）と節点でのモーメント

のつり合い式（節点方程式）により，節点での変形量に関する連立 1 次方程式を立て，それを未知数として求める解法である。なお，連立方程式構成にあたり，必要に応じて，部材端のせん断力のつり合い式（層方程式）を付加する。

(2) **マトリックス変位法**[*9]

構造物を部材に区切る点（節点）に作用する荷重と対応する節点の変位との関係（剛性方程式）を行列（マトリックス）表示して，与えられた荷重や変位拘束に対し節点の変位を未知数として解く。

(3) **有限要素法 (Finite Element Method : FEM)**[*10]

構造物を仮想的に有限の大きさの要素（有限要素）に分割して，構造物を要素の集合体として解析する方法で，要素を構成する節点の変位（節点変位）を用いて要素内の変位を関数（変位関数）で表すことにより，仮想仕事の原理に基づき節点変位と節点に作用する力（節点力）の関係（剛性方程式）を導き，与えられた荷重や変位拘束に対し節点変位を未知数として解く。

*9 **Let's TRY!!**
マトリックス変位法について調べよう。

*10 **工学ナビ**
有限要素法は，幅広い工学分野における各種の物理現象の数値解析法やシミュレーション法などとして利用されている。1950 年代の航空機の翼に対する数値計算から始まっている。今日では，数多くの汎用プログラムが開発され，静的・動的問題，非線形問題，衝撃問題，流体問題などコンピュータの発達に相まって，対象物の設計段階から大いに活用されている。
有限要素法のいろいろな分野への活用について調べてみよう。

演習問題　A　基本の確認をしましょう

13-1-A1　図のはりの不静定次数を求めよ。

(1)　　　　　　　　　　　　　(2)

(3)　　　　　　　　　　　　　(4)

13-1-A2　図のトラスの不静定次数を求めよ。

(1)　　　　　　　　　　　　　(2)

演習問題　B　もっと使えるようになりましょう

13-1-B1　図のはりの不静定次数を求めよ。

(1)　　　　　　　　　　　　　(2)

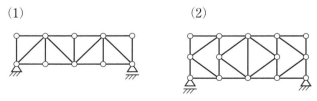

(3) [*11]　　　　　　　　　　　(4)

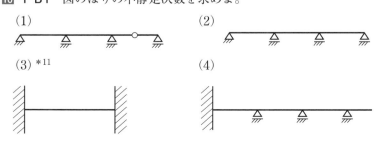

Webに Link
演習問題の解答

*11 **Let's TRY!!**
この両端固定ばりに，任意方向の加重が作用する場合と鉛直方向の外力だけが作用する場合では，その不静定次数が違う理由を考えてみよう。

13-1-B2　図のトラスの不静定次数を求めよ。

(1)

(2)（斜材は中央で交差していない）*12
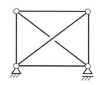

*12
Let's TRY!!
斜材が中央でヒンジで交差している場合の不静定次数を求めてみよう。

(3)

(4)
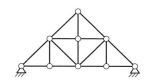

13-1-B3　図のラーメンの不静定次数を求めよ。

(1)
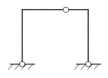

(2)
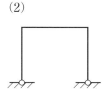

(3)

あなたがここで学んだこと

この節であなたが到達したのは

□ 簡単なはり，トラスやラーメンの静定・不静定，安定・不安定を説明できる

□ 簡単なはり，トラスやラーメンの不静定次数を求めることができる

　本節では，簡単なはり，トラスやラーメンの静定・不静定や安定・不安定の意味を理解し，その不静定次数について学んだ。不静定次数を算定することで，その構造物の不静定の程度やその内容，構造物内部の断面力，構造物を支える反力や構造物の変形の状態を，次節以降のいろいろな構造解析法を適用して求めることができるようになる。

> **予習** 授業の前にやっておこう!!
>
> 1. 図のはり,ラーメンのある点の変形量(たわみ,たわみ角)を,弾性荷重法,微分方程式法,カスティリアノの定理あるいは仮想仕事の原理(単位荷重法)により求めよ*13。ただし,はりの曲げ剛性は図のとおりとする。
>
> (1) v_C, θ_B (仮想仕事の原理)　(2) v_C, θ_A (微分方程式法)
>
>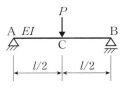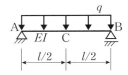
>
> (3) v_B, θ_B (弾性荷重法)　(4) v_C, θ_C *14
> 　　　　　　　　　　　　　　　(カスティリアノの定理)
>
>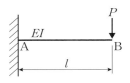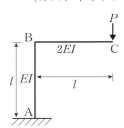
>
> WebにLink
> 予習の解答

13　2　余力法

13-2-1 余力と静定基本系

未知量として支点反力などを考えると,不静定構造*15 の支点反力などのうち,不静定次数 n の数だけの変位(水平変位,鉛直変位やたわみ角)の拘束を支点で取り除いてできる静定構造(はりでは,単純ばり,片持ばりなど)を,もとの不静定構造に対して**静定基本系 (statically determinate fundamental system)** という。このとき,取り除いた変位拘束に対応する支点反力を**不静定力 (indeterminate force)** という。

不静定力は,3つのつり合い条件式では求められない支点反力や断面力であり,これはつり合いを考えるときの自由物体を安定に保つためには「余分な力」として残る。そこで,この不静定力は**余力 (redundant force)** とも呼ばれる。

13-2-2 余力法とは

不静定力(余力)は不静定次数の数だけ存在し,それらに対応する変位拘束*16 を取り除き,この不静定力が生じない構造系(静定基本系)を考える。静定基本系にもとの与えられた荷重を作用させた構造系([0系]

*13
Let's TRY!!
はりの種類,荷重の種類などに対応して,各解法の利点や欠点について考えてみよう。

*14
この構造物は,節点Bで直角に剛結されており,ラーメンと考えても,片持ばりと考えてもよい。

*15
Let's TRY!!
構造力学における「静定」「不静定」や「安定」「不安定」について,復習しておこう。

*16
Let's TRY!!
構造物のある点の変位を拘束すると,なぜその点で反力が生じるのか考えてみよう。

という）と，同じ静定基本系に各不静定力を作用させた構造系（[1系]，[2系]，…という：不静定次数の数だけある）を重ね合わせ，取り除かれた変位をあらためて拘束し，不静定力（余力）を求める解法が**余力法**（**redundant force method**）である。この変位の拘束条件を**変位の適合条件**（**compatibility condition of displacement**）という。この条件は不静定次数の数だけ存在する。

こうして，[0系]，[1系]，[2系]，…から得られる不静定力に対応する変位を適合条件式に代入して得られる**弾性方程式**（**elastic equation**）から，不静定力（余力）を未知数として解くことができる。

図13-4に示す一端固定・他端ローラー支点ばり（曲げ剛性EIは一定とする）の支点反力や断面力を求めてみよう。

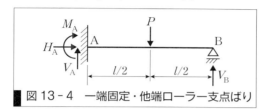

図13-4　一端固定・他端ローラー支点ばり

反力数$r=4$，$n=r-3=1$より，このはりは1次不静定である。未知反力のいずれか1つを不静定力X_1とおき（仮に既知であると考える），対応する変位拘束を取り除いた静定ばり（静定基本系）を解き，取り除いた変位拘束条件（変位の適合条件）を満足するように，不静定力X_1を決定する。

考えられる不静定力X_1は，次の4通りで，

(i) 固定支点Aの水平変位の拘束を取り除くとき，$X_1=H_A$

(ii) 固定支点Aの鉛直変位の拘束を取り除くとき，$X_1=V_A$

(iii) 固定支点Aのたわみ角の拘束を取り除くとき，$X_1=M_A$で，静定基本系は，単純ばりAB（図13-5）

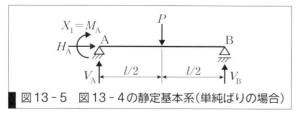

図13-5　図13-4の静定基本系（単純ばりの場合）

(iv) ローラー支点Bのたわみの拘束を取り除くとき，$X_1=V_B$で，静定基本系は，片持ばりAB（図13-6）

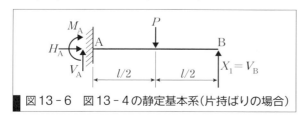

図13-6　図13-4の静定基本系（片持ばりの場合）

*17 **+α プラスアルファ**
(i)と(ii)の場合には，どんな構造系となるのか，図をかいて考えてみよう。

上記(i)と(ii)は静定基本系としては支持条件が一般的でない*17 ことから，結局考えられる静定基本系は(iii)または(iv)である。ここでは，不静定力 $X_1 = M_A$ とし，静定基本系＝単純ばり AB として解くことにする。

> もとの問題の構造系
> ＝［0系］静定基本系に与えられた実荷重を作用させた構造系
> 　＋［1系］静定基本系に不静定力 $X_1 = M_A$ を作用させた構造系

と考える。さらに，［1系］について仮想仕事の原理での単位荷重法を適用すると，結局

> もとの問題の構造系
> ＝［0系］静定基本系に与えられた実荷重を作用させた構造系
> 　＋［1系］静定基本系に不静定力を単位荷重 $X_1 = 1$ として作用させ X_1 倍した構造系

と考える（図13-7）。

しかし，実際には，不静定力 $X_1 = M_A$ に対応する固定端 A の変位（たわみ角）は拘束されているはずなので，それを表す適合条件は（図13-7中の記号を用いる）

$$\theta_A = \theta_1 = \theta_{10} + \theta_{11} X_1 = 0$$

［0系］と［1系］を力のつり合いより解き，支点 A のたわみ角 θ_{10} と θ_{11} を，仮想仕事の原理（単位荷重法）から求める。

［0系］

支点反力

$$V_{A0} = V_{B0} = \frac{P}{2}$$

せん断力 Q_0

$$Q_0 = V_{A0} = \frac{P}{2} \quad \left(0 \leqq x \leqq \frac{l}{2}\right)$$

$$Q_0 = -V_{B0} = -\frac{P}{2} \quad \left(\frac{l}{2} \leqq x \leqq l\right)$$

曲げモーメント M_0

$$M_0 = V_{A0} x = \frac{P}{2} x \quad \left(0 \leqq x \leqq \frac{l}{2}\right)$$

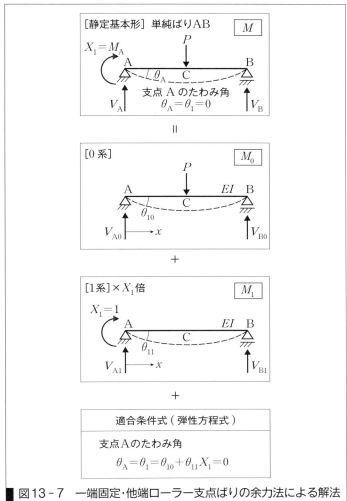

図13-7 一端固定・他端ローラー支点ばりの余力法による解法

$$M_0 = V_{B0}(l-x) = \frac{P}{2}(l-x) \quad \left(\frac{l}{2} \leq x \leq l\right)$$

[1系]

支点反力

$$V_{A1} = -\frac{X_1}{l} = -\frac{1}{l}, \quad V_{B1} = \frac{X_1}{l} = \frac{1}{l}$$

せん断力 Q_1

$$Q_1 = V_{A1} = -V_{B1} = -\frac{1}{l} \quad (0 \leq x \leq l)$$

曲げモーメント M_1

$$M_1 = V_{A1}(l-x) = \frac{l-x}{l} \quad (0 \leq x \leq l)$$

したがって，支点Aのたわみ角 θ_{10} は，対応する仮想系が［1系］であることから

$$\theta_{10} = \int_0^l \frac{M_1 M_0}{EI} dx$$

$$= \int_0^{\frac{l}{2}} \frac{1}{EI}\left(\frac{l-x}{l}\right)\left(\frac{P}{2}x\right)dx + \int_{\frac{l}{2}}^l \frac{1}{EI}\left(\frac{l-x}{l}\right)\left\{\frac{P}{2}(l-x)\right\}dx$$

$$= \frac{Pl^2}{16EI}$$

また，支点 A のたわみ角 θ_{11} は，対応する仮想系も [1系] そのものであることから

$$\theta_{11} = \int_0^l \frac{M_1 M_1}{EI} dx = \int_0^l \frac{1}{EI}\left(\frac{l-x}{l}\right)^2 dx = \frac{l}{3EI}$$

ゆえに，もとの問題の固定端 A でのたわみ角の拘束条件つまり適合条件式に代入すると

$$\theta_A = \theta_1 = \theta_{10} + \theta_{11}X_1 = 0$$

$$\frac{Pl^2}{16EI} + \frac{l}{3EI}X_1 = 0$$

$$X_1 = -\frac{3}{16}Pl = M_A$$

ゆえに，支点反力は

$$V_A = V_{A0} + V_{A1}X_1 = \frac{P}{2} - \frac{1}{l}\left(-\frac{3}{16}Pl\right) = \frac{11}{16}P$$

$$V_B = V_{B0} + V_{B1}X_1 = \frac{P}{2} + \frac{1}{l}\left(-\frac{3}{16}Pl\right) = \frac{5}{16}P$$

せん断力 Q と曲げモーメント M は次式より求められる。

$$Q = Q_0 + Q_1 X_1, \quad M = M_0 + M_1 X_1$$

断面力図は図 13-8 のとおりである。

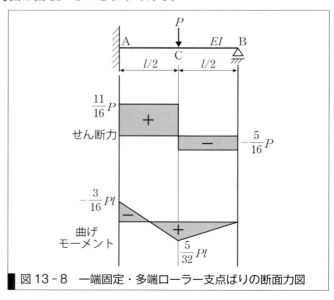

図 13-8 一端固定・多端ローラー支点ばりの断面力図

例題 13-1 図の連続ばりを余力法で解け。ただし，曲げ剛性 EI は一定とする。

2径間連続ばり

解答 反力数 $r = 4$ で，不静定次数 $n = r - 3 = 1$ より，このはりは1次不静定である。いま，不静定力 $X_1 = -V_B$（はり上で鉛直下向き[*18]と考える），静定基本系を単純ばり AC とする。もとの構造系に対し，静定基本系に与えられた荷重および単位不静定力 $X_1 = 1$ を作用させた構造系を，それぞれ［0系］および［1系］とする。このとき，不静定力 X_1 に対応する中央支点 B のたわみの適合条件[*19]は

$$\delta_1 = \delta_{10} + \delta_{11} X_1 = 0$$

である。［0系］と［1系］を力のつり合いより解き，それぞれの支点 B のたわみ δ_{10} と δ_{11} を仮想仕事の原理（単位荷重法）から求める。図中の座標 x を用いる。

[*18]
+α プラスアルファ
支点反力 V_B は一般的には鉛直上向きと仮定する。ここで，不静定力を $X_1 = -V_B$ とし，鉛直下向きと仮定したのは，はりに作用する荷重として鉛直下向きとするのが自然であるからにすぎない。もし，不静定力 $X_1 = V_B$ とし鉛直上向きと仮定すると，［1系］のたわみ δ_{11} の符号が逆転するだけで，もちろん最終的な解は不静定力 X_1 の仮定する方向にはよらない。

[*19]
本節では，不静定力の選び方により適合条件式にたわみやたわみ角が混在することから，一般に δ で記している。

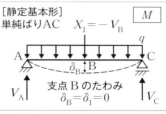

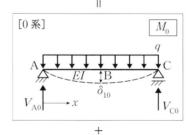

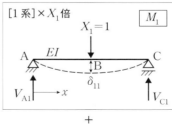

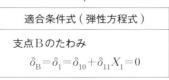

2径間連続ばりの余力法による解法

[0系]

支点反力
$$V_{A0} = V_{C0} = ql$$

せん断力 Q_0
$$Q_0 = V_{A0} - qx = ql - qx \quad (0 \leq x \leq 2l)$$

曲げモーメント M_0
$$M_0 = V_{A0}x - \frac{q}{2}x^2 = \frac{q}{2}(2lx - x^2) \quad (0 \leq x \leq 2l)$$

[1系]

支点反力
$$V_{A1} = V_{C1} = \frac{X_1}{2} = \frac{1}{2}$$

せん断力 Q_1
$$Q_1 = V_{A1} = \frac{1}{2} \quad (0 \leq x \leq l)$$

$$Q_1 = -V_{C1} = -\frac{1}{2} \quad (l \leq x \leq 2l)$$

曲げモーメント M_1
$$M_1 = V_{A1}x = \frac{x}{2} \quad (0 \leq x \leq l)$$

$$M_1 = V_{C1}(2l - x) = \frac{2l - x}{2} \quad (l \leq x \leq 2l)$$

したがって，支点 B のたわみ δ_{10} は，対応する仮想系が [1系] であることから

$$\delta_{10} = \int_0^{2l} \frac{M_1 M_0}{EI} dx$$

$$= \int_0^l \frac{1}{EI}\left(\frac{x}{2}\right)\left\{\frac{q}{2}(2lx - x^2)\right\} dx + \int_l^{2l} \frac{1}{EI}\left(\frac{2l-x}{2}\right)\left\{\frac{q}{2}(2lx - x^2)\right\} dx$$

$$= \frac{5ql^4}{24EI}$$

また，支点 A のたわみ角 δ_{11} は，対応する仮想系も [1系] そのものであることから

$$\delta_{11} = \int_0^{2l} \frac{M_1 M_1}{EI} dx$$

$$= \int_0^l \frac{1}{EI}\left(\frac{x}{2}\right)^2 dx + \int_l^{2l} \frac{1}{EI}\left(\frac{2l-x}{2}\right)^2 dx = \frac{l^3}{6EI}$$

ゆえに，もとの問題の支点 B でのたわみ角の拘束条件つまり適合条件式に代入すると

$$\delta_1 = \delta_{10} + \delta_{11}X_1 = 0$$

$$\frac{5ql^4}{24EI} + \frac{l^3}{6EI}X_1 = 0$$

$$X_1 = -\frac{5}{4}ql$$

ゆえに，支点反力は

$$V_A = V_{A0} + V_{A1}X_1 = ql + \frac{X_1}{2} = \frac{3}{8}ql$$

$$V_B = -X_1 = \frac{5}{4}ql$$

$$V_C = V_{C0} + V_{C1}X_1 = ql + \frac{X_1}{2} = \frac{3}{8}ql$$

ここに，もちろん $V_A + V_B + V_C = 2ql$ が成り立つ。

せん断力 Q と曲げモーメント M は次式より求められる。

$$Q = Q_0 + Q_1X_1, \quad M = M_0 + M_1X_1$$

断面力図は次の図のとおりである。

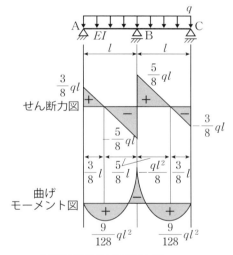

2径間連続ばりの断面力図

例題 13-2 図の集中荷重が作用する連続ばりを余力法で解け。ただし，曲げ剛性 EI は一定とする。

集中荷重が作用する連続ばり

解答 反力数 $r = 5$ で，不静定次数 $n = r - 3 = 2$ より，このはり

は2次不静定である。いま，不静定力 $X_1 = -V_B$, $X_2 = -V_C$, 静定基本系を片持ばり ABC とする。もとの構造系に対し，静定基本系に与えられた荷重，単位不静定力 $X_1 = 1$ および $X_2 = 1$ を作用させた構造系を，それぞれ [0系]，[1系] および [2系] とする。このとき，不静定力 X_1 と X_2 に対応する支点 B と支点 C のたわみの適合条件は

$\delta_B = \delta_1$
$= \delta_{10} + \delta_{11} X_1 + \delta_{12} X_2$
$= 0$

$\delta_C = \delta_2$
$= \delta_{20} + \delta_{21} X_1 + \delta_{22} X_2$
$= 0$

である。[0系]，[1系] および [2系] を力のつり合いより解き，これらの6個のたわみ $\delta_{10} \sim \delta_{22}$ を仮想仕事の原理（単位荷重法）から求める。図中の座標 x を用いる。

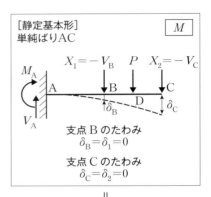

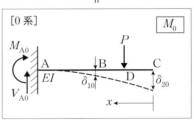

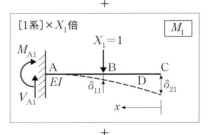

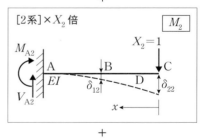

集中荷重が作用する連続ばりの余力法による解法

[0 系]

支点反力
$$V_{A0} = P, \ M_{A0} = -\frac{3}{2}Pl$$

せん断力 Q_0
$$Q_0 = 0 \ \left(0 \leq x \leq \frac{l}{2}\right), \ Q_0 = V_{A0} = P \ \left(\frac{l}{2} \leq x \leq 2l\right)$$

曲げモーメント M_0
$$M_0 = 0 \ \left(0 \leq x \leq \frac{l}{2}\right)$$
$$M_0 = -P\left(x - \frac{l}{2}\right) = -\frac{P}{2}(2x - l) \ \left(\frac{l}{2} \leq x \leq 2l\right)$$

[1 系]

支点反力
$$V_{A1} = X_1 = 1, \ M_{A1} = -X_1 l = -l$$

せん断力 Q_1
$$Q_1 = 0 \ (0 \leq x \leq l), \quad Q_1 = X_1 = 1 \ (l \leq x \leq 2l)$$

曲げモーメント M_1
$$M_1 = 0 \ (0 \leq x \leq l)$$
$$M_1 = -X_1(x - l) = -(x - l) \ (l \leq x \leq 2l)$$

[2 系]

支点反力
$$V_{A1} = X_2 = 1, \ M_{A1} = -X_2 \times 2l = -2l$$

せん断力 Q_1
$$Q_2 = X_2 = 1 \ (0 \leq x \leq 2l)$$

曲げモーメント M_1
$$M_2 = -X_2 x = -x \ (0 \leq x \leq 2l)$$

したがって，各たわみ $\delta_{10} \sim \delta_{22}$ は

$$\delta_{10} = \int \frac{M_1 M_0}{EI} dx$$
$$= \int_l^{2l} \frac{1}{EI} \{-(x-l)\} \left\{-\frac{P}{2}(2x-l)\right\} dx = \frac{7Pl^3}{12EI}$$

$$\delta_{20} = \int \frac{M_2 M_0}{EI} dx$$
$$= \int_{\frac{l}{2}}^{2l} \frac{1}{EI}(-x)\left\{-\frac{P}{2}(2x-0)\right\}dx = \frac{27Pl^3}{16EI}$$
$$\delta_{11} = \int \frac{M_1 M_1}{EI} dx = \int_l^{2l} \frac{1}{EI}\{-(x-l)\}^2 dx = \frac{l^3}{3EI}$$
$$\delta_{12} = \delta_{21} = \int \frac{M_1 M_2}{EI} dx = \int_l^{2l} \frac{1}{EI}\{-(l-x)\}(-x)dx = \frac{5l^3}{6EI}$$
$$\delta_{22} = \int \frac{M_2 M_2}{EI} dx = \int_0^{2l} \frac{1}{EI}(-x)^2 dx = \frac{8l^3}{3EI}$$

これらを，支点Bと支点Cのたわみの適合条件式に代入すると

$$\delta_B = \delta_1 = \delta_{10} + \delta_{11}X_1 + \delta_{12}X_2 = 0$$
$$\frac{7Pl^3}{12EI} + \frac{l^3}{3EI}X_1 + \frac{5l^3}{6EI}X_2 = 0$$
$$4X_1 + 10X_2 = -7P$$
$$\delta_C = \delta_2 = \delta_{20} + \delta_{21}X_1 + \delta_{22}X_2 = 0$$
$$\frac{27Pl^3}{16EI} + \frac{5l^3}{6EI}X_1 + \frac{8l^3}{3EI}X_2 = 0$$
$$40X_1 + 128X_2 = -81P$$

ゆえに，この連立1次方程式を不静定力 X_1 と X_2 に関して解くと

$$X_1 = -\frac{43}{56}P, \ X_2 = -\frac{11}{28}P$$

したがって，支点反力は

$$V_A = V_{A0} + V_{A1}X_1 + V_{A2}X_2 = -\frac{9}{56}P$$
$$M_A = M_{A0} + M_{A1}X_1 + M_{A2}X_2 = \frac{3}{56}Pl$$
$$V_B = -X_1 = \frac{43}{56}P$$
$$V_C = -X_2 = \frac{11}{28}P$$

ここに，もちろん $V_A + V_B + V_C = P$ が成り立つ。

せん断力 Q と曲げモーメント M は次式より求められる。

$$Q = Q_0 + Q_1X_1 + Q_2X_2, \quad M = M_0 + M_1X_1 + M_2X_2$$

断面力図は次の図のとおりである。

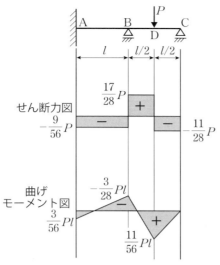

集中荷重が作用する連続ばりの断面力図

例題 13-3
図の両端ヒンジ門型ラーメンを余力法で解け。ただし，曲げ剛性 EI は一定とする。(**13**-4-1(2) と同じ）

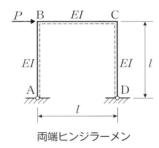

両端ヒンジラーメン

解答 両端ヒンジ1層門型ラーメンは，支点反力 $r = 4$ で，不静定次数 $n = r - 3 = 1$ で，1次不静定である。不静定力 $X_1 = H_D$（柱 CD の支点 D での水平反力 H_D）とする。対応する静定基本系は，支点 D の水平方向変位 δ_1 の拘束を解除したもので，次の解法の図のとおりである。つまり，水平方向変位の適合条件は

$$\delta_D = \delta_1 = \delta_{10} + \delta_{11} X_1 = 0$$

ラーメンの柱部材とはり部材において，ある断面の曲げモーメントの正の方向を，解法の図中の破線縁に引張力を生じさせるものと仮定する（6-3 節 (p.61) ＊1 参照）。

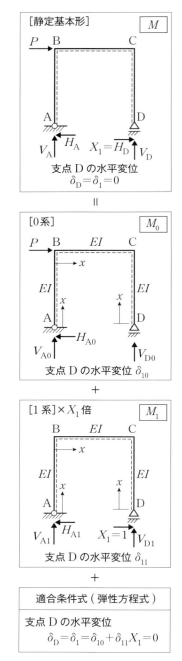

両端ヒンジラーメンの余力法による解法

　［0系］と［1系］を力のつり合いより解き，それぞれの支点Dの水平変位 δ_{10} と δ_{11} を仮想仕事の原理（単位荷重法）から求める。部材ごとに，図中の座標 x を用いる。

支点反力
[0系]
$$H_{A0} = P, \quad V_{A0} = -P, \quad V_{D0} = P$$
[1系]
$$H_{A1} = 1, \quad V_{A1} = 0, \quad V_{D1} = 0$$

断面力（軸力 N，せん断力 Q，曲げモーメント M）
(i) 柱 AB $(0 \leqq x \leqq l)$
[0系]
$$N_0 = -V_{A0} = P, \quad Q_0 = H_{A0} = P, \quad M_0 = Px$$
[1系]
$$N_1 = -V_{A1} = 0, \quad Q_1 = H_{A1} = 1, \quad M_1 = x$$
(ii) はり BC $(0 \leqq x \leqq l)$
[0系]
$$N_0 = H_{A0} - P = 0, \quad Q_0 = V_{A0} = -P, \quad M_0 = P(l-x)$$
[1系]
$$N_1 = H_{A1} = 1, \quad Q_1 = V_{A1} = 0, \quad M_1 = l$$
(iii) 柱 DC $(0 \leqq x \leqq l)$
[0系]
$$N_0 = -V_{D0} = -P, \quad Q_0 = 0, \quad M_0 = 0$$
[1系]
$$N_1 = -V_{D1} = 0, \quad Q_1 = -X_1 = -1, \quad M_1 = X_1 x = x$$

これより，支点 D の水平変位 δ_{10} と δ_{11} は，

$$\delta_{10} = \int \frac{M_1 M_0}{EI} dx$$

$$= \int_0^l \frac{1}{EI}(x)(Px)dx + \int_0^l \frac{1}{EI}(l)\{P(l-x)\}dx$$

$$+ \int_0^l \frac{1}{EI}(l) \times 0\, dx$$

$$= \frac{5Pl^3}{6EI}$$

$$\delta_{11} = \int \frac{M_1 M_1}{EI} dx$$

$$= \int_0^l \frac{1}{EI} x^2 dx + \int_0^l \frac{1}{EI} l^2 dx + \int_0^l \frac{1}{EI} x^2 dx = \frac{5l^3}{3EI}$$

ゆえに，支点 D の水平変位の適合条件式に代入すると
$$\delta_D = \delta_1 = \delta_{10} + \delta_{11} X_1 = 0$$

$$\frac{5Pl^3}{6EI} + \frac{5l^3}{3EI}X_1 = 0$$
$$X_1 = -\frac{P}{2}$$

ゆえに，支点反力は

$$H_A = H_{A0} + H_{A1}X_1 = P - X_1 = \frac{P}{2}$$
$$V_A = V_{A0} + V_{A1}X_1 = -P$$
$$H_D = X_1 = -\frac{P}{2}$$
$$V_D = V_{D0} + V_{D1}X_2 = P$$

断面力は，次式より求められる。

$$N = N_0 + N_1 X_1, \quad Q = Q_0 + Q_1 X_1, \quad M = M_0 + M_1 X_1$$

(i) 柱 AB　$(0 \leq x \leq l)$

$$N = P, \quad Q = \frac{P}{2}, \quad M = \frac{P}{2}x$$

(ii) はり BC　$(0 \leq x \leq l)$

$$N = -\frac{P}{2}, \quad Q = -P, \quad M = \frac{P}{2}(l - 2x)$$

(iii) 柱 DC　$(0 \leq x \leq l)$

$$N = -P, \quad Q = \frac{P}{2}, \quad M = -\frac{P}{2}x$$

断面力図は次の図のとおりである。

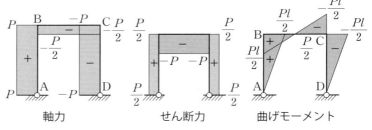

両端ヒンジラーメンの断面力図

13-2-3 余力法のまとめ

余力法による不静定構造の解析手順は，次のようにまとめられる。

① 不静定次数 n を用いて，不静定力 $X_k (k = 1, 2, \cdots, n)$ と対応する静定基本系を決める。

② 与えられた実荷重を作用させた静定基本系［0系］および不静定力 $X_k (k = 1, 2, \cdots, n)$ を静定基本系に作用させた構造系［k系］を個別に考える。

③ 不静定力 $X_k (k = 1, 2, \cdots, n)$ に対応する変位 δ_k の適合条件を立てる。

④ ③を満足するように，不静定力 $X_1, X_2, \cdots, X_n$ を未知数とした弾性方程式*20 を解く。

$$\begin{bmatrix} \delta_{11} & \delta_{12} & \cdots & \delta_{1n} \\ \delta_{21} & \delta_{22} & \cdots & \delta_{2n} \\ \vdots & \vdots & & \vdots \\ \delta_{n1} & \delta_{n2} & \cdots & \delta_{nn} \end{bmatrix} \begin{Bmatrix} X_1 \\ X_2 \\ \vdots \\ X_n \end{Bmatrix} = \begin{Bmatrix} \delta_1 - \delta_{10} \\ \delta_2 - \delta_{20} \\ \vdots \\ \delta_n - \delta_{n0} \end{Bmatrix} \quad 13-6$$

*20 **Let's TRY!!**
この弾性方程式が，「最小仕事の原理」によるそれと等価になることを証明してみよう。

⑤ 連立方程式を解き，不静定力 $X_1 \sim X_n$ を求めると，不静定構造の軸力 N，せん断力 Q，曲げモーメント M は

$$\begin{cases} N = N_0 + \sum_{k=1}^{n} N_k X_k \\ Q = Q_0 + \sum_{k=1}^{n} Q_k X_k \\ M = M_0 + \sum_{k=1}^{n} M_k X_k \end{cases} \quad 13-7$$

より求められる。

ここに，δ_{k0} は実荷重が作用する静定基本系［0系］の点 k で生じる変位で，対応する仮想系は構造系［k系］であるので，単位荷重法から

$$\delta_{k0} = \int \frac{M_k M_0}{EI} dx \quad (k = 1, 2, \cdots, n) \quad 13-8$$

また，構造系［j系］において，δ_{kj} は点 j に作用する余力 $X_j = 1$ によって生じる点 k の変位で，対応する仮想系は構造系［k系］である。これは，マックスウェルの相反作用の定理（12-4節参照）によると，構造系［k系］の点 k に作用する余力 $X_k = 1$ によって生じる点 j の変位 δ_{jk} に等しく（このときの仮想系は構造系［j系］）

$$\delta_{kj} = \delta_{jk} = \int \frac{M_k M_j}{EI} dx \quad (j, k = 1, 2, \cdots, n) \quad 13-9$$

となる。

演習問題 A　基本の確認をしましょう

13-2-A1 図のはりの不静定次数を求め，余力法により解け。ただし，曲げ剛性は図のとおりとする*21。

(1)　　　　　　　　　　　(2)

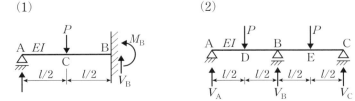

WebにLink
演習問題の解答

*21 **Let's TRY!!**
これらの演習問題を，最小仕事の原理（12-4節），三連モーメント法（13-3節）やたわみ角法（13-4節）により解き，それぞれの解法について比較してみよう。

演習問題　B　もっと使えるようになりましょう

13-2-B1　図のはりやラーメンの不静定次数を求め，余力法により解け*21。ただし，曲げ剛性は図のとおりとする。ラーメンの各部材では，その部材の破線側に引張力が生じるときの曲げモーメント（6-3節（p.61）*1参照）を正とする。

(1)

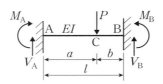

(2)（13-4-A1（3）と同じ）

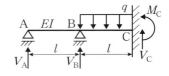

(3)

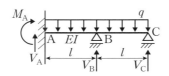

(4)

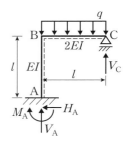

あなたがここで学んだこと

この節であなたが到達したのは

- □ 余力法の解法手順を説明できる
- □ 余力法を用いて，簡単な不静定ばりを解くことができる
- □ 余力法を用いて，簡単な不静定ラーメンを解くことができる

　本節では，不静定構造物の解法の一つである余力法の解析手順を，簡単なはりやラーメンを対象に学んだ。余力法は，余力（不静定力）が生じない静定基本系を考え，それに与えられた荷重と想定した余力を作用させ，それらを重ね合わせたうえで，余力に対応する変位の適合条件を付与することで，余力を未知数とする連立1次方程式の解を求めるものである。第12章のエネルギー法，とくに仮想仕事の原理や最小仕事の原理とも密接に関連しているので，全体として理解してほしい。

> **予習　授業の前にやっておこう!!**
>
> 単純ばりにモーメント荷重が載荷された場合の支点反力，支点のたわみ角を求められるようになっておこう[*22]。
>
> **WebにLink**
> 予習の解答
>
> 1. 次の図(a)～(c)における支点反力 V_A, H_A, V_B を求めよ。ただし，はりの長さはすべて l であり，点 C ははりの中点である。
>
>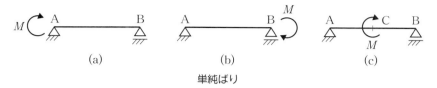
>
> (a)　　　　　(b)　　　　　(c)
>
> 単純ばり
>
> 2. 上の図(a)～(c)における曲げモーメント図を求めよ。

13　3　三連モーメント法

13-3-1　三連モーメント法とは

単純ばりの構造ではスパンが長くなると，曲げモーメントやたわみが大きくなる。それらを小さくするために，さまざまな形式の構造があるが，その1つとして連続ばりがある。連続ばりは不静定構造となるため，設計の際，はりにかかる力を求めるには力のつり合いだけでは，解くことができない。

ここで学ぶ**三連モーメント法**(three-throw moment method)は不静定構造である連続ばりにかかる力を解くためによく用いられる解法である。たわみ角法(13-4節参照)と異なり，モーメントを未知数として解く方法のため，応力法の1つである[*23]。

13-3-2　三連モーメント法の考え方

三連モーメント法は，連続ばりの各支点においてたわみ角が連続していることを利用する。

図13-9に示す連続ばりを考える。ただし，ヤング係数 $E = $ 一定とし，I は断面二次モーメント，l はスパン長である。

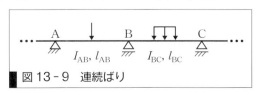

図13-9　連続ばり

---

*22
ヒント

力のつり合いで解ける問題。鉛直方向，水平方向，モーメントのつり合い式から求めよう。予習の問題の問題を解けば気づくが，この場合，どの位置にモーメントが作用しても支点反力は変わらない。

*23
＋α プラスアルファ

単純ばり，連続ばり以外の構造を調べて，それぞれのメリットデメリットを把握しておこう。

Don't Forget!!

応力法と変位法の代表的解法をそれぞれいえるようになっておこう。

図13-9の連続ばりを解くために，3つの連続支点 A-B-C から成る連続ばりを取り出し，図13-10に示す単純ばりに分けて考える。支点曲げモーメントを M_A, M_B, M_C とする。

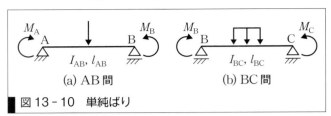

図13-10 単純ばり

まず図13-10(a)において点 B のたわみ角 θ_{BA} を求める。ここでは重ね合わせの原理[*24]を利用し，図13-11のように分けて，それぞれたわみ角を求め，それらを合計する。

*24 **ヒント**
複数の荷重が作用している場合，個々の荷重に対し，たわみやたわみ角を求め，それらを足し合わせることで求めることができる。

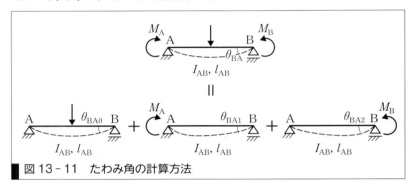

図13-11 たわみ角の計算方法

たわみ角 θ_{BA} は重ね合わせの原理により次式で表される。

$$\theta_{BA} = \theta_{BA0} + \theta_{BA1} + \theta_{BA2} \qquad 13-10$$

ここに，θ_{BA0} は与えられた荷重によるたわみ角，θ_{BA1} は M_A によるたわみ角，θ_{BA2} は M_B によるたわみ角である。

13-3-3 たわみ角の求め方

次に，たわみ角 θ_{BA1}，θ_{BA2} を求めるために，ここでは弾性荷重法による解法を示す[*25]。点 A にモーメントが作用している場合の支点反力と曲げモーメント図は図13-12のようになる。

*25 **Let's TRY!!**
弾性荷重法以外の方法でもたわみ角を求めてみよう。

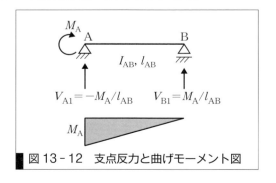

図13-12 支点反力と曲げモーメント図

212　13章　不静定構造

共役ばりに曲げモーメントを曲げ剛性 EI で割ったものを分布荷重として作用させると，図13-13(a)のようになる。

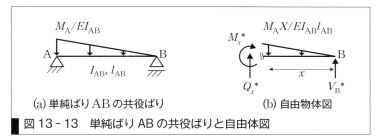

(a) 単純ばり AB の共役ばり　　(b) 自由物体図

図13-13　単純ばり AB の共役ばりと自由体図

たわみ角 θ_{BA1} は共役ばりのせん断力 Q_B^* に相当し，図13-13(b) 自由物体図から，せん断力 Q_B^* は距離 x を 0 とし，縦方向の力のつり合いを考えると[*26] 支点 B の反力の符号を逆にしたものであるから

$$\theta_{BA1} = Q_B^* = -V_B^* = -\frac{M_A l_{AB}}{6EI_{AB}} \qquad 13-11$$

となる。同様に曲げモーメント M_B 作用した場合のたわみ角 θ_{BA2} は，次式で表される[*27]。

$$\theta_{BA2} = -\frac{M_B l_{AB}}{3EI_{AB}} \qquad 13-12$$

したがって，単純ばり AB における点 B のたわみ角は

$$\theta_{BA} = \theta_{BA0} + \theta_{BA1} + \theta_{BA2} = \theta_{BA0} - \frac{M_A l_{AB}}{6EI_{AB}} - \frac{M_B l_{AB}}{3EI_{AB}} \qquad 13-13$$

となる。

次に，図13-9(b)における支点 B のたわみ角は，同様に考えると

$$\theta_{BC} = \theta_{BC0} + \theta_{BC1} + \theta_{BC2} = \theta_{BC0} + \frac{M_B l_{BC}}{6EI_{BC}} + \frac{M_C l_{BC}}{3EI_{BC}} \qquad 13-14$$

となる。

13-3-4 三連モーメント法の誘導と荷重項

図13-14に示すように，3つの連続支点 A-B-C から成る連続ばりの中央の支点 B において，たわみ角 θ_{BA} と θ_{BC} は連続しているので（折れていないので），

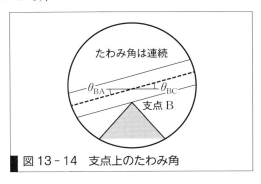

図13-14　支点上のたわみ角

*26 Let's TRY!
任意の位置 x における M_x^*，Q_x^* の式を求めてみよう。それぞれ，たわみ曲線，たわみ角曲線を表す。

*27 Let's TRY!
θ_{BA1} と同様に θ_{BA2} も計算してみよう。

*28 ＋α プラスアルファ
支点沈下がある場合の三連モーメント法の式を調べてみよう。

*29 ＋α プラスアルファ
荷重項は，単純ばりが荷重を受ける際に発生する支点のたわみ角である。結局，中央支点 B に関する三連モーメント式 13-16 において，荷重項 θ_{BA0}, θ_{BC0} は，支点 B の左側，右側のはりに対応するたわみ角である（表 13-1）。

*30 Let's TRY!!
単純ばりに表の荷重が載荷された場合のたわみ角を求め，表と一致するか確認しておこう。

$$\theta_{BA} = \theta_{BC} \qquad 13-15$$

であり，この式 13-15 に式 13-13，13-14 を代入して整理すると，中央支点 B における三連モーメント法の式が得られる[*28]。

$$\frac{l_{AB}}{I_{AB}}M_A + 2\left(\frac{l_{AB}}{I_{AB}} + \frac{l_{BC}}{I_{BC}}\right)M_B + \frac{l_{BC}}{I_{BC}}M_C = 6E(\theta_{BA0} - \theta_{BC0})$$
$$13-16$$

ここに，θ_{BA0}, θ_{BC0} をそれぞれ荷重項と呼び，はり AB が荷重を受ける場合の荷重項を表 13-1 に示す[*29]。

したがって，図 13-9 の連続ばり全体を解くためには，各支点ごとにそれぞれそれを中央支点とする 3 つの連続支点のはりを取り出し，式 13-16 と同様の式をたて，連立方程式を構成し，支点曲げモーメントを未知数として解く。

表 13-1　三連モーメント法の荷重項[*30]

荷重	θ_{AB0}	θ_{BA0}
A─P(l/2,l/2)─B	$\dfrac{Pl^2}{16EI}$	$-\dfrac{Pl^2}{16EI}$
A─P(a,b)─B, l	$\dfrac{Pl^2}{6EI}\left[\dfrac{b}{l} - \left(\dfrac{b}{l}\right)^3\right]$	$-\dfrac{Pl^2}{6EI}\left[\dfrac{a}{l} - \left(\dfrac{a}{l}\right)^3\right]$
A─q 等分布─B, l	$\dfrac{ql^3}{24EI}$	$-\dfrac{ql^3}{24EI}$
A─q 三角分布─B, l	$\dfrac{7ql^3}{360EI}$	$-\dfrac{8ql^3}{360EI} = -\dfrac{ql^3}{45EI}$
A─M(a,b)─B, l	$-\dfrac{Ml}{6EI}\left[1 - 3\left(\dfrac{b}{l}\right)^2\right]$	$\dfrac{Ml}{6EI}\left[1 - 3\left(\dfrac{a}{l}\right)^2\right]$
A Δt_u／Δt_l B, h, l　$K_t = \dfrac{\alpha(\Delta t_l - \Delta t_u)}{h}$　α は線膨張係数	$0.5EIK_tl$	$0.5EIK_tl$

例題 13-4 集中荷重が作用している連続ばりの支点反力と断面力図を求めよ。ただし，ヤング係数は E，断面二次モーメントは I とする。

集中荷重が作用している連続ばり

[解答] 中央支点 B に関して三連モーメント法の式は，以下である。

$$\frac{l_{AB}}{I_{AB}}M_A + 2\left(\frac{l_{AB}}{I_{AB}} + \frac{l_{BC}}{I_{BC}}\right)M_B + \frac{l_{BC}}{I_{BC}}M_C = 6E(\theta_{BA0} - \theta_{BC0})$$

ここに，支点 A，C のモーメントは 0 だから，$M_A = M_C = 0$ であるため，未知数は M_B のみである。また，θ_{BA0} ははり AB に荷重が載荷されていないので，$\theta_{BA0} = 0$。θ_{BC0} ははり BC の中点に集中荷重が載荷されているので，表 13-1 より，$\theta_{BC0} = Pl^2/16EI$ である。したがって，上式は

$$4M_B = 6E\left(-\frac{Pl^2}{16}\right)$$

したがって $M_B = -\dfrac{3}{32}Pl$

となる。次に支点反力を考える。三連モーメント法は連続ばりを単純ばりに分けて考えているので，次の図のようになる。ただし，点 B は左側を点 B′，右側を点 B″ とし，点 B の支点反力はそれぞれ点 B′，点 B″ の支点反力の合計である。

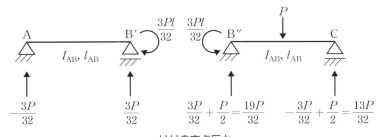

はりの支点反力

したがって

$$V_A = -\frac{3}{32}P, \quad V_B = \frac{3}{32}P + \frac{19}{32}P = \frac{11}{16}P, \quad V_C = \frac{13}{32}P$$

となる。また，せん断力図，曲げモーメント図は以下のようになる[*31]。

[*31]
+α プラスアルファ
求めた支点反力から断面力図をかけるようになれば，力の流れがわかっているということである。それに向けて頑張ろう。

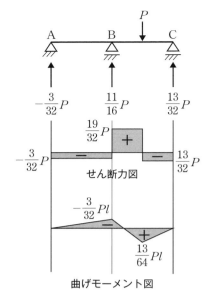

集中荷重が作用している連続ばりの断面力図

例題 13-5 等分布荷重が作用している連続ばりの支点反力および曲げモーメント図を求めよ。ただし，ヤング係数は E，断面二次モーメントは I とする。

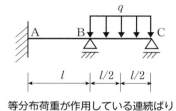

等分布荷重が作用している連続ばり

解答 支点Cのモーメントは0だから，$M_C = 0$。未知数は M_A, M_B である。また，はりABに荷重が載荷されていないので，$\theta_{AB0} = \theta_{BA0} = 0$。はりBCに等分布荷重が載荷されているので，表13-1より，$\theta_{BC0} = ql^3/24EI$ である。固定端の場合，そこに $I = \infty$ のはりがあると考える[32]。

*32
Don't Forget!!
固定端の場合の解き方を覚えよう。

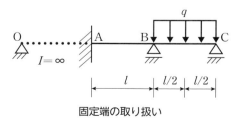

固定端の取り扱い

*33
ヒント
この問題においては3つ単純ばりがあると考えるので，O–A–BとA–B–Cそれぞれのはり構造について方程式ができる。

したがって，この連続ばりに対する三連モーメントの式は以下のような2つの連立方程式となる[33]。

216　13章　不静定構造

支点 A について

$$\frac{l_{OA}}{\infty}M_O + 2\left(\frac{l_{OA}}{\infty} + \frac{l_{AB}}{I_{AB}}\right)M_A + \frac{l_{AB}}{I_{AB}}M_B = 0$$
$$2M_A + M_B = 0$$

支点 B について

$$\frac{l_{AB}}{I_{AB}}M_A + 2\left(\frac{l_{AB}}{I_{AB}} + \frac{l_{BC}}{I_{BC}}\right)M_B = 6E\left(-\frac{ql^3}{24EI}\right)$$
$$M_A + 4M_B = -\frac{ql^2}{4}$$

上式を解くと

$$M_A = \frac{ql^2}{28}, \quad M_B = -\frac{ql^2}{14}$$

となる．したがって，支点反力および断面力図は次のようになる．

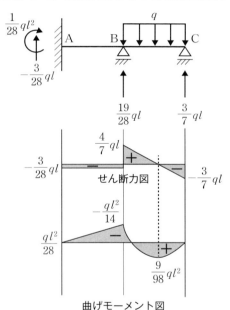

曲げモーメント図
等分布荷重が作用している連続ばりの断面力図

演習問題　A　基本の確認をしましょう

13-3-A1　断面力図をかけ。ただし，はりのヤング係数は E，断面二次モーメントは I とする。

(1)　　　　　　　　(2)　　　　　　　　(3)

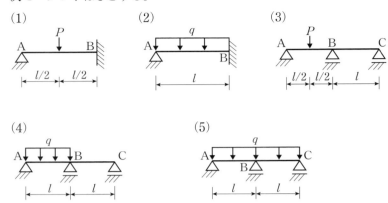

(4)　　　　　　　　(5)

演習問題　B　もっと使えるようになりましょう

13-3-B1　断面力図をかけ。ただし，はりのヤング率は E，断面二次モーメントは I とする。

(1)　　　　　　　　(2)

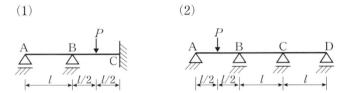

あなたがここで学んだこと

この節であなたが到達したのは
- □三連モーメント法を説明できる
- □三連モーメント法を用いて，不静定の連続ばりを解くことができる

　本節では不静定構造を解く手法として，応力法の1つである三連モーメント法を紹介した。構造物の多くが不静定構造であり，それらを構造力学で解くことは非常に重要である。なぜなら現在よく用いられている数値解析（代表的な解析は有限要素法（FEM））の精度を確かめるためには厳密解が必要となるからである。構造力学において，難しいとされる不静定構造も恐れることなくしっかりと取り組んでほしい。

> **予習 授業の前にやっておこう!!**
>
> 1. 図のはりのある点の変形量(たわみ,たわみ角)を,弾性荷重法,微分方程式法,カスティリアノの定理あるいは仮想仕事の原理(単位荷重法)により求めよ[*34]。ただし,はりの曲げ剛性は図のとおりとする。
>
>   (1) v_B, θ_B (仮想仕事の原理)　(2) v_C, θ_A (弾性荷重法)
>
>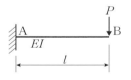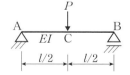
>
>   (3) θ_A, θ_B (微分方程式法)　(4) v_C, θ_B (カスティリアノの定理)
>
>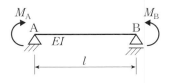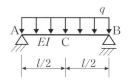

13-4 たわみ角法

13-4-1 たわみ角の基本式

たわみ角法(slope-deflection method)は,部材と部材が剛結接合された骨組み(ラーメン)の構造計算に有効で,剛結節点のたわみ角と節点間の部材回転角を未知数とする連立方程式を解く「変位法」の1つの解法である。

[*34]
Let's TRY!
はりの種類,荷重の種類などに対応して,各解法の利点や欠点について考えてみよう。

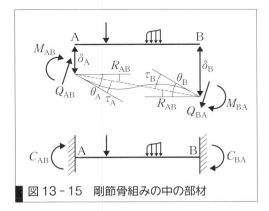

図13-15　剛節骨組みの中の部材

剛接骨組みの中のある1つの部材ABを取り出して考える(図13-15)。lは部材の長さ,EIは部材の曲げ剛性で部材で一定とする。部材の両端の節点A,Bに作用する曲げモーメント(**材端モーメント**)をM_{AB}, M_{BA}(たわみ角法では,材端モーメントは時計回りを常に正と考

える),材端せん断力を Q_{AB}, Q_{BA} とする。なお図では省略しているが,材端軸力を N_{AB}, N_{BA} とする。部材 AB が図の破線のように変形したとき,その両端の節点 A, B における節点回転角(たわみ角)θ_A, θ_B を,節点 A と節点 B を直線で結んだ変形位置(図の破線)からの接線回転角 τ_A, τ_B と両節点の移動量による部材回転角 R_{AB} の重ね合わせと考える。さらに,接線回転角 τ_A, τ_B を,部材 AB の中間荷重(図 13-16)のみによる接線回転角 τ_{A0}, τ_{B0} と節点 A, B に作用するモーメント(支点モーメントという)M_A, M_B(図 13-17)による接線回転角 τ_{AM}, τ_{BM} に分けて考える。つまり

$$\tau_A = \tau_{A0} + \tau_{AM}, \quad \tau_B = \tau_{B0} + \tau_{BM} \qquad 13\text{-}17$$

このとき,節点回転角(たわみ角)θ_A, θ_B は次式となる。

$$\begin{cases} \theta_A = \tau_A + R_{AB} = \tau_{A0} + \tau_{AM} + R_{AB} \\ \theta_B = \tau_B + R_{AB} = \tau_{B0} + \tau_{BM} + R_{AB} \end{cases} \qquad 13\text{-}18$$

ここに

(i) 中間荷重による接線回転角 τ_{A0}, τ_{B0}(図 13-16)

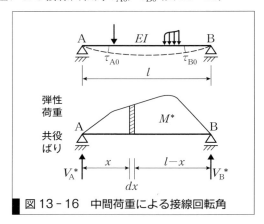

図 13-16 中間荷重による接線回転角

共役ばりに弾性荷重 M^*/EI を作用させたときの支点のせん断力より

$$\tau_{A0} = Q_A{}^* = V_A{}^* = \int_0^l \frac{M^*}{EI}\left(\frac{l-x}{l}\right)dx = \frac{A}{EI} \qquad 13\text{-}19$$

$$\tau_{B0} = Q_B{}^* = -V_B{}^* = -\int_0^l \frac{M^*}{EI}\left(\frac{x}{l}\right)dx = -\frac{B}{EI} \qquad 13\text{-}20$$

ここに

$$A \equiv \int_0^l M^*\left(\frac{l-x}{l}\right)dx, \quad B \equiv \int_0^l M^*\left(\frac{x}{l}\right)dx$$

(ii) 支点モーメントによる接線回転角 τ_{AM}, τ_{BM}(図 13-17)

$$\tau_{AM} = \frac{(2M_A + M_B)l}{6EI} \qquad 13\text{-}21$$

$$\tau_{BM} = -\frac{(M_A + 2M_B)l}{6EI} \qquad 13\text{-}22$$

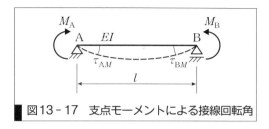

図13-17 支点モーメントによる接線回転角

(iii) 部材回転角

節点 A, B の移動による部材 AB の回転角は

$$R_{AB} = \frac{v_B - v_A}{l} \qquad 13\text{-}23$$

式 13-18 のたわみ角式に，式 13-19 から式 13-23 を代入し，図 13-15 に示すように節点でのモーメント（材端モーメント）M_{AB}, M_{BA} を必ず時計回りを正として，図 13-17 の支点モーメントを材端モーメントとして $M_A = M_{AB}$, $M_B = -M_{BA}$ に置き換えると

$$\theta_A = \tau_{A0} + \tau_{AM} + R_{AB} = \frac{A}{EI} + \frac{(2M_A + M_B)l}{6EI} + R_{AB}$$

$$= \frac{1}{EI}\left\{\frac{l}{6}(2M_{AB} - M_{BA}) + A\right\} + R_{AB} \qquad 13\text{-}24$$

$$\theta_B = \tau_{B0} + \tau_{BM} + R_{AB} = -\frac{B}{EI} - \frac{(M_A + 2M_B)l}{6EI} + R_{AB}$$

$$= -\frac{1}{EI}\left\{\frac{l}{6}(M_{AB} - 2M_{BA}) + B\right\} + R_{AB} \qquad 13\text{-}25$$

したがって，式 13-24 と式 13-25 より，たわみ角法の基本式は

$$M_{AB} = \frac{2EI}{l}(2\theta_A + \theta_B - 3R_{AB}) + C_{AB} \qquad 13\text{-}26$$

$$M_{BA} = \frac{2EI}{l}(\theta_A + 2\theta_B - 3R_{AB}) + C_{BA} \qquad 13\text{-}27$$

となる。ここに

$$C_{AB} = -\frac{2}{l}(2A - B) = -\frac{2EI}{l}(2\tau_{A0} - \tau_{B0})$$

$$C_{BA} = -\frac{2}{l}(A - 2B) = -\frac{2EI}{l}(\tau_{A0} - 2\tau_{B0})$$

この C_{AB}, C_{BA} は部材両端を固定端としたときに節点 A, B に作用する曲げモーメントで荷重項と呼ばれる（図 13-15，表 13-2 参照）。

13-4-2 一般化されたたわみ角の基本式

剛節骨組み構造物のある部材（断面二次モーメント I_0，部材長 l_0）の剛度を，基準剛度 $K_0 = I_0/l_0$ とすると，考えている部材（断面二次モー

メント I, 部材長 l) の剛度 $K_{AB} = I/l$ から，この部材の剛比は

$$k_{AB} = \frac{K_{AB}}{K_0} = \frac{\dfrac{I}{l}}{K_0} \qquad 13-28$$

で定義できる．このとき，たわみ角法の基本式 13-26，13-27 は，剛比 k_{AB} を用いて一般化される．

$$M_{AB} = k_{AB}(2\varphi_A + \varphi_B + \psi_{AB}) + C_{AB} \qquad 13-29$$

$$M_{BA} = k_{AB}(\varphi_A + 2\varphi_B + \psi_{AB}) + C_{BA} \qquad 13-30$$

ここに，たわみ角 θ と部材回転角 R は，モーメントの単位をもつように

$$\varphi = 2EK_0\theta, \quad \psi_{AB} = -6EK_0 R_{AB}$$

とおく．

部材 AB の一端が剛結でもう一端がヒンジ（その点で部材は自由に回転できる）の場合には，たわみ角法の基本式を以下のように修正して使うことができる．

(i) 左端 A が剛結で，右端 B がヒンジのとき

式 13-30 で，$M_{BA} = 0$ より

$$k_{AB}(\varphi_A + 2\varphi_B + \psi_{AB}) + C_{BA} = 0$$

$$\varphi_B = -\frac{C_{BA}}{2k_{AB}} - \frac{\varphi_A}{2} - \frac{\psi_{AB}}{2}$$

これを，式 13-29 に代入すると

$$M_{AB} = k_{AB}\left(\frac{3}{2}\varphi_A + \frac{1}{2}\psi_{AB}\right) + M_{AB} \qquad 13-31$$

ここに

$$H_{AB} = C_{AB} - \frac{C_{BA}}{2}$$

(ii) 左端 A がヒンジで，右端 B が剛結のとき

式 13-29 で，$M_{AB} = 0$ より

$$k_{AB}(2\varphi_A + \varphi_B + \psi_{AB}) + C_{BA} = 0$$

$$\varphi_A = -\frac{C_{AB}}{2k_{AB}} - \frac{\varphi_B}{2} - \frac{\psi_{AB}}{2}$$

これを，式 13-30 に代入すると

$$M_{BA} = k_{AB}\left(\frac{3}{2}\varphi_B + \frac{1}{2}\psi_{AB}\right) + H_{AB} \qquad 13-32$$

ここに

$$H_{BA} = C_{BA} - \frac{C_{AB}}{2}$$

この定数 H_{AB} と H_{BA} も一端ヒンジの場合の荷重項として，表 13-2 で与えられる．

表13-2 たわみ角法の荷重項

荷重状態	C_{AB}	C_{BA}	H_{AB}	H_{BA}
A中央に集中荷重P、l/2+l/2	$-\dfrac{Pl}{8}$	$\dfrac{Pl}{8}$	$-\dfrac{3Pl}{16}$	$\dfrac{3Pl}{16}$
集中荷重P、a+b=l	$-\dfrac{Pab^2}{l^2}$	$\dfrac{Pa^2b}{l^2}$	$-\dfrac{Pab(l+b)}{2l^2}$	$\dfrac{Pab(l+a)}{2l^2}$
等分布荷重q、全長l	$-\dfrac{ql^2}{12}$	$\dfrac{ql^2}{12}$	$-\dfrac{ql^2}{8}$	$\dfrac{ql^2}{8}$
部分等分布荷重q、a+b=l	$-\dfrac{qa^2}{12l^2}(6l^2-8al+3a^2)$	$\dfrac{qa^3}{12l^2}(4al-3a)$	$-\dfrac{qa^2}{8l^2}(2l-a)^2$	$\dfrac{qa^2}{8l^2}(2l^2-a^2)$
三角形分布荷重q	$-\dfrac{ql^2}{30}$	$\dfrac{ql^2}{20}$	$-\dfrac{7ql^2}{120}$	$\dfrac{8ql^2}{120}=\dfrac{ql^2}{15}$
台形分布荷重 q_1, q_2	$-\dfrac{(3q_1+2q_2)l^2}{60}$	$\dfrac{(2q_1+3q_2)l^2}{60}$	$-\dfrac{(8q_1+7q_2)l^2}{180}$	$\dfrac{(7q_1+8q_2)l^2}{180}$
モーメントM、a+b=l	$\dfrac{Mb(2l-3b)}{l^2}$	$\dfrac{Ma(2l-3a)}{l^2}$	$\dfrac{M(l^2-3b^2)}{2l^2}$	$\dfrac{M(l^2-3a^2)}{2l^2}$

13-4-3 節点方程式と層方程式

節点方程式は，節点におけるモーメント（材端モーメント）のつり合い式で，複数の部材が剛結された節点ごとに1つのつり合い式が成立する。節点方程式にたわみ角公式の材端モーメントを代入すると，節点方程式はたわみ角（必要に応じて部材回転角も含めて）の連立方程式となる。

層方程式は，部材の材端せん断力に関するつり合い式である。ラーメンを水平方向に仮想的に切断したときの鉛直方向の層の数だけ存在する。ばね支持された支点が沈下する連続ばりや部材回転角が生じるラーメン（ラーメンが水平方向に倒れるなど）を解くときに必要となる。層方程

式中の材端せん断力を材端モーメント（たわみ角や部材回転角）で表せば，結局，層方程式はたわみ角や部材回転角の連立方程式となる。

13-4-4 たわみ角法による解法

たわみ角法による不静定構造の解法手順は，次のようにまとめられる。
① 各部材ごとに，たわみ角公式を立てる。
② 各節点において，材端モーメントのつり合い式である節点方程式を立てる。
③ 必要に応じて水平方向の各層ごとに，材端せん断力に対する層方程式を立てる。
④ ①を②および③に代入し，たわみ角と部材回転角を未知数とする連立方程式を解く。
⑤ 各部材の材端モーメント，材端せん断力および材端軸力を計算し，支点反力や断面力（図）を求める。

図 13-18 の連続ばり（曲げ剛性 EI は一定）をたわみ角法により解いてみよう*35。

*35
Let's TRY!!
この問題は例題 13-2（余力法）ですでに解き方を学んだ。最小仕事の原理（12-4 節）や三連モーメント法（例題 13-5 参考）でも解いてみよう。

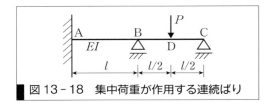

図 13-18 集中荷重が作用する連続ばり

基準剛度と各部材の剛比
$$K_0 = \frac{I}{l}, \ k_{AB} = k_{BC} = 1$$

部材回転角

　　すべてゼロ

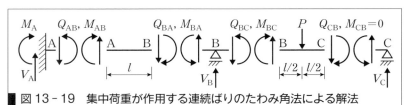

図 13-19 集中荷重が作用する連続ばりのたわみ角法による解法

たわみ角式
(i) 部材 AB（固定端 A：$\varphi_A = 0$）
$$M_{AB} = 1 \times (2\varphi_A + \varphi_B) = \varphi_B, \ M_{BA} = 1 \times (\varphi_A + 2\varphi_B) = 2\varphi_B$$
(ii) 部材 BC（右端 C はヒンジ）
$$M_{BC} = 1 \times \left(\frac{3}{2}\varphi_B\right) + H_{BC} = \frac{3}{2}\varphi_B - \frac{3}{16}Pl, \ M_{CB} = 0$$

節点方程式（節点 B）
$$M_{AB} + M_{BC} = 0 \quad \rightarrow \quad \varphi_B = \frac{3}{56}Pl$$

材端モーメント
$$M_{AB} = \frac{3}{56}Pl, \; M_{BA} = \frac{3}{28}Pl, \; M_{BC} = -\frac{3}{28}Pl, \; M_{CB} = 0$$

材端せん断力

（ⅰ）部材 AB

$$\Sigma M_{(A)} = 0 : M_{AB} + M_{BA} + Q_{BA}l = 0$$

$$Q_{BA} = -\frac{M_{AB} + M_{BA}}{l} = -\frac{9}{56}P = Q_{AB}$$

（ⅱ）部材 BC

$$\Sigma M_{(B)} = 0 : M_{BC} + P \times \frac{l}{2} + Q_{CB}l = 0$$

$$Q_{CB} = -\frac{P}{2} - \frac{M_{BC}}{l} = -\frac{11}{28}P$$

$$Q_{BC} = P + Q_{CB} = \frac{17}{28}P$$

支点反力
$$V_A = Q_{AB} = -\frac{9}{56}P, \; M_A = M_{AB} = \frac{3}{56}Pl$$

$$V_B = Q_{BC} - Q_{BA} = \frac{43}{56}P, \; V_C = -Q_{CB} = \frac{11}{28}P$$

この解は例題 13-2 に一致する。

例題 13-6 図の連続ばりをたわみ角法により解け。ただし，曲げ剛性 EI は一定とする[36]。

[36]
Let's TRY!
この問題を，最小仕事の原理（12-4 節），余力法（13-2 節）や三連モーメント法（13-3 節）でも解いてみよう。

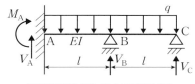

等分布荷重が作用する連続ばり

解答 基準剛度と各部材の剛比

$$K_0 = \frac{I}{l}, \; k_{AB} = k_{BC} = 1$$

このはりは分布荷重 q により，水平方向には移動可能であるが，すべての部材で部材回転角は生じない。

等分布荷重が作用する連続ばりのたわみ角法による解法

たわみ角式
(i) 部材 AB（固定端 A：$\varphi_A = 0$）

$$M_{AB} = 1 \times (2\varphi_A + \varphi_B) + C_{AB} = \varphi_B - \frac{ql^2}{12}$$

$$M_{BA} = 1 \times (\varphi_A + 2\varphi_B) + C_{BA} = 2\varphi_B + \frac{ql^2}{12}$$

(ii) 部材 BC（右端 C はヒンジ）

$$M_{BC} = 1 \times \left(\frac{3}{2}\varphi_B\right) + H_{BC} = \frac{3}{2}\varphi_B - \frac{ql^2}{8}, \quad M_{CB} = 0$$

節点方程式（節点 B）

$$M_{AB} + M_{BC} = 0$$
$$\varphi_B = \frac{ql^2}{84}$$

材端モーメント

$$M_{AB} = -\frac{ql^2}{14}, \quad M_{BA} = \frac{3ql^2}{28}, \quad M_{BC} = -\frac{3ql^2}{28}, \quad M_{CB} = 0$$

材端せん断力
(i) 部材 AB

$$\Sigma M_{(A)} = 0 : M_{AB} + M_{BA} + Q_{BA}l + ql \times \frac{l}{2} = 0$$
$$Q_{BA} = -\frac{ql}{2} - \frac{M_{AB} + M_{BA}}{l} = -\frac{15}{28}ql$$
$$Q_{AB} = Q_{BA} + ql = \frac{13}{28}ql$$

(ii) 部材 BC

$$\Sigma M_{(B)} = 0 : M_{BC} + ql \times \frac{l}{2} + Q_{CB}l = 0$$
$$Q_{CB} = -\frac{ql^2}{2} - \frac{M_{BC}}{l} = -\frac{11}{28}ql$$
$$Q_{BC} = ql + Q_{CB} = \frac{17}{28}ql$$

支点反力
(i) 支点 A

$$V_A = Q_{AB} = \frac{13}{28}ql, \quad M_A = M_{AB} = -\frac{ql^2}{14}$$

（ii）支点 B

$$V_B = Q_{BC} - Q_{BA} = \frac{8}{7}ql, \ V_C = -Q_{CB} = \frac{11}{28}ql$$

断面力図は次の図のとおりである。（演習問題 13-2-B1（3）余力法と同じ）

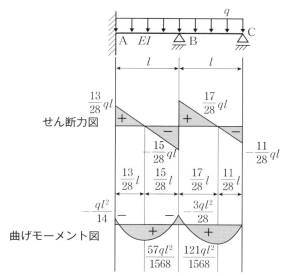

等分布荷重が作用する連続ばりの断面力図

例題 13-7 図のラーメン（部材回転角を生じない場合）をたわみ角法により解け。ただし，曲げ剛性 EI は図のとおりとする*37。

*37
Let's TRY!
この問題を，最小仕事の原理（12-4 節），余力法（13-2 節）や三連モーメント法（13-3 節）でも解いてみよう。

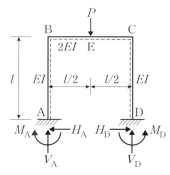

集中荷重が作用する両端固定 1 層ラーメン

解答 基準剛度と各部材の剛比

$$K_0 = \frac{I}{l}, \ k_{AB} = 1, \ k_{BC} = \frac{\frac{2I}{l}}{K_0} = 2$$

このラーメンは荷重位置の鉛直軸に対し，構造対称かつ荷重対象であり，偶角部の節点 B と C は移動しないので，すべての部材で部材回転角は生じない。

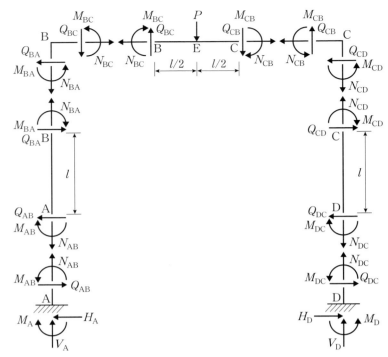

集中荷重が作用する両端固定 1 層ラーメンのたわみ角法による解法

たわみ角式

(i) 部材 AB（固定端 A：$\varphi_A = 0$）

$$M_{AB} = 1 \times (2\varphi_A + \varphi_B) = \varphi_B$$

$$M_{BA} = 1 \times (\varphi_A + 2\varphi_B) = 2\varphi_B$$

(ii) 部材 BC

$$M_{BC} = 2 \times (2\varphi_B + \varphi_C) + C_{BC} = 4\varphi_B + 2\varphi_C - \frac{Pl}{8}$$

$$M_{CB} = 2 \times (\varphi_B + 2\varphi_C) + C_{CB} = 2\varphi_B + 4\varphi_C + \frac{Pl}{8}$$

(iii) 部材 CD（固定端：$\varphi_D = 0$）[*38]

$$M_{CD} = 1 \times (2\varphi_C + \varphi_D) = 2\varphi_C$$

$$M_{DC} = 1 \times (\varphi_C + 2\varphi_D) = 2\varphi_C$$

節点方程式

(i) 節点 B

$$M_{BA} + M_{BC} = 0$$

$$3\varphi_B + \varphi_C = \frac{Pl}{16} \qquad ①$$

(ii) 節点 C

$$M_{CB} + M_{CD} = 0$$

$$\varphi_B + 3\varphi_C = -\frac{Pl}{16} \qquad ②$$

①と②より

[*38] **ヒント**
対称性を考慮すれば，$\varphi_B = -\varphi_C$ となる。

$$\varphi_B = \frac{Pl}{32}, \ \varphi_C = -\frac{Pl}{32} \quad (鉛直中心軸で対称であることが確認された)$$

材端モーメント

(i) 部材 AB

$$M_{AB} = \varphi_B = \frac{Pl}{32}, \ M_{BA} = 2\varphi_B = \frac{Pl}{16}$$

(ii) 部材 BC

$$M_{BC} = 4\varphi_B + 2\varphi_C - \frac{Pl}{8} = -\frac{Pl}{16}, \ M_{CB} = 2\varphi_B + 4\varphi_C + \frac{Pl}{8} = \frac{Pl}{16}$$

(iii) 部材 CD

$$M_{CD} = 2\varphi_C = -\frac{Pl}{16}, \ M_{DC} = \varphi_C = -\frac{Pl}{32}$$

材端せん断力

(i) 部材 AB

$$\Sigma M_{(A)} = 0 : M_{AB} + M_{BA} + Q_{BA} l = 0$$
$$Q_{BA} = -\frac{M_{AB} + M_{BA}}{l} = -\frac{3}{32}P$$
$$Q_{BA} = Q_{AB} = -\frac{3}{32}P$$

(ii) 部材 BC

$$\Sigma M_{(B)} = 0 : M_{BC} + M_{CB} + P \times \frac{l}{2} + Q_{CB} l = 0$$
$$Q_{CB} = -\frac{M_{BC} + M_{CB}}{l} - \frac{P}{2} = -\frac{P}{2}$$
$$Q_{BC} = Q_{CB} + P = \frac{P}{2}$$

材端軸力

(i) 節点 B

$$N_{BA} = -Q_{BC} = -\frac{P}{2} = N_{AB}, \ N_{BC} = Q_{BA} = -\frac{3}{32}P$$

(ii) 節点 C

$$N_{CB} = -Q_{CD} = -\frac{3}{32}P, \ N_{CD} = Q_{CB} = -\frac{P}{2} = N_{DC}$$

支点反力

(i) 支点 A

$$H_A = Q_{AB} = -\frac{3}{32}P, \ V_A = -N_{AB} = \frac{P}{2}, \ M_A = M_{AB} = \frac{Pl}{32}$$

(ii) 支点 C

$$H_D = -Q_{DC} = -\frac{3}{32}P, \ V_D = -N_{DC} = \frac{P}{2}, \ M_D = -M_{DC} = \frac{Pl}{32}$$

断面力図は次の図のとおりである。

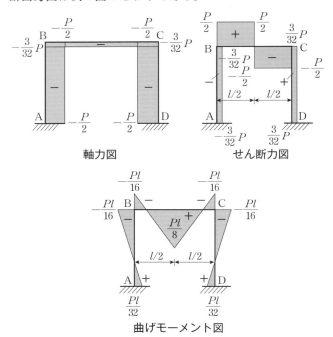

集中荷重が作用する両端固定1層ラーメンの断面力図

例題 13 - 8　図のラーメン（部材回転角を生じる場合）をたわみ角法により解け。ただし，曲げ剛性 EI は図のとおりとする[*39]。

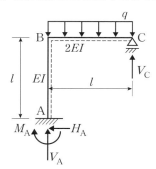

一端固定・他端ローラー支点ラーメン

[*39] **Let's TRY!!**
この問題を，最小仕事の原理（12 - 4 節），余力法（13 - 2 節：演習問題 13-2-B1）や三連モーメント法（13 - 3 節）でも解いてみよう。

解答　基準剛度と各部材の剛比

$$K_0 = \frac{I}{l}, \ k_{AB} = 1, \ k_{BC} = \frac{\frac{2I}{l}}{K_0} = 2$$

支点 C は水平方向に移動可能なので，部材 BC にかかる鉛直分布荷重 q により，節点 B も水平方向に移動する。したがって，部材 AB には部材回転角 R_{AB} が生じる（$\psi_{AB} = -6EK_0 R_{AB}$ とおく）。なお，部材 BC の部材回転角は生じない（$R_{BC} = 0$）。

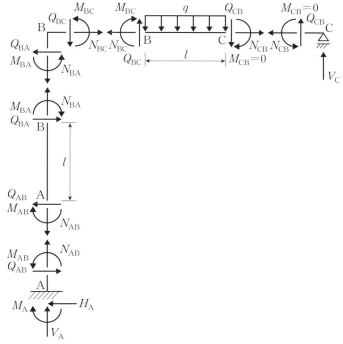

一端固定・他端ローラー支点ラーメンのたわみ角法による解法

たわみ角式

(i) 部材 AB（固定端 A：$\varphi_A = 0$）

$$M_{AB} = 1 \times (2\varphi_A + \varphi_B + \psi_{AB}) = \varphi_B + \psi_{AB}$$
$$M_{BA} = 1 \times (\varphi_A + 2\varphi_B + \psi_{AB}) = 2\varphi_B + \psi_{AB}$$

(ii) 部材 BC（右端 C はヒンジ）

$$M_{BC} = 2 \times \left(\frac{3}{2}\varphi_B\right) + H_{BC} = 3\varphi_B - \frac{ql^2}{8},\ M_{CB} = 0$$

節点方程式（節点 B）

$$M_{AB} + M_{BC} = 0$$
$$5\varphi_B + \psi_{AB} = \frac{ql^2}{8} \qquad ①$$

層方程式（節点 B 直下の断面で）

$\Sigma H = 0：Q_{BA} = 0$

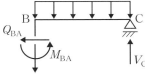

部材 AB

$\Sigma M_{(A)} = 0：M_{AB} + M_{BA} + Q_{BA}\,l = 0$

$$Q_{BA} = -\frac{M_{AB} + M_{BA}}{l} = 0$$
$$3\varphi_B + 2\psi_{AB} = 0 \qquad ②$$

①と②より

$$\varphi_B = \frac{ql^2}{28},\ \psi_{AB} = -\frac{3ql^2}{56}$$

材端モーメント

(i) 部材 AB

$$M_{AB} = \varphi_B + \psi_{AB} = -\frac{ql^2}{56}, \quad M_{BA} = 2\varphi_B + \psi_{AB} = \frac{ql^2}{56}$$

(ii) 部材 BC

$$M_{BC} = 3\varphi_B - \frac{ql^2}{8} = -\frac{ql^2}{56}, \quad M_{CB} = 0$$

材端せん断力

(i) 部材 AB

$$Q_{BA} = 0, \quad Q_{AB} = 0$$

(ii) 部材 BC

$$\Sigma M_{(B)} = 0 : M_{BC} + ql \times \frac{l}{2} + Q_{CB} l = 0$$

$$Q_{CB} = -\frac{ql^2}{2} - \frac{M_{BC}}{l} = -\frac{27}{56} ql$$

$$Q_{BC} = ql + Q_{CB} = \frac{39}{56} ql$$

支点反力

(i) 支点 A

$$H_A = Q_{AB} = 0, \quad V_A = -N_{AB} = \frac{39ql^2}{56}, \quad M_A = M_{AB} = -\frac{ql^2}{56}$$

(ii) 支点 C

$$V_C = -Q_{CB} = \frac{27}{56} ql$$

断面力図は次の図のとおりである。

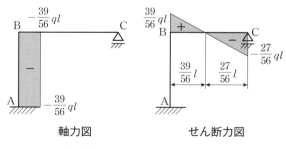

軸力図　　せん断力図

曲げモーメント図

一端固定・他端ローラー支点ラーメンの断面力図

演習問題 A　基本の確認をしましょう

13-4-A1　図のはりをたわみ角法により解け。ただし，曲げ剛性は図のとおりとする。

(1)

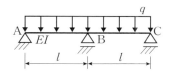

(2) 支点 B が支点沈下（鉛直下方 δ_0）

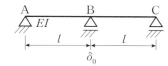

(3) （13-2-B1(2) と同じ）

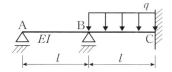

(4)

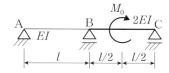

演習問題 B　もっと使えるようになりましょう

13-4-B1　図のラーメンをたわみ角法により解け。ただし，曲げ剛性は図のとおりとする。

(1)

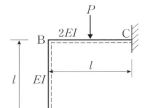

(2) 例題 13-3 と同じ

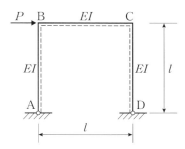

あなたがここで学んだこと

この節であなたが到達したのは
　□たわみ角法の解法手順を説明できる
　□たわみ角法を用いて，簡単な不静定ばりを解くことができる
　□たわみ角法を用いて，簡単な不静定ラーメンを解くことができる

　本節では，不静定構造物の解法の1つであるたわみ角法の解析手順を，簡単なはりやラーメンを対象に学んだ。たわみ角法は，とくにはりやラーメンを対象に，それらのなかから部材を順に取り出し，その部材の両端節点に作用する断面力（とくに節点モーメント）を，部材の変形数（たわみ角）で表し，節点でのモーメントのつり合いや構造物全体でのある断面でのせん断力のつり合いを考えることで，たわみ角に対する連立1次方程式の解を求めるものである。

　本章では，構造物を支える支点反力や構造物内部の曲げモーメント，せん断力などの断面力（部材力）や変形量（変位や変形角）を，力のつり合いだけでは求めることのできない不静定構造に対する構造解析法について学んだ。いずれの解法も最終的に連立1次方程式の解を求めることであり，不静定力や支点の曲げモーメントを未知数として解くのか，変形量を未知数として解くのかである。実際の構造物のほとんどは不静定構造物であり，それらを設計するための基礎資料となる。これまで学んできた構造力学の基礎知識をしっかりと活用してほしい。

解答

1 章

●予習
1. 略
2. 略

2 章

●予習
1. 略
2. 略

演習問題

2 - A1 速度 424 mm/s　圧力 500 Mkg/ms²

2 - A2 $P_x = 250$ kN,　$P_y = 250\sqrt{3}$ kN

2 - A3 $M_O = 90$ Nm

2 - B1 3つの力の合力の大きさ
$$R = \sqrt{100\{36(\sqrt{2}-\sqrt{6})-35\sqrt{3}+110\}}$$

3つの力の合力の作用方向
$$\theta = \tan^{-1}\frac{6\sqrt{2}-7\sqrt{3}+5}{6\sqrt{2}-5\sqrt{3}+7}$$

2 - B2 $\alpha = \tan^{-1}\dfrac{2P}{3W},\quad \beta = \tan^{-1}\dfrac{2P}{W}$

3 章

●予習
1. $V_A = V_B = \dfrac{P}{4},\quad H_A = \dfrac{\sqrt{3}}{2}P$
2. $H = P,\ V = 0,\ M = -Pl$

演習問題

3 - A1　点 A 水平方向反力　$H_A = 0$

点 A 鉛直方向反力　$V_A = \dfrac{5}{3}P$

点 B 鉛直方向反力　$V_B = \dfrac{4}{3}P$

3 - A2　(a) 2 次不静定　(b) 1 次不静定
(c) 4 次不静定

3 - B1　点 A 水平方向反力　$H_A = 0$

点 A 鉛直方向反力　$V_A = \dfrac{4}{9}ql + \dfrac{P}{3}$

点 B 鉛直方向反力　$V_B = \dfrac{2}{9}ql + \dfrac{2}{3}P$

3 - B2　不静定次数　0 次不静定（静定）

点 A 鉛直方向反力　$V_A = \dfrac{1}{3}(ql + 2\sqrt{3}\,P)$

点 B 水平方向反力　$H_B = \dfrac{qL}{2} - P$

点 B 鉛直方向反力　$V_B = \dfrac{1}{3}(\sqrt{3}\,P - qL)$

4 章

●予習

1.
(a) $\begin{cases} V_A = \dfrac{P}{2} \\ V_B = \dfrac{P}{2} \end{cases}$

(b) $\begin{cases} V_A = \dfrac{P}{3} \\ V_B = \dfrac{2}{3}P \end{cases}$

(c) $\begin{cases} V_A = \dfrac{P}{4} \\ V_B = \dfrac{3}{4}P \end{cases}$

(d)(e)(f) $\begin{cases} V_A = -\dfrac{M}{l} \\ V_B = \dfrac{M}{l} \end{cases}$

演習問題

4 - A1

(1)

(2)

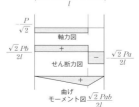

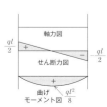

(3)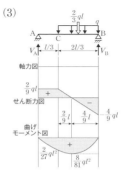

(4)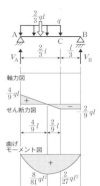

(5)
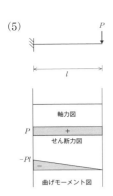

(6)
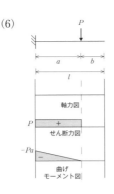

(7)
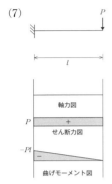

(8)

(9)
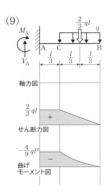

4 - B1

(1)
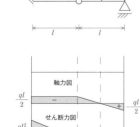

(2)
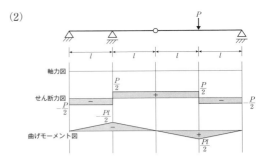

5 章

●予習

1. $F_A = 866\,\text{N}$, $F_B = 1500\,\text{N}$
2. $V_A = -2P$, $V_B = 3P$

演習問題

5 - A1　(1) 不静定次数 $= 2$（外的2次不静定）
(2) 不静定次数 $= 0$（静定）
(3) 不静定次数 $= 1$（内的1次不静定）
(4) 不静定次数 $= 4$（内的4次不静定）
(5) 不静定次数 $= 0$（静定）

5 - A2　(1)　$D_1 = -\dfrac{4}{3}\sqrt{3}\,P$, $L_1 = -\dfrac{\sqrt{3}}{3}P$

$D_2 = \dfrac{2}{3}\sqrt{3}\,P$, $U_1 = -\sqrt{3}\,P$

(2) $D_1 = -\dfrac{5}{3}P$, $U_1 = \dfrac{4}{3}P$, $U_2 = \dfrac{4}{3}P$,

$D_2 = -\dfrac{5}{2}P$, $D_3 = \dfrac{5}{6}P$, $V_1 = -P$

(3) $D_1 = -\dfrac{2\sqrt{3}}{3}P$, $U_1 = \dfrac{\sqrt{3}}{3}P$

$D_2 = \dfrac{2}{3}\sqrt{3}\,P$, $L_1 = -\dfrac{2\sqrt{3}}{3}P$

(4) $D_1 = P$, $L_1 = -\dfrac{\sqrt{3}}{2}P$, $D_2 = P$

5 - A3

(1)　$D = \dfrac{\sqrt{3}}{3}P$, $U = -\dfrac{\sqrt{3}}{3}P$, $L = \dfrac{\sqrt{3}}{3}P$, $V = -\dfrac{1}{2}P$

(2)　$V = -P$, $U = \dfrac{3}{4}P$, $D = \dfrac{5}{4}P$, $L = -\dfrac{3}{2}P$

(3)　$U = \dfrac{\sqrt{3}}{2}P$, $D = \dfrac{\sqrt{3}}{2}P$, $L = -\dfrac{3\sqrt{3}}{4}P$

(4)　$U = -\dfrac{\sqrt{10}}{4}P$, $D = \dfrac{\sqrt{2}}{4}P$, $L = \dfrac{1}{2}P$, $V = 0$

5 - B1　(1)　$D_1 = P$, $D_2 = -P$, $D_3 = P$,

$L_1 = \dfrac{1}{2}P$

(2) $D_1 = -\dfrac{2\sqrt{3}}{9}P$, $L_1 = \dfrac{\sqrt{3}}{9}P$

$L_2 = L_1 = \dfrac{\sqrt{3}}{9}P$, $V_1 = 0$

$D_2 = \dfrac{2\sqrt{3}}{9}P$, $U_1 = -\dfrac{2\sqrt{3}}{9}P$

5 - B2 (1) $U = 0$, $D = 0$, $L = -P$, $V = 0$

(2) $U = -\dfrac{\sqrt{3}}{3}P$, $D = 0$, $L = \dfrac{\sqrt{3}}{3}P$

6 章

●予習

1. $H_A = -5$ kN, $V_A = -4$ kN, $V_D = 4$ kN
2. 略

演習問題

6 - A1 $V_D = 2$ kN, $V_A = -2$ kN

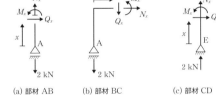

(a) 部材 AB   (b) 部材 BC   (c) 部材 CD

部材 AB
$\Sigma H = 0 : Q_x = 0$ kN
$\Sigma V = 0 : N_x = 2$ kN
$\Sigma M_{(x)} = 0 : M_x = 0$ kN·m

部材 BC
$\Sigma H = 0 : N_x = 0$ kN
$\Sigma V = 0 : Q_x = -2$ kN
$\Sigma M_{(x)} = 0 : M_x = -2\,x$ kN·m

部材 CD
$\Sigma H = 0 : Q_x = 0$ kN
$\Sigma V = 0 : N_x = -2$ kN
$\Sigma M_{(x)} = 0 : M_x = 0$ kN·m

軸力図 [kN]   せん断力図 [kN]   曲げモーメント図 [kN·m]

6 - A2 $\Sigma H = 0 : H_A = 0$ kN
$\Sigma V = 0 : V_A = 3 \times 4 = 12$ kN
$\Sigma M_{(A)} = 0 : M_A = 3 \times 4 \times 2 = 24$ kN·m

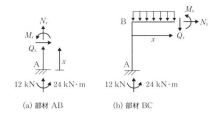

(a) 部材 AB   (b) 部材 BC

部材 AB
$\Sigma H = 0 : Q_x = 0$ kN
$\Sigma V = 0 : N_x = -12$ kN
$\Sigma M_{(x)} = 0 : M_x = -24$ kN·m

部材 BC
$\Sigma H = 0 : N_x = 0$ kN
$\Sigma V = 0 : Q_x = 12 - 3x$ kN
$\Sigma M_{(x)} = 0 :$

$M_x = -24 - \dfrac{3}{2}x^2 - 12x = -\dfrac{3}{2}(x-4)^2$ kN·m

軸力図   せん断力図   曲げモーメント図

6 - A3 $H_D = -20$ kN
$V_A = -8$ kN
$V_D = 8$ kN

(a) 部材 AB   (b) 部材 BC   (b) 部材 CD

部材 AB
$\Sigma H = 0 : Q_x = -5\,x$ kN
$\Sigma V = 0 : N_x = 8$ kN
$\Sigma M_{(x)} = 0 : M_x = -\dfrac{5}{2}x^2$ kN·m

部材 BC
$\Sigma H = 0 : N_x = -20$ kN
$\Sigma V = 0 : Q_x = -8$ kN
$\Sigma M_{(x)} = 0 : M_x = -40 + 8x$ kN·m

部材 CD
$\Sigma H = 0 : Q_x = 20$ kN
$\Sigma V = 0 : N_x = -8$ kN （圧縮）
$\Sigma M_{(x)} = 0 : M_x = -20\,x$ kN·m

解答　237

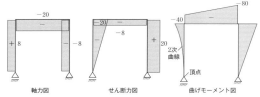

6 - B1 $H_A = -4$ kN
$V_A = -5$ kN
$V_E = 5$ kN

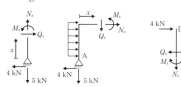

部材 AB
$\Sigma H = 0 : Q_x = 4$ kN
$\Sigma V = 0 : N_x = 5$ kN
$\Sigma M_{(x)} = 0 : M_x = 4x$ kN·m

部材 BC
$\Sigma H = 0 : N_x = 4$ kN
$\Sigma V = 0 : Q_x = -5$ kN
$\Sigma M_{(x)} = 0 : M_x = 16 - 5x$ kN·m

部材 CD
$\Sigma H = 0 : Q_x = 4$ kN
$\Sigma V = 0 : N_x = 0$ kN
$\Sigma M_{(x)} = 0 : M_x = -4x$ kN·m

部材 CE
$\Sigma H = 0 : Q_x = 0$ kN
$\Sigma V = 0 : N_x = -5$ kN
$\Sigma M_{(x)} = 0 : M_x = 0$ kN·m

6 - B2 $H_D = -8$ kN
$V_D = 0$ kN
$M_D = 2 \times 4 \times 4 = 32$ kN·m

部材 AB
$\Sigma H = 0 : Q_x = -2x$ kN
$\Sigma V = 0 : N_x = 0$ kN
$\Sigma M_{(x)} = 0 : M_x = -x^2$ kN·m

部材 BC
$\Sigma H = 0 : N_x = -8$ kN（圧縮）
$\Sigma V = 0 : Q_x = 0$
$\Sigma M_{(x)} = 0 : M_x = -16$ kN·m

部材 CD
$\Sigma H = 0 : N_x = 0$ kN
$\Sigma V = 0 : Q_x = 8$ kN
$\Sigma M_{(x)} = 0 : M_x = 32 - 8x$ kN·m

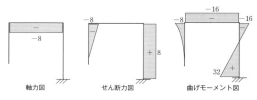

6 - B3 $H_A = -4$ kN
$V_A = -2$ kN
$H_E = -4$ kN
$V_E = 2$ kN

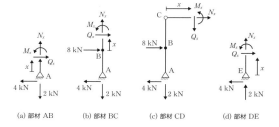

部材 AB
$\Sigma H = 0 : Q_x = 4$ kN
$\Sigma V = 0 : N_x = 2$ kN （引張）
$\Sigma M_{(x)} = 0 : M_x = 4x$ kN·m

部材 BC
$\Sigma H = 0 : Q_x = -4$ kN
$\Sigma V = 0 : N_x = 2$ kN （引張）
$\Sigma M_{(x)} = 0 : M_x = 12 - 4x$ kN·m

部材 CD
$\Sigma H = 0 : N_x = -4$ kN （圧縮）
$\Sigma V = 0 : Q_x = -2$ kN
$\Sigma M_{(x)} = 0 : M_x = -2x$ kN·m

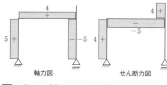

部材 DE
$\Sigma H = 0 : Q_x = 4$ kN
$\Sigma V = 0 : N_x = -2$ kN（圧縮）
$\Sigma M_{(x)} = 0 : M_x = 4x$ kN·m

軸力図　　せん断力図　　モーメント図

7 章

● 予習
1. 略

演習問題

7 - A1　(a)
(1) $A = 1.5 \times 10^5$ mm^2

$G_x = \int_0^{600} 250y\,dy = 4.5 \times 10^7$ mm^3,

$G_y = \int_0^{250} 600x\,dx = 1.88 \times 10^7$ mm^3

$x_0 = \dfrac{G_y}{A} = \dfrac{1.875 \times 10^7}{1.5 \times 10^5} = 125$ mm,

$y_0 = \dfrac{G_x}{A} = \dfrac{4.5 \times 10^7}{1.5 \times 10^5} = 300$ mm

(2) $I_X = \dfrac{250 \cdot 600^3}{12} = 4.5 \times 10^9$ mm^4,

$I_Y = \dfrac{600 \cdot 250^3}{12} = 7.81 \times 10^8$ mm^4

(3) $Z_X = \dfrac{I_X}{300} = \dfrac{4.5 \times 10^9}{300} = 1.50 \times 10^7$ mm^3,

$Z_Y = \dfrac{I_Y}{125} = \dfrac{7.81 \times 10^8}{125} = 6.25 \times 10^6$ mm^3

(4) $r_X = \sqrt{\dfrac{I_X}{A}} = \sqrt{\dfrac{4.5 \times 10^9}{1.5 \times 10^5}} = 173$ mm,

$r_Y = \sqrt{\dfrac{I_Y}{A}} = \sqrt{\dfrac{7.81 \times 10^8}{1.5 \times 10^5}} = 72.2$ mm

(b)
(1) $A = 4.0 \times 10^4$ mm^2

$G_x = \int_0^{50} 400y\,dy + \int_{550}^{600} 400y\,dy = 1.20 \times 10^7$ mm^3,

$G_y = \int_0^{400} 100x\,dx = 8.00 \times 10^6$ mm^3

$x_0 = \dfrac{G_y}{A} = \dfrac{8.00 \times 10^7}{4.0 \times 10^4} = 200$ mm,

$y_0 = \dfrac{G_x}{A} = \dfrac{1.2 \times 10^7}{4.0 \times 10^4} = 300$ mm

(2) $I_X = \dfrac{400 \cdot 600^3}{12} - \dfrac{400 \cdot 500^3}{12} = 3.03 \times 10^9$ mm^4,

$I_Y = \dfrac{600 \cdot 400^3}{12} - \dfrac{500 \cdot 400^3}{12} = 5.33 \times 10^8$ mm^4

(3) $Z_X = \dfrac{I_X}{300} = \dfrac{3.03 \times 10^9}{300} = 1.01 \times 10^7$ mm^3,

$Z_Y = \dfrac{I_Y}{200} = \dfrac{5.33 \times 10^8}{200} = 2.67 \times 10^6$ mm^3

(4) $r_X = \sqrt{\dfrac{I_X}{A}} = \sqrt{\dfrac{3.03 \times 10^9}{4.0 \times 10^4}} = 275$ mm,

$r_Y = \sqrt{\dfrac{I_Y}{A}} = \sqrt{\dfrac{5.33 \times 10^8}{4.0 \times 10^4}} = 115$ mm

(c)
(1) $A = 4.25 \times 10^4$ mm^2

$G_x = \int_0^{25} 300y\,dy + \int_{25}^{575} 50y\,dy + \int_{575}^{600} 300y\,dy$
$= 1.275 \times 10^7$ mm^3,

$G_y = \int_0^{25} 600x\,dx + \int_{25}^{275} 50x\,dx + \int_{275}^{300} 600x\,dx$
$= 6.375 \times 10^6$ mm^3

$x_0 = \dfrac{G_y}{A} = \dfrac{6.375 \times 10^7}{4.25 \times 10^4} = 150$ mm,

$y_0 = \dfrac{G_x}{A} = \dfrac{1.275 \times 10^4}{4.25 \times 10^4} = 300$ mm

(2) $I_X = \dfrac{300 \cdot 600^3}{12} - \dfrac{300 \cdot 550^3}{12} = 1.93 \times 10^9$ mm^4,

$I_Y = \dfrac{600 \cdot 300^3}{12} - \dfrac{500 \cdot 250^3}{12} = 6.34 \times 10^8$ mm^4

(3) $Z_X = \dfrac{I_X}{300} = \dfrac{1.93 \times 10^9}{300} = 6.44 \times 10^7$ mm^3,

$Z_Y = \dfrac{I_Y}{150} = \dfrac{6.336 \times 10^8}{150} = 4.22 \times 10^6$ mm^3

(4) $r_X = \sqrt{\dfrac{I_X}{A}} = \sqrt{\dfrac{1.93 \times 10^9}{4.25 \times 10^4}} = 213$ mm,

$r_Y = \sqrt{\dfrac{I_Y}{A}} = \sqrt{\dfrac{6.336 \times 10^8}{4.25 \times 10^4}} = 122$ mm

7 - B1　(a)
(1) $A = 3.24 \times 10^4$ mm^2

$G_x = 24000 \times 300 + 8400 \times 20$
$= 7.368 \times 10^6$ mm^3

$y_0 = \dfrac{G_x}{A} = \dfrac{7.368 \times 10^6}{3.24 \times 10^4} = 227$ mm

(2) $I_X = \int_{-227}^{373} 40Y^2\,dY + \int_{-227}^{-187} 210Y^2\,dY = 1.209 \times 10^9$ mm^4

(3) $Z_{y_1} = \dfrac{I_X}{y_1} = \dfrac{1.209 \times 10^9}{227} = 5.33 \times 10^6$ mm^3,

$Z_{y_2} = \dfrac{I_X}{y_2} = \dfrac{1.209 \times 10^9}{373} = 3.24 \times 10^6$ mm^3

(4) $r_X = \sqrt{\dfrac{I_X}{A}} = \sqrt{\dfrac{1.209 \times 10^9}{3.24 \times 10^4}} = 1.93 \times 10^2$ mm

(b)
(1) $A = 2.60 \times 10^4 \text{ mm}^2$

$G_x = \int_0^{40} 200 y dy + \int_{40}^{340} 40 y dy + \int_{340}^{360} 300 y dy$
$= 4.54 \times 10^6 \text{ mm}^3$

$y_0 = \dfrac{G_x}{A} = \dfrac{4.54 \times 10^6}{2.6 \times 10^4} = 174 \text{ mm}$

(2) $I_X = \int_{165}^{185} 300 Y^2 dY + \int_{-135}^{165} 40 Y^2 dY + \int_{-175}^{-135} 200 Y^2 dY$
$= 4.70 \times 10^8 \text{ mm}^4$

(3) $Z_{y_1} = \dfrac{I_X}{y_1} = \dfrac{4.70 \times 10^8}{175} = 2.69 \times 10^6 \text{ mm}^3$,

$Z_{y_2} = \dfrac{I_X}{y_2} = \dfrac{4.70 \times 10^8}{185} = 2.54 \times 10^6 \text{ mm}^3$

(4) $r_X = \sqrt{\dfrac{I_X}{A}} = \sqrt{\dfrac{4.70 \times 10^8}{2.6 \times 10^4}} = 134 \text{ mm}$

(c)
(1) $A = 8.75 \times 10^5 \text{ mm}^2$,
上下対称なので，$y_0 = 600 \text{ mm}^3$

(2) $I_X = \dfrac{625 \cdot 1200^3}{12} - 2 \times \dfrac{275 \cdot 1150^3}{12} - 2 \times \dfrac{25 \cdot 600^3}{12}$
$= 1.94 \times 10^{10} \text{ mm}^4$

(3) $Z_{y_1} = Z_{y_2} = \dfrac{I_X}{y_1} = \dfrac{1.94 \times 10^{10}}{600} = 3.23 \times 10^7 \text{ mm}^3$

(4) $r_X = \sqrt{\dfrac{I_X}{A}} = \sqrt{\dfrac{1.94 \times 10^{10}}{8.75 \times 10^4}} = 471 \text{ mm}$

8 章

●予習

1.
(1) 断面積 $A = 60 \times 10^{-6} \text{ m}^2$

(2) 単位面積当たりの強さ $y = \dfrac{P}{A} = 300 \text{ MPa}$

(3) 伸びの比 $x = \dfrac{\Delta l}{l} = 1.5 \times 10^{-3}$（単位なし）

(4) 比例定数 $a = \dfrac{y}{x} = 200 \text{ GPa}$

2. $a = \dfrac{x_1 + x_2}{2}, \ r = \sqrt{\left(\dfrac{x_1 - x_2}{2}\right)^2 + y_1^2}$

$X_1 = a + r = \dfrac{x_1 + x_2}{2} + \sqrt{\left(\dfrac{x_1 - x_2}{2}\right)^2 + y_1^2}$

$X_2 = a - r = \dfrac{x_1 + x_2}{2} - \sqrt{\left(\dfrac{x_1 - x_2}{2}\right)^2 + y_1^2}$

演習問題

8 - A1
(1) 弾性係数 $E = 176.6 \text{ GPa}$
(2) ポアソン比 $\nu = 0.3$
(3) 直径 $d \geqq 2.67 \text{ cm}$

8 - A2
(1) $H_A = \dfrac{4}{3} P, \ H_D = -\dfrac{5}{3} P$

(2) $\Delta l = \dfrac{Pl}{E_1 A_1 + E_2 A_2}, \ P_1 = \left(\dfrac{E_1 A_1}{E_1 A_1 + E_2 A_2}\right) P$,
$P_2 = \left(\dfrac{E_2 A_2}{E_1 A_1 + E_2 A_2}\right) P$

(3) $N_1 = \left(\dfrac{E_1 A_1}{E_1 A_1 + 4 E_2 A_2}\right) P, \ N_2 = \left(\dfrac{4 E_2 A_2}{E_1 A_1 + 4 E_2 A_2}\right) P$,
$\delta_1 = \dfrac{2Pl}{E_1 A_1 + 4 E_2 A_2}, \ \delta_2 = \dfrac{4Pl}{E_1 A_1 + 4 E_2 A_2}$

8 - A3
$l = 3.1 \text{ m}$

8 - B1
最大曲げ応力 $\sigma_{\max} = 818.6 \text{ N/cm}^2$
最大せん断応力 $\tau_{\max} = 205.3 \text{ N/cm}^2$

8 - B2
最大曲げモーメント $M_{\max} = 72 \text{ kNm}$
最大せん断力 $Q_{\max} = 26 \text{ kN}$
最大曲げ応力 $\sigma_{\max} = 9.0 \text{ MPa}$
最大せん断応力 $\tau_{\max} = 0.325 \text{ MPa}$

8 - B3
(1) 最大主応力 $\sigma_1 = 78 \text{ N/cm}^2$（反時計回り $\theta_1 = 18.43°$）
最小主応力 $\sigma_2 = -22 \text{ N/cm}^2$（反時計回り $\theta_2 = 108.43°$）
(2) 最大せん断応力 $\tau_{\max} = 50 \text{ N/cm}^2$
（反時計回り $\varphi_1 = 63.43°$ または時計回り $\varphi_1 = 26.57°$）
（このとき，垂直応力 $\sigma = 28 \text{ N/cm}^2$）
(3) 垂直応力 $\sigma_{30} = 22.02 \text{ N/cm}^2$
せん断応力 $\tau_{30} = -49.64 \text{ N/cm}^2$

9 章

●予習

1. (1) $x^2 + 3x + C$

(2) $\dfrac{2}{3} x^3 - \dfrac{5}{4} x^4 + C$

(3) $\dfrac{1}{3} x^3 - \dfrac{1}{2} x^2 - 2x + C$

2. (1)～(4) 略

演習問題

9 - A1 (1) たわみの微分方程式

$\theta_1 = \dfrac{P}{2EI} x^2 - \dfrac{5Pl^2}{8EI}, \ \theta_2 = \dfrac{P}{EI} x^2 - \dfrac{Pl}{EI} x - \dfrac{Pl^2}{2EI}$

$$v_1 = \frac{P}{6EI}x^3 - \frac{5Pl^2}{8EI}x + \frac{7Pl^3}{16EI},$$

$$v_2 = \frac{P}{3EI}x^3 - \frac{Pl}{4EI}x^2 - \frac{Pl^2}{2EI}x + \frac{5Pl^3}{12EI}$$

(2) たわみの微分方程式

$$\theta_1 = \frac{1}{EI}\left(\frac{M}{2l}x^2\right) - \frac{Ml}{24EI}$$

$$\theta_2 = \frac{1}{EI}\left(\frac{M}{2l}x^2 - Mx\right) + \frac{11Ml}{24EI}$$

$$v_1 = \frac{1}{EI}\left(\frac{M}{6l}x^3\right) - \frac{Ml}{24EI}x$$

$$v_2 = \frac{1}{EI}\left(\frac{M}{6l}x^3 - \frac{M}{2}x^2\right) + \frac{11Ml}{24EI}x - \frac{Ml^2}{8EI}$$

9 - A2 (1) たわみの微分方程式

$$\theta = \frac{dy}{dx} = \frac{q}{6EI}x^3 - \frac{ql}{2EI}x^2 + \frac{ql^2}{2EI}x$$

$$v = \frac{q}{24EI}x^4 - \frac{ql}{12EI}x^3 + \frac{ql^2}{4EI}x^2$$

(2) たわみの微分方程式
略

9 - A3 (1) 弾性荷重法

$$\theta_A = Q_A{}^* = V_A{}^* = -\frac{5Pl^2}{8EI}$$

$$v_A = M_A{}^* = \frac{7Pl^3}{16EI}$$

(2) 弾性荷重法

$$\theta_A = Q_A{}^* = V_A{}^* = \frac{Ml}{2EI}$$

$$v_C = M_C{}^* = \frac{Ml^2}{4EI} - \frac{Ml^2}{8EI} = \frac{Ml^2}{8EI}$$

9 - B1 (1) たわみの微分方程式

$$\theta_1 = -\frac{M}{EI}x + \frac{3Ml}{4EI}$$

$$\theta_2 = -\frac{M}{2EI}x + \frac{Ml}{2EI}$$

$$v_1 = -\frac{M}{2EI}x^2 + \frac{3Ml}{4EI}x - \frac{5Ml^2}{16EI}$$

$$v_2 = -\frac{M}{4EI}x^2 + \frac{Ml}{2EI}x - \frac{Ml^2}{4EI}$$

(2) たわみの微分方程式

$$\theta_1 = \frac{1}{EI}\left(-\frac{P}{4}x^2\right) + \frac{5Pl^2}{96EI}$$

$$\theta_2 = \frac{1}{2EI}\left(\frac{P}{4}x^2 - \frac{Pl}{2}x\right) + \frac{Pl^2}{12EI}$$

$$v_1 = \frac{1}{EI}\left(-\frac{P}{12}x^3\right) - \frac{5Pl^2}{96EI}x$$

$$v_2 = \frac{1}{2EI}\left(\frac{P}{12}x^3 - \frac{Pl}{4}x^2\right) + \frac{Pl^2}{12EI}x$$

9 - B2 (1) 弾性荷重法

$$\theta_A = Q_A{}^* = V_A{}^* = \frac{3Ml}{4EI}$$

$$v_A = M_A{}^* = -\frac{5Ml^2}{16EI}$$

(2) 弾性荷重法

$$\theta_A = Q_A{}^* = V_A{}^* = -\frac{Ml}{24EI}$$

$$v_C = Q_C{}^* = \frac{Ml}{12EI}$$

(3) 弾性荷重法

$$\theta_A = Q_A{}^* = V_A{}^* = -\frac{Pl^2}{4EI}$$

$$\theta_B = Q_B{}^* = -V_B{}^* = -\frac{Pl^2}{8EI}$$

$$\theta_C = Q_C{}^* = V_C{}^* = -\frac{3Pl^2}{8EI}$$

$$v_C = M_C{}^* = \frac{Pl^3}{6EI}$$

10 章

●予習

1. 略

2. (1) $\dfrac{P}{bh}$ kN/m²

   (2) $\dfrac{\partial M}{bh^2}$ kN/m²

断面の応力分布図は省略。

演習問題

10 - A1 $P_{cr} = \dfrac{\pi^2 E a^4}{432 l^2}$

10 - A2 $P_{cr} = \dfrac{\pi^2 E a^4}{144 l^2}$

10 - B1 $l \leq 2630$ mm

11 章

●予習

1. (1)〜(3) 略

演習問題

11 - A1 (1)

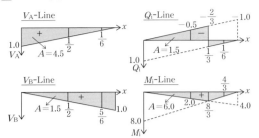

(2)
$V_A = 50$ kN
$V_B = 40$ kN
$Q_i = -10$ kN
$M_i = 100$ kN·m

11 - A2 (1)

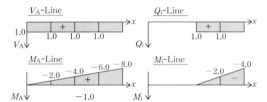

(2)
$V_A = 60$ kN
$M_A = -200$ kN·m
$Q_i = 30$ kN
$M_i = -20$ kN·m

11 - A3 (1)

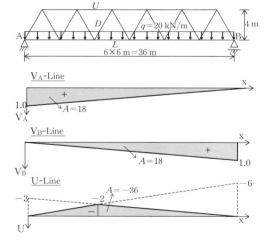

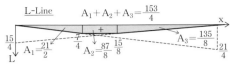

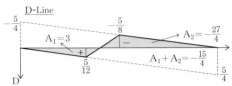

(2)
$V_A = 360$ kN
$V_B = 360$ kN
$U = -720$ kN
$L = 765$ kN
$D = -75$ kN

11 - B1 (1)

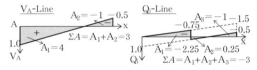

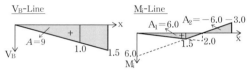

(2)
$V_A = 30$ kN
$V_B = 90$ kN
$Q_i = -30$ kN
$M_i = 0$ kN·m

11 - B2 (1)

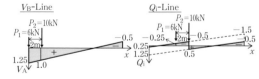

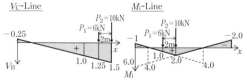

(別解)
計算省略。

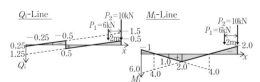

(2)
$V_B = 17.5$ kN
$V_C = 22.5$ kN
$Q_i = -6.5$ kN
$M_i = 26$ kN·m

11 - B3

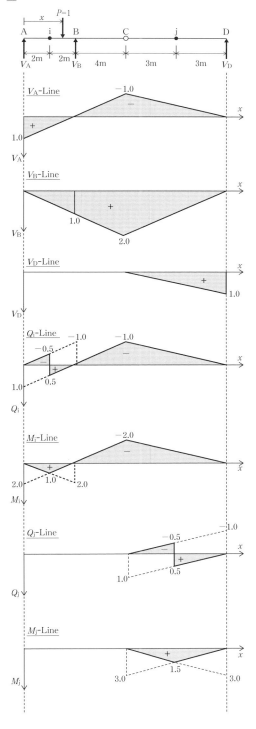

12 章

● 予習

1. $N_{BC} = -20$ kN
   $N_{AB} = 10$ kN
   $N_{AC} = 20$ kN

2.
   曲げモーメント図

3.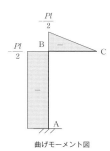
   曲げモーメント図

演習問題

12 - A1

棒のひずみエネルギーを U とすると，

$$U = \frac{P^2 h}{2EA} + \frac{P^2(2h)}{2(2E)A} = \frac{P^2 h}{2EA} + \frac{P^2 h}{2EA} = \frac{P^2 h}{EA}$$

エネルギー保存則より

$$\frac{P^2 h}{EA} = \frac{1}{2}Pu$$

$$u = \frac{2Ph}{EA}$$

12 - A2

$2N_{AC} = N_{BC}$ より

$2N_{AC} \times \dfrac{4}{5} = 50$

$N_{AC} = N_{BC} = 31.25$ kN

$N_{AB} = -N_C \times \dfrac{3}{5} = -18.75$ kN

部材	N	l	$N^2/(2EA)$
AC	31.25	5	0.488
BC	31.25	5	0.488
AB	-18.75	6	0.211
		合計	1.187

エネルギー保存則より

$\dfrac{1}{2} \times 50 \times \delta_C = 1.187$

$\delta_C = 0.047$ m
$ = 4.7$ cm

ひずみエネルギーを U は省略。

12 - A3

反力を図のように仮定する。
$\Sigma M_{(B)} = 0$ より
$lV_A - Pb = 0$

$$V_A = \frac{b}{l}P$$

$\Sigma M_{(A)} = 0$ より

$$V_B = \frac{a}{l}P$$

$(0 \leqq x_1 \leqq a)$

$M_{x_1} = \frac{b}{l}Px, \quad \overline{M}x_1 = \frac{b}{l}x$

$M_{x_2} = \frac{a}{l}Px, \quad \overline{M}x_2 = \frac{a}{l}x$

$v_C = \int_0^a \frac{Mx_1 \overline{M}x_1}{EI}dx_1 + \int_0^b \frac{Mx_2 \overline{M}x_2}{EI}dx_2$

$= \frac{l}{EI}\int_0^a \left(\frac{b}{l}Px_1\right)\left(\frac{b}{l}x_1\right)dx_1 + \frac{l}{EI}\int_0^b \left(\frac{a}{l}Px_2\right)\left(\frac{a}{l}x_2\right)dx_2$

$= \frac{Pb^2}{EIl^2}\int_0^a x_1^2 dx_1 + \frac{Pa^2}{EIl^2}\int_0^b x_2^2 dx_2$

$= \frac{Pb^2 a^3}{3EIl^2} + \frac{Pa^2 b^3}{3EIl^2} = \frac{Pa^2 b^2}{3EIl^2}(a+b)$

$= \frac{Pa^2 b^2}{3EIl}$

12 - A4

$\frac{\partial M_{x_1}}{\partial P} = -\frac{a}{l}x_1, \quad \frac{\partial M_{x_2}}{\partial P} = -x_2$

$\frac{\partial U_1}{\partial P} = \frac{l}{EI}\int_0^l M_{x_1}\frac{\partial M_{x_1}}{\partial P}dx_1$

$= \frac{1}{EI}\int_0^l \left(-\frac{a}{l}Px_1\right)\left(-\frac{a}{l}x_1\right)dx_1$

$= \frac{Pa^2}{EIl^2}\int_0^l x_1^2 dx_1 = \frac{Pa^2 l}{3EI}$

$= \frac{Pa^2 l}{3EI}$

$\frac{\partial U_2}{\partial P} = \frac{l}{EI}\int_0^a M_{x_2}\frac{\partial Mx_2}{\partial P}dx_2$

$= \frac{l}{EI}\int_0^a (-Px_2)(-x_2)dx_2$

$= \frac{P}{EI}\int_0^a x_2^2 dx_2$

$= \frac{Pa^3}{3EI}$

$\frac{\partial U_2}{\partial P} = \frac{l}{EI}\int_0^a M_{x_2}\frac{\partial Mx_2}{\partial P}dx_2$

$= \frac{l}{EI}\int_0^a (-Px_2)(-x_2)dx_2$

$= \frac{P}{EI}\int_0^a x_2^2 dx_2$

$= \frac{Pa^3}{3EI}$

$v_C = \frac{\partial U}{\partial P} = \frac{\partial U_1}{\partial P} + \frac{\partial U_2}{\partial P}$

$= \frac{Pa^2 l}{3EI} + \frac{Pa^3}{3EI}$

$= \frac{Pa^2}{3EI}(a+l)$

12 - A5

静定基本形を単純ばりとし，
不静定力を X とする。
反力は次のようになる。

$V_A = V_B = \frac{1}{2}(ql - X)$

$\left(0 \leqq x \leqq \frac{l}{2}\right)$

$M_x = \frac{1}{2}(ql-X)x - \frac{1}{2}qx^2, \quad \frac{\partial M_x}{\partial X} = -\frac{1}{2}x$

$U = 2\int_0^{\frac{l}{2}} \frac{M_x^2}{2EI}dx$

$\frac{\partial U}{\partial x} = \frac{2}{EI}\int_0^{\frac{l}{2}} M_x \frac{\alpha M_x}{\alpha x}dx$

$= \frac{2}{EI}\int_0^{\frac{l}{2}} \left\{\frac{1}{2}(ql-X)x - \frac{1}{2}qx^2\right\}\left(-\frac{1}{2}x\right)dx$

$= \frac{1}{2EI}\int_0^{\frac{l}{2}} \{qx^3 - (ql-X)x^2\}dx$

$= \frac{1}{2EI}\left(\frac{ql^4}{64} - \frac{ql^4}{24} + \frac{Xl^4}{24}\right)$

最小仕事の原理より

$\frac{\partial U}{\partial x} = 0$

$\frac{ql^4}{64} - \frac{ql^4}{24} + \frac{Xl^4}{24} = 0$ より

$X = \frac{5}{8}ql = V_B$

12 - B1 円錐の頂点から δ の位置の断面積 A と，頂点から δ の間の体積 V は次式で表される。

$A = \frac{\pi r^2}{l^2}y^2$

$V = \frac{\pi r^2}{3l^2}y^3$

厚さ dy の部分に作用する軸力を N とすると，

$N = \rho g v = \frac{\rho g \pi r^2}{3l^2}y^3$

厚さ dy の部分のひずみエネルギーを dU とすると，

$dU = \frac{N^2}{2EA}dy = \frac{1}{2E}\left(\frac{\rho g \pi r^2}{3l^2}y^3\right)dy \bigg/ \left(\frac{\pi r^2}{l^2}y^2\right)$

$= \left(\frac{\rho^2 g^2 \pi r^2}{18El^2}y^4\right)dy$

部材全体のひずみエネルギーを U とすると，

$$\begin{aligned}U &= \int dU \\ &= \int_0^l \frac{\rho^2 g^2 \pi r^2}{18El^2} y^4 dx \\ &= \frac{\pi \rho^2 g^2 r^2}{18El^2} \int_0^l y^4 dx \\ &= \frac{\pi \rho^2 g^2 r^2 l^3}{90E}\end{aligned}$$

⑫-B2
実荷重による部材力
節点 A で
$\Sigma V = 0$ より

$$N_{AD} \times \frac{4}{5} + V_A = 0$$

$$N_{AD} = -\frac{3}{4}P \times \frac{5}{4} = -\frac{15}{16}P$$

$\Sigma H = 0$ より

$$N_{AD} \times \frac{3}{5} + N_{AC} = 0$$

$$N_{AC} = -\left(-\frac{15}{16}P\right) \times \frac{3}{5} = \frac{9}{16}P$$

節点 B で
$\Sigma V = 0$ より

$$N_{BE} \times \frac{4}{5} + V_B = 0$$

$$N_{BE} = -\frac{P}{4} \times \frac{5}{4} = -\frac{15}{16}P$$

$\Sigma V = 0$ より

$$-N_{BE} \times \frac{4}{5} - N_{CE} \times \frac{4}{5} = 0$$

$$N_{CE} = -N_{BE} = -\frac{15}{16}P$$

$\Sigma H = 0$ より

$$-N_{DE} + N_{BE} \times \frac{3}{5} - N_{CE} \times \frac{3}{5} = 0$$

$$N_{DE} = -\frac{5}{16}P \times \frac{3}{5} - \frac{5}{16}P \times \frac{3}{5} = -\frac{3}{8}P$$

$$Q_{CD} = -Q_{CE} = -\frac{5}{16}P$$

点 C に単位の仮想荷重を作用させたときの軸力
節点 A で
$\Sigma V_A = 0$ より

$$\overline{N}_{AD} \times \frac{4}{5} + \frac{1}{2} = 0$$

$$\overline{N}_{AD} = -\frac{1}{2} \times \frac{5}{4} = -\frac{5}{8} = \overline{N}_{BE}$$

$\Sigma V_A = 0$ より

$$\overline{N}_{AD} \times \frac{3}{5} + \overline{N}_{AC} = 0$$

$$\overline{N}_{AC} = -\left(-\frac{5}{8}\right) \times \frac{3}{5} = \frac{3}{8} = \overline{N}_{BC}$$

節点 D で
$\Sigma V_D = 0$ より

$$\overline{N}_{CD} = -\overline{N}_{AD} = \frac{5}{8} = \overline{N}_{CE}$$

$\Sigma H_D = 0$ より

$$\overline{N}_{DE} + \overline{N}_{CD} \times \frac{3}{5} - \overline{N}_{AD} \times \frac{3}{5} = 0$$

$$\overline{N}_{DE} = -\frac{5}{8} \times \frac{3}{5} - \frac{5}{8} \times \frac{3}{5} = -\frac{3}{4}$$

部材	N kN	$\overline{N}$	l	$N\overline{N}l$
AC	$9/16P$	$3/8$	6	$162/128P$
AD	$-15/16P$	$-5/8$	5	$375/128P$
CD	$-15/16P$	$5/8$	5	$-375/128P$
CE	$5/16P$	$5/8$	5	$125/128P$
DE	$-3/8P$	$-3/4$	6	$27/16P$
BC	$3/16P$	$3/8$	6	$27/64P$
BE	$-5/16P$	$-5/8$	5	$125/128P$

合計 $\dfrac{341}{64}P$　よって　$\delta_C = \dfrac{341P}{64EA}$

⑫-B3　反力を図のように仮定する。

$$lV_A + \frac{l}{2} \cdot P = 0$$

$$V_A = -\frac{P}{2}$$

$$V_B = \frac{P}{2}$$

$$H_A = -P$$

実荷重による曲げモーメント

$\left(0 \leq x_1 \leq \dfrac{l}{2}\right)$　$\left(0 \leq x_2 \leq \dfrac{l}{2}\right)$

$$Mx_1 = Px_1 \quad Mx_2 = \frac{Pl}{2}$$

$(0 \leq x_3 \leq l)$　$(0 \leq x_4 \leq l)$

$$Mx_3 = \frac{P}{2}x_3 \quad Mx_4 = 0$$

仮想荷重による曲げモーメント

$\left(0 \leq x_1 \leq \dfrac{l}{2}\right)$　$\left(0 \leq x_2 \leq \dfrac{l}{2}\right)$

$$\overline{M}x_1 = x_1 \quad \overline{M}x_2 = \frac{l}{2} + x_2$$

$(0 \leq x_3 \leq l)$　$(0 \leq x_4 \leq l)$
$\overline{M}x_3 = l$　$\overline{M}x_4 = x_4$

仮想仕事原理より

$$\delta_B = \int_0^{\frac{l}{2}} \frac{Mx_1 \overline{M}x_1}{EI} dx_1 + \int_0^{\frac{l}{2}} \frac{Mx_2 \overline{M}x_2}{EI} dx_2$$

$$+ \int_0^l \frac{Mx_3}{EI}\overline{M}x_3 dx + \int_0^l \frac{Mx_4}{EI}\overline{M}x_4 dx$$

$$= \frac{1}{EI}\left\{\int_0^{\frac{l}{2}}(Px_1)dx_1 + \int_0^{\frac{l}{2}}\left(\frac{Pl}{2}\right)\left(\frac{l}{2}+x_2\right)dx_2\right.$$

$$\left. + \int_0^l \left(\frac{P}{2}x_3\right)l dx_3 + \int_0^l O\cdot x_4 dx_4\right\}$$

$$= \frac{1}{EI}\left\{P\left[\frac{1}{3}x_1^3\right]_0^{\frac{l}{2}} \frac{P}{4}l^2\left[x_2^3\right]_0^{\frac{l}{2}} + \frac{Pl}{2}\left[\frac{x_2^2}{2}\right]_0^{\frac{l}{2}} \frac{P}{2}\left[\frac{x_2^2}{2}\right]_0^l\right\}$$

$$= \frac{Pl^3}{EI}\left(\frac{1}{24}+\frac{1}{8}+\frac{1}{16}+\frac{1}{4}\right)$$

$$= \frac{23Pl^3}{48EI}$$

12-B4 支点 B に仮想のモーメント外力 $\overline{M}$ を考える。

$$M_x = M_A + (\overline{M}-M_A)\frac{x}{l}, \quad \frac{\partial M_x}{\partial \overline{M}} = \frac{x}{l}$$

$$U = \int_0^P \frac{Mx^2}{2EI}dx$$

$$\frac{\partial U}{\partial \overline{M}} = \frac{1}{2EI}\int_0^l 2Mx\frac{\partial Mx}{\partial \overline{M}}dx$$

$$= \frac{l}{EI}\int_0^l\left\{M_A+(\overline{M}-M_A)\frac{x}{l}\right\}\left(\frac{x}{l}\right)dx$$

ここで，$M_A = M_0$, $\overline{M}=0$ を代入する。

$$\frac{\partial U}{\partial \overline{M}} = \frac{l}{EI}\int_0^l\left(M_0-M_0\frac{x}{l}\right)\left(\frac{x}{l}\right)dx$$

$$= \frac{1}{EI}\int_0^l\left(\frac{M_0}{l}x - \frac{M_0}{l^2}x^2\right)dx$$

$$= \frac{M_0 l}{6EI}$$

$\overline{M}$ は反時計回りに作用させている。たわみ角の定義より

$$\delta_B = -\frac{M_0 l}{6EI}$$

12-B5 全体の系を (a) と (b) の系に分けて考える。

$$\frac{\partial U_a}{\partial X} = \frac{2}{EI}\int_0^{\frac{l}{2}}\left(\frac{P-X}{2}\right)x\left(-\frac{1}{2}x\right)dx$$

$$= \frac{-(P-X)}{2EI}\int_0^{\frac{l}{2}}x^2 dx$$

$$= \frac{X-P}{48}l^3$$

$$\frac{\partial U_b}{\partial X} = \frac{X}{48\times(3EI)}l^3 = \frac{X}{144EI}l^3$$

$$\frac{\partial U}{\partial X} = \frac{\partial U_a}{\partial X} + \frac{\partial U_b}{\partial X}$$

$$= \frac{X-P}{48EI}l^3 + \frac{X}{144EI}l^3$$

最小仕事の原理より

$$\frac{\partial U}{\partial X} = 0$$

$$\frac{X-P}{48EI}l^3 + \frac{X}{144EI}l^3 = 0$$

よって $X = \frac{3}{4}P$

$$\delta_E = \frac{\partial U_b}{\partial X} = \frac{\frac{3}{4}Pl^3}{144EI} = \frac{Pl^3}{192EI}$$

13 章

13-1節　不静定次数
● 予習

1. 構造力学における構造物の静定，不静定や安定，不安定について

　構造物（たとえば，はり）に外力としての荷重が作用すると，その内部には内力（断面力，部材力）が生じ，構造物を支える場所（たとえば，はりの支点）では構造物に対して支点反力が働く（なぜ，支点反力が働くのかは，次問 2 を参照）。

　このとき，3 つの力のつり合い条件式（水平方向の力のつり合い $\Sigma H = 0$，鉛直方向の力のつり合い $\Sigma V = 0$，任意点まわりのモーメントのつり合い $\Sigma M = 0$ を用いて，与えられた外力（荷重）に対し，すべての支点反力や内力（断面力，部材力）を求めることができる場合，その構造物は「静定」と呼ばれる。それに対し，求めるべき支点反力や内力の数が 3 つのつり合い条件式より多く，つり合い式だけではすべての支点反力や内力を決定することのできない構造物を「不静定」と呼ぶ。そして，これらの構造物は「安定」である。

　また，求めるべき支点反力や内力の数が，つり合い条件式より少ない場合には，支点反力や内力は未定となるので，こうした構造物は「不安定」であるという。

2. 構造物を支える点で支点反力が生じる理由

　上記 1 のように，構造物に外力（荷重）が作用するとき，それを支える支点では，構造物から支点を介して支持地盤などへ力をおよぼしている。構造物を主体として見ると（構造物を自由物体と考えると），構造物には外力が作用し，同時に構造物が支点におよぼしている力の反力としての抗力（これを支点での支点反力という）が，支点から構造物へ作用することになる。

演習問題

13-1-A1
(1) $r=2$, $h=0 \to n=-1$, 不安定
(2) $r=3$, $h=0 \to n=0$, 安定・静定
(3) $r=5$, $h=0 \to n=2$, 安定・2次不静定
(4) $r=4$, $h=0 \to n=1$, 安定・1次不静定

13-1-A2
(1) $r=3$, $h=0$, $m=17$, $j=10$
  $\to n_e=0$, 安定・外的静定
  $n_i=0$, 安定・内的静定
(2) $r=3$, $h=0$, $m=25$, $j=14$
  $\to n_e=0$, 安定・外的静定
  $n_i=0$, 安定・内的静定

13-1-B1
(1) $r=5$, $h=1 \to n=1$(安定・1次不静定)
(2) $r=5$, $h=0 \to n=2$(安定・2次不静定)
(3) $r=6$, $h=0 \to n=3$(安定・3次不静定)
  (もし,鉛直荷重しか作用していない場合には,
  $r=4$, $h=0 \to n=1$(安定・1次不静定))
(4) $r=6$, $h=0 \to n=3$(安定・3次不静定)

13-1-B2
(1) $r=4$, $h=0$, $m=7$, $j=5 \to n_e=1$(安定・外的1次不静定), $n_i=0$(安定・内的静定)
(2) $r=3$, $h=0$, $m=6$, $j=4 \to n_e=0$(安定・外的静定), $n_i=1$(安定・内的1次不静定)
(3) $r=3$, $h=0$, $m=8$, $j=5 \to n_e=0$(安定・外的静定), $n_i=0$(安定・内的静定)
(4) $r=4$, $h=0$, $m=16$, $j=9 \to n_e=1$(安定・外的1次不静定), $n_i=2$(安定・内的2次不静定)

13-1-B3
(1) $r=4$, $h=1 \to n=0$(安定・静定)
(2) $r=4$, $h=0 \to n=1$(安定・1次不静定)
(3) $r=7$, $h=0 \to n=4$(安定・4次不静定)

13-2節　余力法
● 予習
1.
(1) v_C, θ_B(仮想仕事の原理)
  [仮想系1] δ_C(点Cに鉛直下向きに単位仮想集中荷重)
  $$v_C = \frac{Pl^3}{48EI}$$
  [仮想系2] θ_B(支点Bに時計回りの単位仮想モーメント荷重)
  $$\theta_B = -\frac{Pl^2}{16EI}\text{(時計回り＋)}$$
(2) v_C, θ_A(微分方程式法)
  たわみ v, たわみ角 $v' = \theta$

$$EIv' = EI\theta = \frac{qx^3}{6} - \frac{ql}{4}x^2 + \frac{ql^3}{24}$$
$$EIv = \frac{qx^4}{24} - \frac{ql}{12}x^3 + \frac{ql^3}{24}x$$
$$v_C = v\left(x=\frac{l}{2}\right) = \frac{5ql^4}{384EI},$$
$$\theta_A = \theta(x=0) = \frac{ql^3}{24EI}$$

(3) v_B, θ_B(弾性荷重法)
自由端Bのたわみ
$$v_B = M_B^* = \frac{Pl^3}{3EI}$$
自由端のたわみ角(時計回りを正)
$$\theta_B = Q_B^* = -V_B^* = \frac{Pl^2}{2EI}$$

(4) v_C, θ_C(カスティリアノの定理)
点Cの鉛直たわみ δ_C：点Cに鉛直下向きの集中荷重 P
$$v_C = \frac{\partial U}{\partial P} = \int \frac{M}{EI}\frac{\partial M}{\partial P}dx = \frac{7Pl^3}{6EI}$$
点Cのたわみ角 θ_C(時計回りを正)：点Cに時計回りのモーメント荷重 M_C
$$\theta_C = \frac{\partial U}{\partial M_C}\Big|_{M_C=0} = \int \frac{M\mid_{M_C=0}}{EI}\frac{\partial M}{\partial M_C}dx$$
$$= \frac{5Pl^2}{4EI}$$

演習問題

13-2-A1
(1) $r=4$, $h=0 \to n=1$(1次不静定)
不静定力(余力) $X_1 = M_B$
静定基本系＝単純ばり AB
適合条件式(支点Bのたわみ角) $\theta_B = \delta_1 = 0$
$$\theta_{10} = \int \frac{M_1 M_0}{EI}dx = \frac{Pl^3}{16EI},$$
$$\theta_{11} = \int \frac{M_1 M_1}{EI}dx = \frac{l}{3EI}$$
不静定力
$$X_1 = -\frac{3}{16}Pl = M_B$$
支点反力
$$V_A = \frac{5}{16}P, V_B = \frac{11}{16}P$$
断面力図(右図)

(2) $r=4$, $h=0 \to n=1$(1次不静定)
不静定力(余力) $X_1 = -V_B$
静定基本系＝単純ばり AC
適合条件式(支点Bのたわみ) $\delta_B = \delta_1 = 0$

$$\delta_{10} = \int \frac{M_1 M_0}{EI} dx = \frac{11Pl^3}{48EI},$$
$$\delta_{11} = \int \frac{M_1 M_1}{EI} dx = \frac{l^3}{6EI}$$

不静定力
$$X_1 = -\frac{11}{8}P \to V_B = -X_1 = \frac{11}{8}P$$

支点反力
$$V_A = \frac{5}{16}P, \quad V_C = \frac{5}{16}P$$

断面力図（右図）

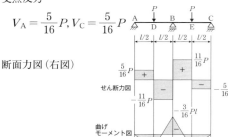

13-2-B1

(1)

（鉛直方向の荷重のみ）

$r = 4, \ h = 0 \to n = 2$（2次不静定）

不静定力（余力）$X_1 = M_A, \ X_2 = M_B$

静定基本系＝単純ばり AB

適合条件式（支点 A，B のたわみ角）$\theta_A = \delta_1 = 0,$
$\theta_B = \delta_2 = 0$

$$\delta_{10} = \int \frac{M_1 M_0}{EI} dx = \frac{Pab(l+b)}{6EIl},$$
$$\delta_{20} = \int \frac{M_2 M_0}{EI} dx = \frac{Pab(l+a)}{6EIl},$$
$$\delta_{11} = \int \frac{M_1 M_1}{EI} dx = \frac{l}{3EI},$$
$$\delta_{22} = \int \frac{M_2 M_2}{EI} dx = \frac{l}{3EI},$$
$$\delta_{12} = \delta_{21} = \int \frac{M_1 M_2}{EI} dx = \frac{l}{6EI}$$

不静定力
$$X_1 = -\frac{Pab^2}{l^2} = M_A, \quad X_2 = -\frac{Pa^2 b}{l^2} = M_B$$

支点反力
$$V_A = \frac{Pb^2(l+2a)}{l^3},$$
$$V_B = \frac{Pa^2(l+2b)}{l^3}$$

断面力図（右図）

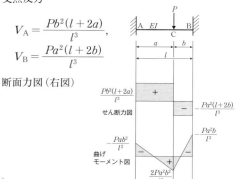

(2)

$r = 5, \ h = 0 \to n = 2$（2次不静定）

不静定力（余力）$X_1 = -V_B, \ X_2 = M_C$

静定基本系＝単純ばり AC

適合条件式 $\delta_B = \delta_1 = 0, \ \theta_C = \delta_2 = 0$

$$\delta_{10} = \int \frac{M_1 M_0}{EI} dx = \frac{5ql^4}{48EI},$$
$$\delta_{20} = \int \frac{M_2 M_0}{EI} dx = \frac{3ql^3}{16EI},$$
$$\delta_{11} = \int \frac{M_1 M_1}{EI} dx = \frac{l^3}{6EI},$$
$$\delta_{22} = \int \frac{M_2 M_2}{EI} dx = \frac{2l}{3EI},$$
$$\delta_{12} = \delta_{21} = \int \frac{M_1 M_2}{EI} dx = \frac{l^2}{4EI}$$

不静定力
$$X_1 = -\frac{13}{28}ql, \quad X_2 = -\frac{3}{28}ql^2 \to$$
$$V_B = -X_1 = \frac{13}{28}ql, \quad M_C = X_2 = -\frac{3}{28}ql^2$$

支点反力
$$V_A = -\frac{ql}{28},$$
$$V_B = \frac{13}{28}ql,$$
$$V_C = \frac{4}{7}ql$$

断面力図（右図）

(3)（13-4節たわみ角法の例題 13-6 と同じ）

$r = 5, \ h = 0 \to n = 2$（2次不静定）

不静定力（余力）$X_1 = -V_B, \ X_2 = -V_C$

静定基本系＝片持ばり AC

適合条件式 $\delta_B = \delta_1 = 0, \ \delta_C = \delta_2 = 0$

$$\delta_{10} = \int \frac{M_1 M_0}{EI} dx = \frac{17ql^4}{24EI},$$
$$\delta_{20} = \int \frac{M_2 M_0}{EI} dx = \frac{2ql^4}{EI},$$
$$\delta_{11} = \int \frac{M_1 M_1}{EI} dx = \frac{l^3}{3EI},$$
$$\delta_{22} = \int \frac{M_2 M_2}{EI} dx = \frac{8l^3}{3EI},$$
$$\delta_{12} = \delta_{21} = \int \frac{M_1 M_2}{EI} dx = \frac{5l^3}{6EI}$$

不静定力
$$X_1 = -\frac{8}{7}ql, \quad X_2 = -\frac{11}{28}ql \to$$
$$V_B = -X_1 = \frac{8}{7}ql,$$
$$V_C = -X_2 = \frac{11}{28}ql$$

支点反力
$$V_A = \frac{13}{28}ql$$
$$M_A = -\frac{ql^2}{14}$$

断面力図（右図）

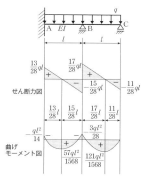

(4)（13-4節たわみ角法の例題13-8に同じ）
$r=4$, $h=0 \to n=1$（1次不静定）
不静定力（余力）$X_1 = -V_C$
静定基本系＝片持ばり型ラーメン（片持ばり）ABC
適合条件式　$\delta_C = \delta_1 = 0$

$$\delta_{10} = \int \frac{M_1 M_0}{EI} dx = \frac{9ql^4}{16EI},$$
$$\delta_{11} = \int \frac{M_1 M_1}{EI} dx = \frac{7l^3}{6EI}$$

不静定力
$$X_1 = -\frac{27}{56}ql \to V_C = -X_1 = \frac{27}{56}ql$$

支点反力
$$H_A = 0, V_A = \frac{29}{56}ql, M_A = -\frac{ql^2}{56}$$

断面力図

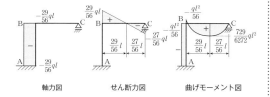

13-3節　三連モーメント
●予習
1.
(a) $H_A = 0$, $V_A = -\dfrac{M}{l}$, $V_B = \dfrac{M}{l}$

(b) $H_A = 0$, $V_A = -\dfrac{M}{l}$, $V_B = \dfrac{M}{l}$

(c) $H_A = 0$, $V_A = -\dfrac{M}{l}$, $V_B = \dfrac{M}{l}$

2.
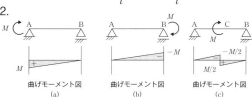

演習問題

13-3-A1

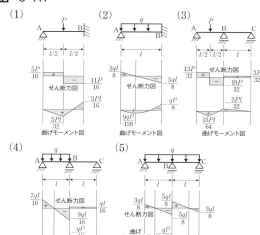

13-3-B1

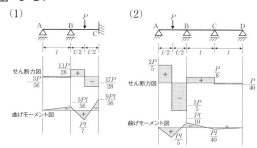

13-4節　たわみ角法
●予習
(1) v_B, θ_B（仮想仕事の原理）
［仮想系1］δ_B（自由端Bに鉛直下向きに単位仮想集中荷重）
$$\delta_B = \int \frac{\overline{M} M}{EI} dx = \frac{Pl^3}{3EI}$$
［仮想系2］θ_B（支点Bに時計回りの単位仮想モーメント荷重）
$$\delta_B = \int \frac{\overline{M} M}{EI} dx = \frac{Pl^2}{2EI}$$

(2) v_C, θ_A（弾性荷重法）
弾性荷重（最大値）
$$q^* = \frac{Pl}{4EI}$$
中央点Cのたわみ
$$v_C = M_C^* = \frac{q^* l^2}{12} = \frac{Pl^3}{48EI}$$
支点Aのたわみ角（時計回りを正）
$$\theta_A = Q_A^* = V_A^* = \frac{q^* l^2}{4} = \frac{Pl^2}{16EI}$$

(3) θ_A, θ_B（微分方程式法）

たわみ v, たわみ角 $v' = \theta$

$$EIv' = EI\theta = \frac{M_A - M_B}{2l}x^2 - M_A x + \frac{(2M_A + M_B)l}{6}$$

$$EIv = \frac{M_A - M_B}{6l}x^3 - \frac{M_A}{2}x^2 + \frac{(2M_A + M_B)l}{6}x$$

$$\theta_A = \theta(x=0) = \frac{(2M_A + M_B)l}{6EI},$$

$$\theta_B = \theta(x=l) = -\frac{(M_A + 2M_B)l}{6EI}$$

(4) v_C, θ_B (カスティリアノの定理)

点 C のたわみ v_C (鉛直下向き): 点 C に鉛直下向きの集中荷重 P_C

$$v_C = \frac{\partial U}{\partial P_C}\bigg|_{P_C = 0} = \int \frac{M|_{P_C=0}}{EI}\frac{\partial M}{\partial P_C}dx = \frac{5ql^4}{384EI}$$

支点 B のたわみ角 θ_B (時計回りを正): 支点 B に時計回りのモーメント荷重 M_B

$$\theta_C = \frac{\partial U}{\partial M_B}\bigg|_{M_B = 0} = \int \frac{M|_{M_B=0}}{EI}\frac{\partial M}{\partial M_B}dx = -\frac{ql^3}{24EI}$$

演習問題

13-4-A1

(1) (13-2 節力法の本文中の説明例題と同じ)

たわみ角式
$$M_{AB} = 0, \quad M_{BA} = 1 \times \left(\frac{3}{2}\varphi_B\right) + H_{BA} = \frac{3}{2}\varphi_B + \frac{ql^2}{8}$$
$$M_{BC} = 1 \times \left(\frac{3}{2}\varphi_B\right) + H_{BA} = \frac{3}{2}\varphi_B - \frac{ql^2}{8}, \quad M_{CB} = 0$$

節点方程式 (節点 B)
$$M_{AB} + M_{BC} = \to \varphi_B = 0 \text{ (たわみは中央支点 B で左右対称)}$$

材端モーメント

$$M_{AB} = 0, \quad M_{BA} = \frac{ql^2}{8}, \quad M_{BC} = -\frac{ql^2}{8}, \quad M_{CB} = 0$$

材端せん断力
$$Q_{BA} = -\frac{M_{BA}}{l} - \frac{ql}{2} = -\frac{5}{8}ql,$$
$$Q_{AB} = Q_{BA} + ql = \frac{3}{8}ql$$
$$Q_{CB} = -\frac{M_{BC}}{l} - \frac{ql}{2} = -\frac{3}{8}ql$$
$$Q_{BC} = ql + Q_{CB} = \frac{3}{8}ql$$

支点反力
$$V_A = Q_{AB} = \frac{3}{8}ql$$
$$V_B = Q_{BC} - Q_{BA} = \frac{5}{4}ql$$
$$V_C = -Q_{CB} = \frac{3}{8}ql$$

断面力図 (右図)

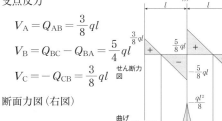

(2) 部材回転角
$$R_{AB} = \frac{\delta_0 - 0}{l} = \frac{\delta_0}{l} \to$$
$$\psi_{AB} = -6EK_0 R_{AB} = -\frac{6EI}{l^2}\delta_0$$
$$R_{BC} = \frac{0 - \delta_0}{l} = -\frac{\delta_0}{l} \to$$
$$\psi_{BC} = -6EK_0 R_{BC} = \frac{6EI}{l^2}\delta_0$$

たわみ角式
$$M_{AB} = 0,$$
$$M_{BA} = 1 \times \left(\frac{3}{2}\varphi_B + \frac{1}{2}\psi_{AB}\right) = \frac{3}{2}\varphi_B - \frac{3EI}{l^2}\delta_0$$
$$M_{BC} = 1 \times \left(\frac{3}{2}\varphi_B + \frac{1}{2}R_{BC}\right) = \frac{3}{2}\varphi_B + \frac{3EI}{l^2}\delta_0$$
$$M_{CB} = 0$$

節点方程式 (節点 B) は,
$$M_{AB} + M_{BC} = \to \varphi_B = 0 \text{ (たわみは中央支点 B で左右対称)}$$

材端モーメント
$$M_{AB} = 0, \quad M_{BA} = -\frac{3EI}{l^2}\delta_0,$$
$$M_{BC} = \frac{3EI}{l^2}\delta_0, \quad M_{CB} = 0$$

材端せん断力
$$Q_{BA} = -\frac{M_{BA}}{l} = \frac{3EI}{l^3}\delta_0,$$
$$Q_{AB} = Q_{BA} = \frac{3EI}{l^3}\delta_0$$
$$Q_{CB} = -\frac{M_{BC}}{l} = -\frac{3EI}{l^3}\delta_0,$$
$$Q_{BC} = Q_{CB} = -\frac{3EI}{l^3}\delta_0$$

支点反力
$$V_A = Q_{AB} = \frac{3EI}{l^3}\delta_0$$
$$V_B = Q_{BC} - Q_{BA} = -\frac{3EI}{l^3}\delta_0$$
$$V_C = -Q_{CB} = \frac{3EI}{l^3}\delta_0$$

断面力図 (支点 B が鉛直下向きに δ_0 沈下)

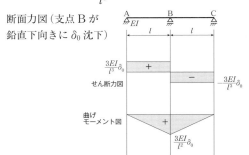

(3) (13-2 節力法の演習問題 13-2-B1(2) と同じ)

たわみ角式
$$M_{AB} = 0, \quad M_{BA} = 1 \times \left(\frac{3}{2}\varphi_B\right) = \frac{3}{2}\varphi_B$$
$$M_{BC} = 1 \times (2\varphi_B) + C_{BC} = 2\varphi_B - \frac{ql^2}{12},$$
$$M_{CB} = 1(\varphi_B) + C_{CB} = \varphi_B + \frac{ql^2}{12}$$

節点方程式（節点B）は，
$$M_{AB} + M_{BC} = 0 \to \varphi_B = \frac{ql^2}{42}$$
材端モーメント
$$M_{AB} = 0, \ M_{BA} = \frac{ql^2}{28}, \ M_{BC} = -\frac{ql^2}{28}, \ M_{CB} = 0$$
材端せん断力
$$Q_{BA} = -\frac{M_{BA}}{l} = -\frac{ql}{28},$$
$$Q_{AB} = Q_{BA} = -\frac{ql}{28}$$
$$Q_{CB} = -\frac{M_{BC} + M_{CB}}{l} - \frac{ql}{2} = -\frac{4}{7}ql,$$
$$Q_{BC} = ql + Q_{CB} = \frac{3}{7}ql$$
支点反力
$$V_A = Q_{AB} = -\frac{ql}{28},$$
$$V_B = Q_{BC} - Q_{BA} = \frac{13}{28}ql,$$
$$V_C = -Q_{CB} = \frac{4}{7}ql$$

断面力図（右図）

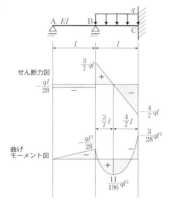

(4)
たわみ角式
$$M_{AB} = 0, \ M_{BA} = 1 \times \left(\frac{3}{2}\varphi_B\right) = \frac{3}{2}\varphi_B$$
$$M_{BC} = 2 \times \left(\frac{3}{2}\varphi_B\right) + H_{BC} = 3\varphi_B + \frac{M_0}{8}, \ M_{CB} = 0$$
節点方程式（節点B）は，
$$M_{AB} + M_{BC} = 0 \to \varphi_B = -\frac{M_0}{36}$$
材端モーメント
$$M_{AB} = 0, \ M_{BA} = -\frac{M_0}{24}, \ M_{BC} = \frac{M_0}{24}, \ M_{CB} = 0$$
材端せん断力
$$Q_{BA} = -\frac{M_{BA}}{l} = \frac{M_0}{24l},$$
$$Q_{AB} = Q_{BA} = \frac{M_0}{24l}$$
$$Q_{CB} = -\frac{M_{BC} + M_0}{l} = -\frac{25M_0}{24l},$$
$$Q_{BC} = Q_{CB} = -\frac{25M_0}{24l}$$

支点反力
$$V_A = Q_{AB} = \frac{M_0}{24l},$$
$$V_B = Q_{BC} - Q_{BA} = -\frac{13M_0}{12l},$$
$$V_C = -Q_{CB} = \frac{25M_0}{24l}$$

断面力図（右図）

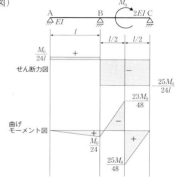

13 - 4- B1
(1)
たわみ角式
$$M_{AB} = 1(2\varphi_A + \varphi_B) = \varphi_B,$$
$$M_{BA} = 1 \times (\varphi_A + 2\varphi_B) = 2\varphi_B$$
$$M_{BC} = 2 \times (2\varphi_B + \varphi_C) + C_{BC} = 4\varphi_B - \frac{Pl}{8},$$
$$M_{CB} = 2 \times (\varphi_B + 2\varphi_C) + C_{CB} = 2\varphi_B + \frac{Pl}{8}$$
節点方程式（節点B）
$$M_{BA} + M_{BC} = 0 \to \varphi_B = \frac{Pl}{48}$$
材端モーメント
$$M_{AB} = \varphi_B = \frac{Pl}{48}, \ M_{BA} = 2\varphi_B = \frac{Pl}{24}$$
$$M_{BC} = 4\varphi_B - \frac{Pl}{8} = -\frac{Pl}{24},$$
$$M_{CB} = 2\varphi_B + \frac{Pl}{8} = \frac{Pl}{6}$$
材端せん断力
$$Q_{BA} = -\frac{M_{AB} + M_{BA}}{l} = -\frac{P}{16},$$
$$Q_{AB} = Q_{BA} = -\frac{P}{16}$$
$$Q_{CB} = \frac{P}{2} - \frac{M_{BC} + M_{CB}}{l} = \frac{3}{8}P,$$
$$Q_{BC} = Q_{CB} - P = -\frac{5}{8}P$$
材端軸力（節点B）
$$N_{BC} = Q_{BA} = -\frac{P}{16} = N_{CB},$$
$$N_{BA} = -Q_{BC} = -\frac{3}{8}P = N_{AB}$$

解答 251

支点反力
$$H_A = Q_{AB} = -\frac{P}{16}, \quad V_A = -N_{AB} = \frac{3}{8}P,$$
$$M_A = M_{AB} = \frac{Pl}{48}$$
$$H_C = -N_{CB} = \frac{P}{16}, \quad V_C = -Q_{CB} = \frac{5}{8}P,$$
$$M_C = -M_{CB} = -\frac{Pl}{6}$$

断面力図

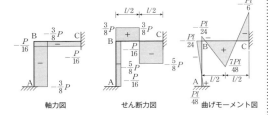

(2)

部材回転角
$$R_{AB} + R_{CD} = R \rightarrow \psi_{AB} = \psi_{CD} = \psi = -6EK_0 R$$
BC の部材回転角はゼロ

たわみ角式
$$M_{AB} = 0, \quad M_{BA} = 1 \times \left(\frac{3}{2}\varphi_B + \frac{1}{2}\psi\right) = \frac{3}{2}\varphi_B + \frac{1}{2}\psi$$
$$M_{BC} = 1 \times (2\varphi_B + \varphi_C) = 2\varphi_B + \varphi_C$$
$$M_{CB} = 1 \times (\varphi_B + 2\varphi_C) = \varphi_B + 2\varphi_C$$
$$M_{CD} = 1 \times \left(\frac{3}{2}\varphi_C + \frac{1}{2}\psi\right) = \frac{3}{2}\varphi_C + \frac{1}{2}\psi, \quad M_{DC} = 0$$

節点方程式
$$M_{AB} + M_{BC} = 0 \rightarrow 7\varphi_B + 2\varphi_C + \psi = 0 \quad ①$$
$$M_{CB} + M_{CD} = 0 \rightarrow 2\varphi_B + 7\varphi_C + \psi = 0 \quad ②$$

層方程式（節点 B，C の直下の断面で）
$$Q_{BA} + Q_{CD} = P \rightarrow 3\varphi_B + 3\varphi_C + 2\psi = -2Pl$$
$$\quad ③$$
$$\left(Q_{BA} = -\frac{M_{BA}}{l}, \quad Q_{CD} = -\frac{M_{CD}}{l}\right)$$

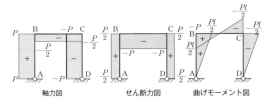

①，②，③より，
$$\varphi_B = \varphi_C = \frac{Pl}{6}, \quad \psi = -\frac{3}{2}Pl$$
$$\left(\rightarrow R = \frac{\psi}{6EK_0} = \frac{Pl^2}{4EI}\right)$$

材端モーメント
$$M_{AB} = 0, \quad M_{BA} = -\frac{Pl}{2}$$
$$M_{BC} = \frac{Pl}{2}, \quad M_{CB} = \frac{Pl}{2}$$
$$M_{CD} = -\frac{Pl}{2}, \quad M_{DC} = 0$$

材端せん断力
$$Q_{BA} = -\frac{M_{BA}}{l} = \frac{P}{2}, \quad Q_{AB} = Q_{BA} = \frac{P}{2}$$
$$Q_{CB} = -P, \quad Q_{BC} = -P$$
$$Q_{CD} = -\frac{M_{CD}}{l} = \frac{P}{2}, \quad Q_{DC} = Q_{CD} = \frac{P}{2}$$

材端軸力
$$N_{BA} = -Q_{BC} = P, \quad N_{AB} = N_{BA} = P,$$
$$N_{BC} = Q_{BA} - P = -\frac{P}{2}, \quad N_{CB} = N_{BC} = -\frac{P}{2}$$
$$N_{CD} = Q_{CB} = -P, \quad N_{DC} = N_{CD} = -P,$$
$$N_{CB} = -Q_{CD} = -\frac{P}{2} \rightarrow OK$$

支点反力
$$H_A = Q_{AB} = \frac{P}{2}, \quad V_A = -N_{AB} = -P$$
$$H_D = -Q_{DC} = -\frac{P}{2}, \quad V_D = -N_{DC} = P$$

断面力図

● 参 考 文 献 ●

[1] 赤木知之・色部　誠：構造力学問題集　第2版，森北出版，2002
[2] 浅沼清昭：図説　やさしい構造力学，学芸出版社，2004
[3] 伊津野和行・野阪克義：都市環境デザインシリーズ　構造力学，森北出版，2009
[4] 伊藤　学：森北土木工学全書3　構造力学，森北出版，1971
[5] 遠田良喜：構造力学「超」学習，培風館，2001
[6] 岡田　清(監修)・伊津野和行・近藤明雅・清水　茂・酒造敏廣・上野谷　実・福本唀士：構造力学Ⅰ，構造力学Ⅱ，東京電機大学出版局，2008
[7] 岡　二三生・白土博通・細田　尚：First Stageシリーズ　土木構造力学概論，実教出版，2016
[8] 近畿高校土木会(編集)：構造力学―考え方解き方，オーム社，1997
[9] 粟津清蔵(監修)・田島富男・徳山　昭：絵とき　鋼構造の設計　改訂3版，オーム社，2003
[10] 粟津清蔵(監修)・石川　敦：絵とき　構造力学，オーム社，2015
[11] 桑村　仁：鋼構造の性能と設計，共立出版，2002
[12] 〈建築のテキスト〉編集委員会：初めての建築構造力学，学芸出版社，2000
[13] 小西一郎・高岡宣善：大学課程　土木構造力学，オーム社，1974
[14] 小西一郎・横尾義貫・成岡昌夫，丹羽義次：構造力学　第Ⅰ巻，第Ⅱ巻，丸善，1974，1976
[15] 小堀為雄・吉田　博：鋼構造設計理論，森北出版，1977
[16] 斉木　功：土木・環境系コアテキストシリーズ　土木・環境系の力学，コロナ社，2012
[17] 佐伯彰一：図解　橋梁用語事典，山海堂，1986
[18] 酒井忠明：構造力学，技報堂出版，1970
[19] 嵯峨　晃・原　隆・武田八郎・勇　秀憲：環境・都市システム系教科書シリーズ　構造力学Ⅰ，構造力学Ⅱ，コロナ社，2002，2003
[20] 﨑元達郎：構造力学(第2版)上　静定編，下　不静定編，森北出版，2012
[21] 﨑元達郎：基本を学ぶ構造力学，森北出版，2012
[22] 高梨晃一・福島暁男：基礎からの鉄骨構造，森北出版，2003
[23] 土木学会：構造力学公式集，1986
[24] 土木学会：鋼構造シリーズ12　座屈設計ガイドライン　改訂第2版［2005年版］，土木学会，2005
[25] 土木学会：構造実験のてびき［2009年版］，土木学会，2009
[26] 土木学会編：土木用語大辞典，技報堂出版，1999
[27] 土木出版企画委員会：新版　図説土木用語事典，実教出版，2006
[28] 中川　肇：基礎から学ぶ建築構造力学，井上書院，2013
[29] 中井　博・北田俊行：新編　橋梁工学，共立出版，2003
[30] 中村恒善(編著)・野中泰二郎・南　宏一・須賀好富・柴田道生：建築構造力学図説・演習〈1〉，丸善，第2版，1994
[31] 成岡昌夫・遠田良喜：土木構造力学，市ケ谷出版社，1981
[32] 成岡昌夫・丹羽義次・山田善一・白石成人：構造力学　第Ⅲ巻，丸善，1970
[33] 日本建築学会：鋼構造設計規準―許容応力度設計法―，2005
[34] 日本道路協会：道路指示方書・同解説，2012
[35] 彦坂　熙・崎山　毅・大塚久哲：詳解　構造力学演習，共立出版，1981
[36] 平井一男・水田洋司・内谷　保：構造力学入門，森北出版，1997
[37] 松井千秋：建築学構造シリーズ　建築鉄骨構造　改訂3版，オーム社，2014
[38] 松本　勝・渡邊英一・白土博通・杉浦邦征：構造力学Ⅱ，丸善出版，2000
[39] 宮本　裕 他著：構造力学(第3版)，技報堂出版，2011
[40] 村上　正・吉村虎藏：構造力学，コロナ社，1957
[41] 村上　正・吉村虎藏・彦坂　熙：標準土木工学講座　改訂　構造力学(1)，(2)，コロナ社，1983
[42] 米田昌弘：構造力学を学ぶ　基礎編，応用編，森北出版，2003
[43] 鷲津久一郎：有限要素法の基礎と応用シリーズ3　エネルギ原理入門，培風館，1980
[44] 渡辺　昇：橋梁工学，朝倉書店，1981
[45] 渡邊英一・松本　勝・白土博通：構造力学Ⅰ，丸善出版，1999

索引

あ

圧縮力（compression）——52
安定（stable）——32
一次応力（primary stress）——53
一軸応力状態（uniaxial stress state）——112
一定——133
影響線（influence line）——152
縁端応力（edge stress, fiber stress）——108
オイラー（Euler）荷重——144
応力（stress）——98
応力―ひずみ関係（stress―strain relationship）——100
応力度（stress density）——98
応力法（force method）——191
温度応力（thermal stress）——102

か

外力（external force）——12, 98
外力（荷重）——99
外力仕事（external work）——164
格間長——55
格点（panel point）——55
格点法——59
下弦材（lower chord）——55
荷重（load）——31, 98
カスティリアノの第2定理（Castigliano's second theorem）——177
仮想仕事の原理（principle of virtual work）——171
仮想変位の原理（principle of virtual displacement）——171
加速度（acceleration）——20
片持ちばり（cantilever beam）——39
境界条件（boundary condition）——128
共役せん断力（conjugate shearing forece）——104
共役ばり（conjugated beam）——135
曲弦トラス——55
曲率（curvature）——107, 126
曲率半径（radius of curvature）——106
許容応力度（allowable stress）——101
偶力（couple）——23
組み合わせ応力状態（combined stress state）——111
ゲルバーばり（Gelber beam）——42
弦材（chord）——55
公称応力（nominal stress）——101
合成（composition）——22
構造力学（Structural Mechanics）——12
降伏点（yield point）——101
合力（resultant force）——22
固定端（固定支点）——30

さ

最小仕事の原理（principle of the minimum work）——178
最小主応力（minimum principal stress）——115
最大（終局）応力（maximum strength, ultimate strength）——101
最大主応力（maximum principal stress）——115
材端モーメント——219
座屈（buckling）——142
座屈モード（buckling mode）——144
三連モーメント法（three-throw moment method）——211
軸ひずみ（axial strain）——100
軸応力（axial stress）——99
軸力（axial force）——44
仕事（work）——164
実際のはり——135
質量（mass）——20
支点（support, shoe）——30
支点反力（support reaction, reaction force）——37
斜材（diagonal chord）——55
集中荷重（concentrated load）——31
自由物体図（free body diagram）——37
主応力（principal stress）——113
主応力面（（plane of）principal stress）——113, 114
主軸（principal axis）——115
主断面二次モーメント（principal moment of inertia of area）——95
上弦材（upper chord）——55

初期不整（initial imperfection）——148
真応力（true stress）——101
垂直応力（normal stress）——99
垂直材（vertical chord）——55
図心（重心）（center of section, centroid）——85
静定（statically determinate）——32
静定基本系（statically determinate fundamental system）——194
静定構造（statically determinate structure）——55, 188
静定トラス（statically determinate truss）——56
セカント公式（secant formula）——148
切断法——63
節点（nodal point）——55
節点法（method of joint）——59
せん断弾性係数（elastic shearing modulus）——105
せん断ひずみ（shearing stress）——105
せん断変形（shearing deformation）——104
せん断力（shearing force）——44
線膨張係数（coefficient of linear thermal expansion）——102
相反作用の定理（reciprocal theorem）——183
塑性（plastic）——101

た

たわみ（deflection）——106, 125, 126
たわみ角（angle of deflection, slope）——127
たわみ角法（slope-deflection method）——219
たわみ曲線——125
たわみの微分方程式（differential equation of deflection）——127
単位荷重法（unit load method）——173
単位長さ当たりに生じる変位（ひずみ）——97
単位面積当たりの内力（応力）——97
単純ばり（simple beam, simply supported beam）——36
弾性（elastic）——101
弾性荷重（elastic load）——135

弾性荷重法（elastic－load method）――― 135
弾性係数（elastic modulus）― 100
弾性限度（elastic limit）――― 101
弾性方程式（elastic equation）― 195
短柱（stub column）――― 146
断面一次モーメント（moment of area）――― 85
断面極二次モーメント（polar moment of inertia of area）― 90
断面係数（modulus of section）― 90
断面相乗モーメント（product moment of inertia of area）― 90
断面二次半径（radius of gyration）――― 91
断面二次モーメント（moment of inertia of area）――― 88
断面の主軸（principal axis of area）――― 95
断面法（cross-section method）――― 63
断面力（sectional force）――― 44
力（force）――― 12, 20
力のモーメント（moment）― 22
中立軸（neutral axis）――― 106
中立面（neutral plane）――― 106
長柱（long column）――― 146
直応力 ――― 99
つり合い式（equilibrium equation）――― 25
適合条件式（compatibility condition of displacement）― 188
トラス（truss）――― 52

■ な
内的不静定構造（internally statically indeterminate structure）――― 56
内力（internal force）――― 44, 98
内力（軸力）（axial force）――― 99
内力仕事（internal work）― 164
二次応力（secondary stress）― 53

■ は
破断（breaking）――― 101
張出しばり（overhanging beam）――― 40
はりの連続条件（continuous conditions of beam）――― 128

ひずみエネルギー（strain energy）――― 164
ひずみエネルギー最小の原理（principle of the minimum strain energy）――― 178
引張力（tension）――― 52
比例限度（propotional limit）― 101
ピン ――― 52
ヒンジ（hinge）――― 52
ヒンジ支点 ――― 30
不安定（unstable）――― 32
不安定構造（unstable structure）――― 57
腹材（web chord）――― 55
不静定（statically indeterminate）――― 32
不静定構造（statically indeterminate structure）― 188
不静定次数（degree of (statical) indeterminacy）――― 56, 188
不静定トラス ――― 56
不静定力（indeterminate force）――― 194
フックの法則（Hooke's law）― 100
分解（decomposition）――― 22
分布荷重（distributed load）― 31
平均せん断応力（average shearing stress）――― 105
平行弦トラス ――― 55
平面応力（plane stress）――― 113
変位の適合条件（compatibility condition of displacement）― 195
変位法（displacement method）――― 191
偏心載荷（eccentric loading）― 146
ポアソン比（Poisson's ratio）― 100
細長比（slenderness ratio）― 146

■ ま
曲げ剛性（flexural rigidity）― 127
曲げモーメント（bending force）――― 44
マトリックス変位法 ――― 192
無次元 ――― 100
モールの応力円（Mohr's stress circle）――― 95, 115, 116
モールの定理（Mohr's theorem）――― 135

■ や
ヤング係数・ヤング率（Young's modulus）――― 100
有限要素法（Finite Element Method：FEM）――― 192
有効座屈長（effective buckling length）――― 145
余力（redundant force）――― 194
余力法（redundant force method）――― 195

■ ら
ラーメン（rigid frame, Rahmen）――― 70
連行荷重（travelling load, moving load）――― 152
ローラー支点 ――― 30

●本書の関連データがwebサイトからダウンロードできます。

https://www.jikkyo.co.jp/ で
「構造力学」を検索してください。

提供データ：web に Link

■監修

PEL 編集委員会

■編著

岩坪　要　熊本工業高等専門学校教授
（第1章，第6章，第8章，第10章，第11章）

■執筆

勇　秀憲　元徳山工業高等専門学校校長
（第8章，第13章）

中澤祥二　豊橋技術科学大学教授（第6章）

石丸和宏　明石工業高等専門学校教授
（第4章，第13章）

平沢秀之　函館工業高等専門学校教授（第5章）

海田辰将　徳山工業高等専門学校教授（第8章）

宮嵜靖大　大同大学准教授
（第2章，第3章）

辻原　治　和歌山工業高等専門学校教授（第12章）

村本　真　京都工芸繊維大学准教授（第7章）

冨田充宏　石川工業高等専門学校教授（第9章）

■執筆協力

玉田和也　舞鶴工業高等専門学校教授

●表紙デザイン・本文基本デザイン──エッジ・デザイン・オフィス

Professional Engineer Library

構造力学

2017年10月30日　初版第1刷発行
2025年 3月31日　初版第4刷発行

●執筆者　岩坪　要　ほか10名（別記）
●発行者　小田良次
●印刷所　壮光舎印刷株式会社

●発行所　実教出版株式会社
〒102-8377
東京都千代田区五番町5番地
電話［営　　業］(03)3238-7765
　　［企画開発］(03)3238-7751
　　［総　　務］(03)3238-7700
https://www.jikkyo.co.jp/

無断複写・転載を禁ず

© K. Iwatsubo 2017

ISBN978-4-407-33787-7　C3050　　　　Printed in Japan